La historia oculta del tiempo
(Ilustrada)

La historia oculta del tiempo
(Ilustrada)

Eloy Caballero

Año 2018

©Eloy Caballero

Publicado en Create Space

Registro de la propiedad intelectual en Safe Creative

ISBN-13: 978-1720983705

ISBN-10: 1720983704

Ilustraciones de portada e interior:

Excelentrik.

Material gráfico de uso libre: OpenClipArt, Pixabay, Wikia

Queda rigurosamente prohibida la reproducción total o parcial de esta obra, por cualquier medio o procedimiento, comprendidos la reprografía y el tratamiento informático, y la distribución de ejemplares de ella mediante alquiler o préstamo públicos, sin la autorización escrita del titular del *copyright*, bajo las sanciones establecidas en las leyes.

Esta es una historia confidencial, dirigida a la posteridad remota... La enterraré en una cápsula del tiempo y alguien la leerá dentro de cien generaciones. Entonces, mi historia hablará, alto y claro...

Robert Graves *(Yo, Claudio)*

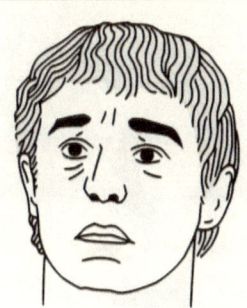

CONTENIDOS

PREFACIO 1

ACLARACIONES SOBRE LA NOTACIÓN 11

ÉPOCA 1: FILOSOFÍA, TEOLOGÍA Y TIEMPO 13
- Los mitos del tiempo 15
- Filosofía y tiempo 27

ÉPOCA 2: CALENDARIO, FÍSICA Y TIEMPO 115
- Cronologías: medición y referencias del tiempo 117
- Física newtoniana y tiempo 147
- Relatividad y tiempo 153
- Cosmología: las edades del universo 219
- Termodinámica y tiempo 285
- Mecánica cuántica y tiempo 293

ÉPOCA 3: FANTASÍA, PSICOLOGÍA Y TIEMPO 311
- Teorías especulativas sobre el tiempo 313
- Percepción del tiempo y flecha psicológica 389
- El viaje en el tiempo 429

EPÍLOGO: 455

Prefacio

Nuestra percepción de la realidad es limitada y está sometida a prioridades evolutivas como la supervivencia y la reproducción. Aunque hoy contemos con instrumentos que incrementan de forma notable la capacidad de observación, no tenemos ninguno que nos ayude a penetrar en el misterio de ese aspecto de la realidad al que llamamos tiempo. La propia definición que los diccionarios nos dan para el término *tiempo* suele plantear bastantes más incógnitas de las que resuelve:

Magnitud física que permite ordenar la secuencia de los sucesos, estableciendo un pasado, un presente y un futuro. Su unidad en el Sistema Internacional es el segundo[1].

Sucesión continuada de momentos que constituye el devenir de lo existente. El existir del mundo subordinado a un principio y a un fin, en contraposición a la idea de eternidad[2].

Si buscamos en un libro de texto de física, encontraremos definiciones más orientadas en la dirección a la que apunta el concepto temporal que hoy se acepta como válido de forma mayoritaria entre la comunidad científica: el tiempo relativo. De acuerdo a esta idea, no existe cosa tal como el *flujo del tiempo*, expresión inexacta que pone en evidencia, no solo los límites de la percepción, sino también los del lenguaje.

Entendemos por tiempo, la propiedad de los procesos de tener una cierta duración, o sea, de no ser instantáneos, y también la propiedad de los eventos de no tener que ocurrir todos a la vez, es decir, de no tener que ser obligadamente simultáneos, o sea, de poder desarrollarse en sucesión, o lo que es lo mismo, de tener una determinada relación de tipo antes/después[3].

---

[1] Diccionario DRAE

[2] Diccionario SGEL

[3] Basada en la definición dada en: Mechanics and Theory of Relativity. A.N. Matveev. Mir Publishers. Moscow.

Nuestra relación con el tiempo es íntima e indisociable. No podemos contemplarlo en perspectiva y se nos escapa cuando queremos tratarlo como objeto de estudio. No es, por tanto, extraño que el tiempo sea un concepto que ha intrigado y fascinado a todas las generaciones, y que sabios de todas las épocas se hayan esforzado por analizar y comprender la esencia profunda de esta parcela de la realidad, y por tratarla en pie de igualdad con otras magnitudes físicas fundamentales, como la masa, o la distancia. Pero bien pronto se comprendió que era un empeño titánico y lleno de limitaciones: un empeño sobre el que ya en el siglo V d.C., San Agustín emitió su famoso lamento:

> *Si nadie me pregunta sobre el tiempo, tengo muy claro lo que es, pero si alguien me pregunta sobre él, me doy cuenta de que no sé nada.*

Hoy, después de milenios de civilización, pasados ya siglos desde el inicio de la Revolución Científica, tras haber puesto el pie en la Luna y mandado sondas que han aterrizado en un satélite de Saturno y han sobrevolado Plutón, seguimos sin saber si nuestra distinción entre pasado, presente y futuro responde a la realidad esencial de un proceso que está en marcha, o es solo una percepción adaptativa de algo que ya estaba ahí desde *siempre*; seguimos sin saber con certeza si la naturaleza fundamental del tiempo es discreta o continua, si depende del observador o no; seguimos, en definitiva, sin saber casi nada del tiempo, y nos tenemos que conformar con enunciar sus propiedades observables por percepción inmediata, entre las cuales, paradójicamente, y en primer lugar, se encuentra la de que no es observable.

Veamos, pues, las tres **propiedades aparentes del tiempo**.

1-Referenciable, pero no observable: El tiempo no se puede revelar por medios externos que no se refieran al propio tiempo, y cualquier intento por comprenderlo desde esta perspectiva lleva a razonamientos circulares. Esta propiedad está relacionada con el aspecto de la detección y nos informa de que el tiempo no es detectable como flujo. Sin embargo, la data o fecha de un evento sí que es *ubicable* en lo que podríamos llamar la dimensión temporal, aunque no de forma absoluta, sino relativa a otro evento, por ejemplo uno especial que se acepta como origen del calendario. La diferencia de tiempo entre dos eventos se llama duración y se mide con el dispositivo denominado reloj, que puede ser natural o artificial y que se basa, no en la medida del flujo del tiempo, sino en el conteo de ciclos de alguno de los múltiples procesos de cambio que ocurren en la naturaleza. La propiedad número 3 será la que facilite esta referenciabilidad del tiempo.

2-Homogéneo, pero anisótropo: El tiempo está dotado de una propiedad perceptible que consiste en su aparente discurrir o fluir hacia el futuro y que se suele conocer como *flecha del tiempo*. Podemos suponer, aunque no con total certeza, que el tiempo es homogéneo, es decir, que un minuto de hoy pasa igual de rápido que un minuto de hace un millón de años. Sin embargo el tiempo muestra una anisotropía radical entre el ayer y el hoy, de forma que, aunque las leyes físicas no lo prohíben, es prácticamente imposible, y de hecho, inédita, su presentación en la dirección contraria, o sea, *discurriendo* hacia el pasado. Este dato tiene una explicación estadística en la segunda ley de la termodinámica, o ley de la entropía creciente, y frente al punto de vista relativo de la propiedad 1, es el que nos aporta la intuición del flujo del tiempo. La flecha del tiempo es detectable sin más que observar cualquier proceso de cambio, pues en todos ellos, sin excepción, se ve que los estados con más entropía siempre son los futuros. Esta propiedad conecta con un principio fuerte de la realidad física al que conocemos como principio de causalidad o principio de causa y efecto.

3-En estado de materialización continua: El tiempo presente se encuentra en un estado de auto generación constante, que sirve de marco de ejecución para los procesos de cambio, procesos que avanzan en el sentido de la propiedad 2, y son referenciables según la propiedad 1. La experiencia de tránsito continuo entre estados a la que llamamos *presente* o *ahora*, está completamente condicionada por la propiedad 1, es decir, su no observabilidad. Por eso el tiempo *presente* ha eludido todos los intentos históricos de detección, tanto filosóficos como físicos, y su existencia real solo es defendible desde un postura débil. Como contraste, esta propiedad del *ahora* es la más claramente percibida como *realidad real* por la experiencia humana, y además viene acompañada por un dato aparentemente robusto de la realidad metafísica existencial: el libre albedrío.

No todos los esfuerzos por asaltar el tiempo han sido en vano. Si bien desde el punto de vista filosófico ha habido grandes polémicas pero leves progresos, desde el punto de vista físico sí se han logrado romper algunas *barreras temporales*. El conflicto permanente entre las visiones absoluta y relativa del tiempo, se resolvió, en primera instancia, tras los trabajos de Galileo, y Newton, a favor de las posturas absolutas. En las fórmulas que describen los procesos físicos, el tiempo, representado por la letra "t", se colocó como la magnitud que sirve para describir la evolución del sistema, la que nos informa de la duración de los procesos, y la que nos sirve para acumular otras cantidades físicas *gastadas* entre tanto. Pero a pesar de las sutilezas y de la potencia que incorporó el cálculo infinitesimal, la verdad es que este avance en nuestra comprensión sobre el tiempo era, en el fondo, puramente formal, pues seguía siendo una magnitud progresiva e inapelable que marcaba un tic-tac único en el decorado del universo y que transcurría igual en todas partes y para todos los observadores: observadores que estaban, ineludiblemente, dentro de él.

El verdadero cambio de paradigma que iba a romper esta idea *newtoniana* de un tiempo universal e inmutable vino de la mano de Einstein y su teoría de la relatividad. A partir de entonces, y aunque a escala de nuestra vida corriente no lo percibamos así de ninguna manera, los experimentos relativistas apuntan a que nuestra separación conceptual entre espacio y tiempo es incorrecta, pues la evidencia demuestra que ambos forman una sola entidad a la que se ha dado en llamar espacio-tiempo. Aceptar los postulados de la relatividad, cuyas novedades más importantes son que la velocidad de la luz es de valor constante y fijo siempre respecto a cualquier masa móvil y que el espacio-tiempo es curvo, trae como consecuencia que el tiempo no pasa con el mismo ratio para todos los observadores, sino que se ralentiza para aquellos que se mueven más rápido que otros, y para aquellos que están inmersos en campos gravitatorios más fuertes que otros. El propio Einstein, a la luz de los resultados de su trabajo, que quitaban al tiempo el carácter absoluto que le había dado Newton, opinaba que la distinción entre pasado, presente y futuro, es decir, el flujo del tiempo, no era más que una *ilusión persistente*, y este punto de vista es compartido, en líneas generales, por todos aquellos que aceptan la validez de la teoría de la relatividad, que es básicamente, y con las leves excepciones que haya lugar, todo el mundo académico y científico actual.

Pero un estudio del tiempo abordado solo desde la filosofía y la física quedaría escandalosamente incompleto. Casi todas las religiones incorporan un agudo sentido temporal en su doctrina, no solo en lo que se refiere a su propuesta vital, sino especialmente, y dado que las religiones más importantes postulan la existencia de un alma *amortal*, en lo que se refiere a su propuesta post-mortem, o de vida de ultratumba para ese supuesto ente inmaterial. Esta propuesta suele incluir un plan de salvación con hitos temporales muy bien definidos que culminan, si todo transcurre según lo previsto, en una vida eterna llena de dicha y dedicada, básicamente, al disfrute de la compañía y de la mera contemplación de la divinidad. Las religiones *abrahámicas*, y concretamente el cristianismo, que es la que yo he recibido como herencia cultural y conozco mejor, han ido puliendo sus postulados y desarrollándolos a base de exégesis de los escritos sagrados, comentarios de la patrística y dogmatismo papal, hasta destilar una historia dotada de un sentido temporal completo, desde la creación hasta la escatología de los últimos días, incluyendo la asombrosa noción de que quizás esos mismos escritos sagrados contengan ya, de forma cifrada, o quizás de forma metafórica, toda la información referente a las duraciones de cada una de las fases del plan divino y a los correspondientes signos anunciadores, signos, a los que el Creador parece recurrir siempre para avisar con antelación de la llegada de la siguiente fase.

Hasta dónde yo sé, este es el primer libro en el que el estudio del tiempo a lo largo de la historia del conocimiento se aborda de forma verdaderamente holística, con la seriedad que se merece y sin menospreciar ningún enfoque, tanto en objetivos como en profundidad. Del mismo modo que me he preocupado por que el lector aprenda a deducir desde cero la ley de Hubble para la expansión del universo, o la ecuación más famosa de la física: $E=mc^2$, o el cálculo de la datación de una muestra de madera por el método del radiocarbono, también he querido explicar con pelos y señales el sistema joaquinista de cronología bíblica, al igual que otras particularidades de los escritos sagrados a las que los fieles de las distintas religiones atribuyen una importancia crucial. Junto a relatividad, mecánica cuántica y cosmología, este libro trata de mitología, filosofía, teología, psicología, literatura y cine fantástico. Pese a eso, este es, sobre todo, un libro de divulgación científica y de historia de la ciencia, y por eso hace un significativo uso de la herramienta científica por excelencia: las matemáticas. Esta es la razón por la que no podrá entenderse bien sin unos conocimientos mínimos, aunque muy sencillos, de álgebra (despejar y operar con ecuaciones), geometría (trigonometría básica, cálculo de distancias, teorema de Pitágoras) y cálculo infinitesimal elemental (sucesiones, derivación e integración de funciones sencillas). Las matemáticas están impresas en el tejido de la realidad hasta extremos tan insospechados, que Galileo llegó a decir que son el lenguaje en el que está escrito el universo. Pero las matemáticas suelen ser una disciplina maltratada y descuidada en la enseñanza, que se imparte sin el cariño y la dedicación que necesitan, lo que la hace apta solo para los temperamentos más agudamente intelectuales y la deja huérfana de los aspectos emocionales y creativos, tan necesarios en toda inteligencia que se pretenda completa. Poco se puede exagerar sobre su importancia. Baste decir que el mismo Platón, aclamado por muchos como el filósofo más grande de todos los tiempos, hizo grabar en la entrada de su Academia de Atenas este mensaje:

El que no sepa matemáticas, que no entre

¡Buen viaje por la historia oculta del tiempo!

La historia oculta del tiempo

El autor:

Soy Eloy Caballero y escribo sobre textos, imágenes y hojas de cálculo en:

https://eloycaballero.com/

Otros títulos que he publicado:

Ciencia, magia y religión en el Quijote

Spreadsheet Limits

La historia oculta del tiempo

Aclaraciones sobre la notación

Estas son las tipologías gráficas usadas en el texto

- Texto normal en párrafo
- *Cita textual de otro autor*
- Nombre de autor o escritor (*) con imagen adjunta
- *Título de libro, película u obra de arte*
- $\dfrac{dp}{dt} = F$ Ecuación
- *Vocablo transcrito según el original, de creación particular o no admitido en el diccionario de la RAE*

La historia oculta del tiempo

Época 1: Filosofía, teología y tiempo

Antes de marcharse, el viejo año saluda al nuevo. En la visión aristotélica del cosmos, este es el tiempo cíclico, que domina la esfera sublunar de las cosas sometidas al cambio, la corruptibilidad y la muerte. Por el contrario, en las esferas celestes, caracterizadas por la inmortalidad y la divinidad, el tiempo es eterno.

(Crédito: OpenClipArt. Artista: j4p4n)

La historia oculta del tiempo

Los mitos del tiempo

> *uenit summa dies et ineluctabilis tempus*[4]
> *Virgilio*. La Eneida.*

Para pintar el retrato del tiempo hoy, es necesario saber como lo han concebido nuestros antepasados, y compartir con ellos el asombro y el pasmo al ver como algo tan evidente y cotidiano se escapa de las manos al intentar describirlo. Pero pese a las evidentes dificultades que presenta su estudio, las culturas que nos precedieron siempre encontraron la forma de acomodar una definición y un concepto del tiempo que se ajustara bien a las creencias de su mitología propia y a las necesidades de su calendario.

Podemos decir, casi con total seguridad, que ya los humanos del Paleolítico eran capaces de pensar conceptualmente sobre todos los grandes misterios de la existencia, la vida, la muerte y, como no, también sobre el tiempo. Los enterramientos y las pinturas rupestres son una muestra clara de que entre nuestros ancestros existía un sentimiento religioso y trascendente, una idea sobre el más allá o mundo de los espíritus, y una conexión mágica con la naturaleza, a la que conocían muy bien y respetaban, por cierto, mucho más que nosotros.

El Neolítico trajo las revoluciones de la agricultura y la ganadería y desembocó finalmente en el surgimiento de las primeras civilizaciones, con la llegada de la edad de los metales, algunas invenciones clave, como la rueda y el torno de alfarero,

---

4 He aquí el último día y la hora ineludible

y el nacimiento del comercio. En esa época, el culto a la naturaleza se fue, gradualmente, personalizando en diferentes dioses cuyo favor había que ganarse rindiéndoles adoración a través de ceremonias y sacrificios. En casi todas las culturas surgió el concepto de *alma*, que normalmente se concebía como un ente *amortal*[5], no sometido a las limitaciones de la existencia temporal y quizás con un destino sempiterno en la vida de ultratumba, ya fuera en el mundo físico a través de unos ciclos de reencarnación, ya fuera en un mundo alternativo en la dimensión de los espíritus.

En este marco, los dioses fueron identificándose poco a poco con las fuerzas naturales y cósmicas que marcaban los ciclos de las cosechas, fuerzas que solían estar representadas por los astros: la Tierra como diosa madre y luego el Sol, la Luna, los planetas y las estrellas. Aparecieron los calendarios, que servían tanto a la agricultura como al ceremonial religioso y se hicieron los intentos iniciales por explicar la existencia del mundo a través de los mitos sobre la creación, que trajeron las estimaciones iniciales sobre la edad del universo. Los primeros registros bien documentados, que proceden de Babilonia y de Egipto, suelen describir al tiempo como una realidad que presenta dos aspectos diferentes:

1. **El ciclo** para la vida cotidiana del mundo terrenal y para las cosas sometidas a los cambios y la muerte.
2. **La eternidad** para la vida de las regiones etéreas o celestes y para las cosas inmutables y las divinidades que habitan esas zonas.

Este enfoque, al que podríamos llamar *las dos caras del tiempo*, es típico del mundo antiguo, y para comprobarlo examinaremos

---

5 Es importante notar la diferencia entre amortal e inmortal. Todo lo que conocemos que vive ha nacido antes y termina muriendo, luego no hay nada vivo e inmortal. Si el alma está viva y fue creada, debería ser mortal, pero como se nos dice que nunca muere, será, acaso, amortal. Por eso tampoco es correcto decir que el alma es eterna, pues no existió antes. Será, acaso, sempiterna o perpetua.

su aplicación en tres casos diferentes: el Egipto faraónico, la Grecia clásica y la Roma imperial.

Egipto: neheh y djet

En el antiguo Egipto de los faraones, la existencia pública y privada se vivía con profunda religiosidad, y se concebía al tiempo como dotado de dos aspectos antes citados:

1. Uno finito y terrenal para la vida mundana y las cosas caducas, dominado por los ciclos, aplicado a los procesos cambiantes y llamado *neheh*, de género masculino y asociado a Ra-Horus, el sol que renace cada mañana de las tinieblas por el Este.

2. Otro celestial y *atemporal* para la muerte, o lo que en términos de la religión egipcia es lo mismo, para la inmortalidad, caracterizado por la eternidad, aplicado a lo perenne y llamado *djet*, de género femenino, relacionado con la noche y la luna y asociado a *Osiris*, dios de los muertos y muerto viviente él mismo.

Para los egipcios, el tiempo no era una magnitud continua que transcurre linealmente y de forma pausada desde el pasado hasta el futuro, sino una entidad dual de aspectos radicalmente diferentes, pero que se ha de contemplar como un todo, pues solo cuando se la considera unida, esa dualidad es capaz de generar la completitud de la temporalidad. Sólo cuando los dos aspectos, neheh y djet, se contemplan de forma holística, se engendra el tiempo.

La representación gráfica del tiempo que se puede ver en un detalle del sarcófago de Tutankamón muestra al *neheh* a la izquierda y la *djet* a la derecha; ambos colaboran para sostener el cielo sobre la Tierra, y juntos abren y protegen el espacio que permite que el mundo exista a su cobijo⁶.

Los dos aspectos del tiempo: neheh y djet, amparan la existencia del universo en acción conjunta y coordinada. Reproducción libre de una parte del recinto funerario de Tutankhamon.

En la mente del egipcio de a pie, la verdadera clave para el mantenimiento de la maquinaria del tiempo, o por así decirlo, de la sucesión continua de presentes, era el ritual, tan importante en la honda religiosidad de la vida diaria de los antiguos ribereños del Nilo. Es el ritual efectuado por el sumo sacerdote, o el rezo diario, incluso horario del común mortal, lo que ayuda a dar forma, y aporta orden al edificio del tiempo que, de otra manera, y pese al sostén de *neheh* y *dejet*, se vendría abajo.

El egipcio tenía asumido como una parte clave de su escatología, que después de la muerte, su alma tendría que comparecer ante Osiris y ser sometida al juicio del tribunal de los muertos. Allí se colocaría su corazón en una balanza contrapesada con la pluma de la justicia de la diosa Maat, mientras el reo tenía que jurar no haber cometido una larga lista de pecados. Si mentía, su alma sería aniquilada por un monstruo con fauces de cocodrilo. Si salía absuelto, si había

6 http://www.maat.sofiatopia.org/heavenly_cow.htm

vivido una vida moral y justa, el difunto era admitido por Osiris en las filas de los muertos, o lo que es lo mismo, de los eternos, de los que disfrutan del tiempo inmutable de las piedras y de las estrellas. Cierto es también, que para poder ser eterno en Egipto, además de una vida moral intachable, se requerían algunos requisitos más mundanos que permitieran la pervivencia de la parte material del alma, como un sarcófago sólido, una estatua, y sobre todo, un embalsamamiento de buena calidad.

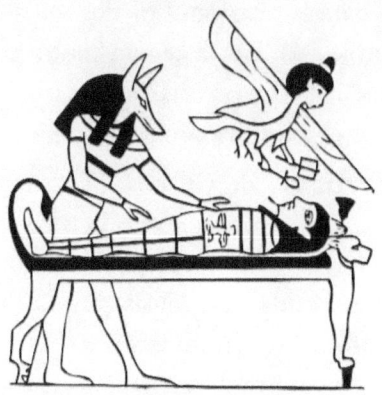

El alma activa (Ba) regresando a su sarcófago, donde reposa su cuerpo momificado, que le da soporte eterno en la fase post-mortem, y donde está también su alma pasiva (Ka). Crédito: OpenClipArt. Artista: Johnny Automatic

El egiptólogo alemán Jan Assmann[7], transcribe esta oración que los sacerdotes egipcios pronunciaban durante los rituales funerarios:

Que tu ba exista mientras en el neheh viva,

como Orión en el cuerpo de la diosa del cielo,

y mientras tu cadáver en la djet permanezca,

como la piedra en las montañas

---

[7] Las dos caras del tiempo. Jan Assmann. Investigación y ciencia. Abril de 2011.

Grecia: Cronos, Eón y Kairós

La violenta historia del mito de Cronos, la personificación del tiempo en la mitología griega, nos ofrece otro punto de vista sobre el origen y el significado del tiempo, diferente del egipcio en algunos aspectos, pero similar en otros. Cronos es un titán cuyos progenitores son el Cielo (Urano) y la Tierra (Gea). Aliado con su madre y reconcomido por la envidia hacia su padre, Cronos lo castra con una hoz ciclópea que aquella le había fabricado para la ocasión. Los despojos de esa mutilación divina que cayeron a la Tierra tenían tanto poder que de ellos surgieron divinidades como Afrodita, islas como Corfú, e incluso dimensiones como el tiempo.

La época del reinado de Cronos, hasta que fue destronado por su hijo, Zeus, es conocida como la *edad dorada* y en ella los seres humanos vivían sin leyes escritas y se comportaban moralmente sin necesidad de reglas. Desde luego, hay mucho significado metafórico de tipo temporal en este Cronos que había empezado su carrera divina con la castración de su padre, y que la termina con el asesinato canibalístico de sus propios hijos. El tiempo va devorando a sus propios frutos en todas las edades. Algunas representaciones pictóricas clásicas de este tema mitológico, como las de Goya y Rubens, lo plasman con tanto horror que su contemplación resulta trabajosa. Cronos se identifica con el Saturno de la mitología romana, con el dios *El* de la mitología cananea, con el dios Moloch de la mitología púnica, el que también devoraba, esta vez de forma real, a los infantes sacrificados en su honor, con el dios Anu de los sumerios, en las que además es el padre de los dioses y de la raza humana, y con muchos otros dioses de la zona del Levante. "*El*" es representado con la imagen de un toro en la mitología cananea y es llamado *el anciano de los días* y también *la roca de las edades*. En su personificación como Saturno, Cronos aparece como un viejo, a veces cubierto con un velo, dando así a entender que el tiempo es impenetrable, y portando una guadaña para significar que nada escapa al filo cortante de su hoja. Saturno/Cronos es el dios que mantiene en marcha el mecanismo de las estaciones y el calendario y es, por tanto, el dios del tiempo cíclico, con sus aspectos perceptivos de pasado, presente y futuro.

Saturno-Cronos en un antiguo almanaque astrológico medieval. Su figura todavía conserva detalles típicos del que había sido dios del tiempo cíclico en el mundo pagano. Crédito: OpenClipArt. Autor: Fractalbee

Un mito griego de tipo temporal menos conocido que le de Cronos es el de Eón, el ente divino que representaba a la eternidad. Eón sería, según algunos mitólogos, la divinidad que surgió del caos primordial y que creó el cielo y la tierra. Se pueden encontrar identificaciones de Eón con el propio Cronos, como en Marciano Capella (siglo V d.C.), con Osiris, con Dionisio, con el sincrético Serapis, e incluso con alguno de los hijos de Zeus. La imagen de Eón en la tradición romana puede ser la de un joven dentro de un círculo zodiacal, o si es de inspiración mitráica, tendrá la denominada forma *bisómata* o *leontocefalina*: el híbrido antropomorfo con cuatro alas (dos extendidas y dos desplegadas, haciendo referencia a los dos aspectos temporales de flujo del presente y eternidad) y cabeza de león. La imagen suele portar en sus manos una o dos llaves y suele venir asociada con la presencia de una serpiente enroscada alrededor de la figura híbrida. El estudio de las proyecciones del *leontocefalino* nos permite entender los diferentes aspectos del tiempo para los clásicos. La serpiente forma una hélice que nos permite apreciar, otra vez, los dos aspectos del tiempo: el aspecto cíclico si se mira desde arriba (círculo), y el avance lineal de la historia, si se mira desde el frente. Los ciclos se repiten, pero nunca son exactamente los mismos.

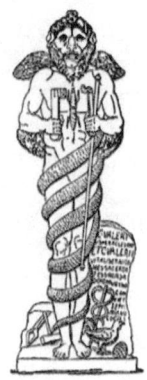

Leontocefalino mitraico de Ostia con las llaves del tiempo. La serpiente combina tiempo cíclico y eternidad. Crédito: Franz Cumont TMMM I 1896 Bruxelles: Lamartin. Wikipedia. Dominio público.

En la vista cenital del leontocefalino mitráico la cabeza de la serpiente se superpone con la proyección de su propia cola, dando lugar a la figura denominada *uroboros*, del griego *oyra*, o cola y *bora*, o alimento. Es la serpiente que se devora a sí misma, símbolo esotérico de amplio uso que representa al ciclo continuo, el eterno retorno, el proceso de cambio incesante al que está sometido el mundo, el renacimiento y la transformación de las cosas que siempre son nuevas, pero siempre son lo que fueron.

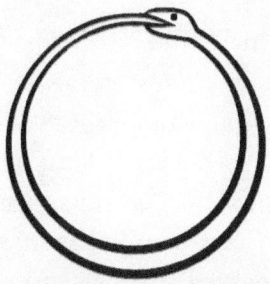

Representación esquemática del Uroboros como ciclo cósmico interminable del tiempo.

En cualquier caso y considerando las diferentes interpretaciones y los diversos matices, parece haber consenso en que la figura de Eón[8] y su representación como el *leontocefalino*, representa el discurrir interminable del tiempo que los antiguos asociaban con la eternidad.

Además de Cronos y Eón, los griegos manejaban otro concepto temporal que, ya para ellos era mucho menos frecuente y que en la vida acelerada de nuestros días suena completamente ajeno. Se trata del kairós, que en oposición al cronos o tiempo de cuenta y paso, hace referencia al tiempo como cualidad asociada a los eventos singulares, los que nos marcan como hombres y quedan grabados en el recuerdo. Kairós es el ente divino ignoto que señala la ocasión apropiada, la conveniencia con la estación que manda, la resonancia con el ciclo que maximiza la acción humana, el momento brillante en el que todo sale a pedir de boca y el hombre se siente uno con el todo.

---

8 En el corpus del gnosticismo, el eón sería una emanación de alguna inteligencia divina y, desde este punto de vista, podría considerarse que el demiurgo, el Creador y el propio Jesucristo son eones.

Roma: Jano, dios de las puertas y los cambios

Cuando se habla del panteón de dioses romanos, es casi habitual que pensemos preferentemente en los equivalentes latinos de los dioses olímpicos griegos, dioses a los que tras la romanización de las provincias helenas en el siglo I a.C., los romanos, en su manía por el sincretismo extremo, habían adoptado y adaptado casi completamente. Pero el plantel de dioses latinos nativos era ya bastante rico antes de esta asimilación y entre estos dioses indígenas estaba Jano, el bifronte, el de las dos caras, dios de los portales, de los comienzos y de los finales. La mitología nos informa de que Jano, pese a ser hijo de Apolo y Creuza, era en origen un simple mortal que llegó a reinar sobre un territorio alrededor de la colina Janícula, la actual Quirinal, en la región del Lacio, en la que posteriormente se levantaría Roma. Allí acogió a Cronos cuando éste fue expulsado del Olimpo por su hijo Zeus. En agradecimiento, Cronos elevó a Jano a la categoría de dios y le dio capacidad de visión hacia el pasado y hacia el futuro.

Las dos caras de Jano simbolizan la fugacidad del presente para un romano. El *ahora* llevado al límite se desvanece hasta que casi no existe. Jano da nombre al primer mes del año: enero, o *iannuarius*, en latín y por eso tenía su celebración correspondiente en este mes, pero era invocado también en todas las plegarias que implicaban el comienzo de un proyecto, de una guerra, de una empresa, y también en las oraciones matutinas del comienzo del día y en las épocas conocidas como puertas celestiales: la puerta del cielo, de los dioses, o *janua coeli*, correspondiente al solsticio de invierno, y la puerta del infierno, de los hombres, o *janua inferni*, correspondiente al solsticio de verano, al día de San Juan[9]. Jano aparece representado habitualmente sujetando una llave, que simboliza el acceso a

---

[9] Quizás sería demasiado atrevimiento sugerir alguna conexión etimológica entre Jano y Juan, que teóricamente viene del hebreo Ioannan.

todos los comienzos, o dos llaves, que pueden considerarse las de las puertas del tiempo: el pasado y el futuro, que él tiene el poder de abrir.

Jano trifronte con las dos llaves del tiempo. Dibujo basado en representación del calendario. Iglesia románica de San Martín de Tours. Ardanaz. Navarra. España

En la mitología de pura raíz romana se encuentra también un equivalente femenino al Eón helénico o mitráico. Se trata de la deidad llamada *Aeternitas,* que es de tipo abstracto y está dotada de cualidades genéricas representativas del tiempo ilimitado. Es posible encontrar representaciones personificadas de Aeternitas, como una muchacha que sujeta un cetro en una mano, una cornucopia en la otra, y que puede tener uno de sus pies sobre un globo, mientras que el fondo va ilustrado con estrellas. Se la ve en el reverso de muchas monedas de diversas épocas del imperio, pues las cualidades de duración y eternidad se intentaban asociar siempre con la figura del emperador. El anverso estaría copado por el perfil imperial de turno: Augusto, Claudio, Vespasiano, Domiciano, Tito, Nerva, Trajano…

Representación alegórica y puesta al día de Aeternitas Augusta, según se la podía encontrar, por ejemplo, en el reverso de un denario de la época de Trajano[10]. Crédito: Montaje con imágenes varias de OpenClipArt

---

10 Se pueden ver muchas otras imágenes de monedas romanas con Aeternitas en el reverso en http://www.forumancientecoins.com/

Filosofía y tiempo

> *tempus item per se non est, sed rebus ab ipsis*
> *consequitur sensus, transactum quid sit in aeuo, tum*
> *quae res instet, quid porro deinde sequatur*[11]
>
> Lucrecio. De rerum natura

Los presocráticos y la naturaleza del tiempo

Todo cambia, nada permanece, nada sale de la nada

Prescindiendo de sus concepciones cosmogónicas y de su obsesión por encontrar el elemento primordial: el agua para Tales, el fuego para Heráclito, el aire para Anaxímenes, el número para Pitágoras*, podemos decir que los presocráticos ya introducen algunas reflexiones de gran calado sobre la naturaleza del tiempo, aunque aún no lo  suelen contemplar como objeto separado de estudio filosófico. En general, estos filósofos conciben el tiempo como algo eterno: todo lo que existe ha existido siempre, ya sea la substancia primordial, ya sean los cuatro elementos de Anaxágoras, ya sean los átomos de Demócrito. No hay creación: *nada viene de la nada y nada se transforma*, dice Parménides, como más tarde dirá el romano Lucrecio. *Todo fluye, todo es devenir y cambio*, dice Heráclito, contradiciendo a un

---

[11] El tiempo tampoco existe de por sí. De las cosas mismas nos viene el sentido de lo que se cumplió en el pasado, de lo que ahora es presente y de lo que ha de seguir.

Parménides que insiste en que el mundo es estático y en que no existe el cambio, y dando origen así a una de las polémicas temporales de más largo recorrido: la dicotomía estático-dinámico, que como iremos viendo, ha resucitado una y otra vez a lo largo de la historia, transfigurada a veces en otros términos como absoluto-relativo, eterno-caduco, o global-local, pero con el mismo fondo de contenido.

Tanto para Parménides —*nada puede ser otra cosa salvo lo que ya es*—, como para Heráclito* —*en el mismo río entramos, pero ya no es el mismo*—, debía de estar claro que el cambio se observa por doquier en el mundo natural. Sin embargo, cuando Heráclito intenta estudiar y analizar los detalles de ese cambio surgen paradojas asombrosas que lo confunden, lo acercan a las posturas de Parménides y le hacen pensar en una realidad subyacente de tipo diferente y quizás no tan cambiante. Si los pitagóricos, entre los que se contaba Parménides, habían insinuado que el número era el verdadero soporte de la realidad, y eso podía convertir a la aritmética en el método para resolver cualquier problema, ya ellos mismos se habían quedado estupefactos ante cosas que, en buena lógica aritmética, no deberían de ocurrir, como el descubrimiento de que había números no expresables a partir de razones de cantidades contables, como la raíz del número dos: $\sqrt{2}$, que surge al componer dos medidas unitarias perpendiculares. Pero incluso la más sencilla aritmética de cuenta de andar por casa ya planteaba aparentes quebraderos de cabeza como los que, un siglo más tarde, iba a poner de manifiesto Zenón de Elea (470 a.C.) con sus archifamosas paradojas sobre el movimiento. Todas ellas tienen, aproximadamente, el mismo problema de fondo, por lo que nos centraremos en el estudio detallado de la de Aquiles y la tortuga.

Aquiles, la tortuga y la divisibilidad del tiempo

Las paradojas de Zenón, y particularmente la de Aquiles y la tortuga, nos ponen delante de este interrogante de apariencia simple, pero de fondo profundo: ¿son el tiempo y el espacio indefinidamente divisibles y continuos, o están hechos de la adición de pedazos discretos e indivisibles? Demócrito habría dicho que no podían ser continuos,  porque si así fuera, la realidad se disolvería ante nuestros ojos. Para él, el límite de la divisibilidad estaba en el tamaño del átomo, fuera el que fuera, muy pequeño, claro. Pero veamos el detalle de la que, probablemente, es la más famosa de las paradojas de Zenón.

Aquiles y la tortuga echan una carrera en la que el parsimonioso reptil sale con media distancia de ventaja. Para alcanzar al animal, Aquiles tendrá que recorrer primero esa media distancia, pero en el tiempo que tarda en hacerlo, la tortuga habrá recorrido un nuevo trecho, aunque sea pequeño, con lo cual el problema inicial se reitera sin cesar. Aquiles siempre tardará algo de tiempo en recorrer el pequeño trecho de ventaja que la tortuga le va sacando, luego Aquiles nunca alcanzará a la tortuga. El simple paso del lenguaje a la física, y en concreto, el análisis cinemático en un marco espacio-temporal newtoniano, y por tanto continuo, nos da inmediatamente la solución al problema y la paradoja se desvanece. Sea $2D$ la distancia a recorrer, D la ventaja de la tortuga, Va y Vr las velocidades de Aquiles y el reptil, y Ea y Er los espacios recorridos por cada uno en un tiempo t. Sea Ei la distancia a la que Aquiles iguala a la tortuga y sea t_i el tiempo que transcurre hasta ese instante. El espacio recorrido por cada uno será:

$$E_a = V_a \times t_i$$
$$E_r = D + (V_r \times t_i)$$

Cuando ocurra el alcance se cumplirá:

$$E_a = E_r$$

Es decir:

$$V_a t_i = D + V_r t_i$$

De donde podemos deducir que:

$$(V_a - V_r) \times t_i = D$$
$$\Delta v \times t_i = D$$

Donde ΔV es la diferencia neta de velocidad entre Aquiles y la tortuga. Y por tanto:

$$t_i = \frac{D}{\Delta V}$$

El tiempo que Aquiles tardará en alcanzar a la tortuga es directamente proporcional a la distancia de ventaja inicial e inversamente proporcional a la diferencia de velocidades entre ambos. Si la velocidad de Aquiles fuera el doble, el alcance se produciría justo en la línea de meta. Todo coincide con la intuición y con la realidad del experimento. Nos hemos quedado sin paradoja.

El análisis discreto del mismo problema tampoco plantea ningún contrasentido. Si vamos a considerar que la tortuga se mueve a pequeños intervalos y que el trasfondo temporal es el mismo para los dos corredores, sean los intervalos elementales tan pequeños como se quiera, el problema se reduce a sumar sucesiones de términos finitos que son producto de la velocidad de cada corredor por ese tiempo modular cuyos intervalos, sean lo pequeños que sean, serán igual para ambos. Está claro que Aquiles acumulará más distancia recorrida en el mismo tiempo total y que llegará un cierto intervalo en el que adelantará a la tortuga. El cálculo es trivial y solo requiere sumar.

Aritmética, no física

Luego si en términos cinemáticos, ya sea continuos o discretos, el problema mecánico tiene una solución sencilla y evidente, que además coincide con la experiencia real: ¿Qué fue de la paradoja? Se quedó en la trampa de la imprecisión del lenguaje.

Con o sin intención, Zenón plantea el problema de forma que se elude el trasfondo temporal del fenómeno, que viene impuesto por la diferencia de velocidades, y se obvia también el trasfondo geométrico o espacial, para quedarse solo con el aritmético. Tenemos dos series de intervalos acotados cuya característica fundamental es que sus longitudes son decrecientes, puesto que van delimitadas por lo que Aquiles tarda desde su marca anterior hasta donde estaba la tortuga en ese momento. La progresión de ambas series es idéntica, aunque al fijarnos solo en su aspecto aritmético, forzamos a la serie de Aquiles a ir siempre rezagada, a llegar hasta donde la tortuga estuvo antes y a pararse para que nosotros sumemos y, fatídicamente, encontremos siempre a Aquiles en el punto en el que la tortuga había estado un poco antes, y por tanto, *siempre* un poco por detrás de ella.

Zenón no diserta sobre el tiempo ni sobre el espacio, sino que nos propone un razonamiento puramente aritmético con una trampa oculta: obligar mentalmente a Aquiles a esperar a que la tortuga siempre adelante el paso. El hecho que habría sorprendido a Zenón, y que no debería dejar de resultarnos curioso tampoco a nosotros, es que aunque el número de intervalos que Aquiles y la tortuga recorren sea infinito, la suma acumulada de sus longitudes, que siempre son mayores que cero, no lo es.

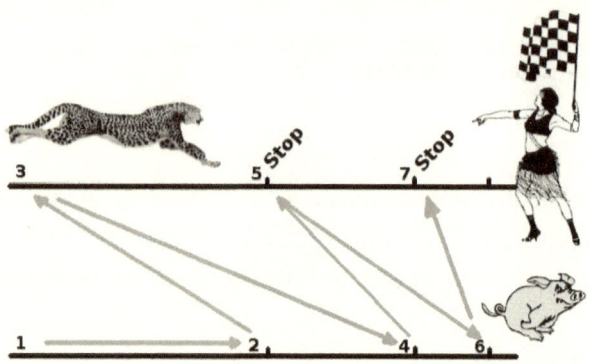

Si obligamos al leopardo a detenerse virtualmente por cada trecho de carrera del cerdo, que empezó con la ventaja 1-2, el pobre felino nunca lo alcanzará. Le pasará lo mismo que a Aquiles con la tortuga.

En concreto, si suponemos, como decíamos antes, que la ventaja de la tortuga es la mitad de la distancia total, en una carrera de longitud $2D$, tenemos series convergentes del tipo:

$$\sum_{n=0}^{\infty} d*(\frac{1}{2})^n = d(1+\frac{1}{2}+\frac{1}{4}+...+\frac{1}{2^n}) = \frac{d}{(1-(\frac{1}{2}))} = 2d$$

Esta paradoja es, en realidad, una variante de otra paradoja de Zenón sobre el espacio, en concreto de la del corredor que nunca llega a la meta porque tiene que recorrer, primero la mitad de la distancia total, luego la mitad de la mitad, etc. Pero por infinitos que sean los pasos que hay que dar, la longitud de esos pasos es decreciente en progresión geométrica y por tanto la suma de todos ellos converge a un cierto total finito. La paradoja se desvanece y el corredor llega a la meta. No olvidemos que la madre de estas paradojas lleva a concluir que todo movimiento es una ilusión, pues para dar un paso, primero hay que moverse la mitad, antes la cuarta parte, y así un número infinito de subdivisiones que nos llevarían a concluir, no ya que nunca llegaremos a la meta, sino que nunca arrancaremos.

Los trabajos de los presocráticos y las paradojas de Zenón no nos revelan ningún aspecto nuevo sobre la naturaleza continua o discreta del tiempo. Al contrario, lo sacan de la ecuación para hacer reflexiones puramente aritméticas que, al involucrar infinitos infinitesimales, también tienen su interés, desde luego, pues no es cosa ligera ver ante nuestros propios ojos como una cantidad incontable de sumandos colapsa en una cifra finita, pero por el momento no es un interés temporal, que es lo que nos ocupa.

El tiempo para Platón y Aristóteles

Parece que cuando uno intenta cualquier análisis de un concepto desde el punto de vista filosófico, el análisis no está completo sin revisar lo que sobre el asunto postularon los dos grandes pilares de la filosofía griega: Platón* y Aristóteles. Dentro del marco general común que ya hemos descrito antes, es decir, los antiguos conciben un tiempo cíclico para los asuntos humanos, o para las regiones sublunares y una eternidad para los asuntos divinos, o para las supralunares, las diferencias entre las concepciones temporales del de Atenas y el de Estagira son notables.

Platón: El tiempo tuvo un principio

El concepto temporal de Platón está condicionado completamente por su cosmogonía, en la que el demiurgo juega un papel clave como pseudo-creador delegado. El tiempo es otro de los aspectos del mundo ideal que este *arquitecto del universo* crea a imagen de la idea inmutable de eternidad:

> *El mundo ha tenido principio...es visible, tangible, corporal... es sensible, y todo lo que es sensible, nace y es engendrado.*

Pero ese mundo no es eterno, puesto que tiene un comienzo en la creación. Antes de la generación del tiempo, el demiurgo crea el universo sensible a imagen del mundo ideal, y luego crea el tiempo a imagen de la eternidad. En palabras del propio *Timeo*:

> *Dios resolvió crear una imagen móvil de la eternidad, y por la disposición que puso en todas las partes del universo, lo hizo a semejanza de la eternidad, que descansa en la unidad. A esta imagen eterna, pero divisible, la llamamos tiempo.*

Dios ordena el tiempo mediante ciclos

Ese mismo Supremo Hacedor ordena armoniosamente los astros para marcar los ciclos temporales: las partes del tiempo. Otra vez *Timeo*:

> *Los días, las noches, los meses y los años no existían antes y Dios los hizo aparecer introduciendo el orden en el cielo. Estas son partes del tiempo, y como el tiempo huye, el futuro y el pasado son formas que en nuestra ignorancia aplicamos de forma equivocada al Ser eterno.*

Y después aclara que el sol, la luna y los cinco planetas fueron creados por Dios como reloj natural para marcar y medir el tiempo. Añade que son astros imprescindibles para que exista el tiempo y que marcan la unidad de medida temporal más genuina: el año perfecto, el tiempo que transcurre entre una alineación planetaria generalizada y la siguiente.

El tiempo es una parodia de la eternidad

Continúa *Timeo*:

Nosotros decimos del tiempo: ha sido, es, será, cuando en propiedad solo puede decirse: es. Las expresiones ha sido o será, solo convienen a la generación que pasa y se sucede en el tiempo, pero el Ser eterno es inmutable e inmóvil y no puede ser más viejo ni más joven; no existe en el tiempo, no ha existido ni existirá en el tiempo; no está sujeto a los accidentes que la generación pone en las cosas móviles y sensibles, que son solo formas imitativas del tiempo sobre la eternidad.

¿Tendrá el tiempo un final?

Parece lógico pensar que si Platón concibe el tiempo como una simulación animada de la eternidad, y admite un comienzo temporal, no tenga inconveniente, o incluso favorezca claramente la idea de que, al igual que tuvo un principio, el tiempo también puede tener un fin. Pero *Timeo* no es concluyente al respecto, cuando nos dice:

El tiempo fue producido con el cielo y perecerá con él, si es que debe perecer.

Y de esta manera tan expeditiva se cierran los comentarios sobre el tiempo.

Aristóteles: ni principio ni fin para el tiempo

El concepto aristotélico del tiempo se separa de la perspectiva creacionista y cuasi teológica de Platón para ajustarse más a su típico enfoque racionalista. Para Aristóteles no ha existido el acto divino de la creación pues el universo es eterno: lo es, claramente en lo que se refiere al mundo supralunar y lo es, de forma quizás mas difusa en lo que se refiere a la esfera sublunar. Y para demostrarlo dice que si se admite que todo lo que tiene existencia viene de un substrato previo, y se admite también que la materia del universo tiene existencia, entonces esa materia también debe de proceder de un sustrato previo. Pero la naturaleza de la materia es precisamente ser el substrato del que el resto de las cosas surgen. Así pues, la materia del universo solo podría haberse originado de ella misma y esto nos lleva a un ciclo recurrente del que solo se puede salir admitiendo que la materia del universo estaba ahí siempre, por lo que es eterna.

Esta ausencia del acto de la creación, que se podría, y se debería interpretar como una prolongación eterna del tiempo hacia el pasado, no impedía, sin embargo, a Aristóteles* concebir una especie de causa primera, de origen del movimiento, a la que él llamó primer motor inmóvil[12], y al que calificó como: *perfectamente bello, indivisible, inmortal, inmutable y contemplándose a sí mismo*. Tenemos un universo que, por un lado, ha estado siempre ahí, pero por otro tiene uno, o quizás varios[13] primeros motores. La salida a esta aparente contradicción la podemos encontrar, quizás, en la subdivisión del universo aristotélico en regiones: la sublunar, corruptible y sujeta al cambio, en la que el tiempo y los ciclos gobiernan, y la supralunar o de las esferas celestes, rematada por la esfera de las estrellas fijas, donde los primeros motores inmóviles insuflan el cambio en la materia sublunar, pero no están sujetos al cambio ellos mismos, ni tampoco las cosas que los forman, que están

---

12 Desde el punto de vista teológico, la propuesta del primer motor inmóvil se ha aprovechado como justificación de la existencia de Dios, que representaría, bien directamente, o bien de forma delegada, ese papel. Es el argumento cosmológico en favor de la existencia de Dios.

13 Uno para cada esfera celeste y uno en la más exterior que actúa como "coordinador" de todos los movimientos.

hechas de quintaesencia incorruptible. El problema que supone el hecho de que el gobierno de las cosas temporales, o ciertas formas de interacción con ellas, lo realicen entidades semidivinas y eternas, que aparentemente no se deberían contaminar de cronología, puede no ser muy grave para Aristóteles, pero tomará un cariz mucho más serio algunos siglos más tarde, cuanto se contemple desde una perspectiva religiosa exclusivista, como la de Tomás de Aquino, que requiera librar al creador eterno de cualquier contaminación de tipo temporal.

El espacio es otra cosa. Aunque parece lógico que su concepto de tiempo eterno hubiera llevado a Aristóteles a postular, por analogía, un espacio infinito, esto no era así. Más allá de la última esfera del cielo no hay nada, ni siquiera vacío. El mundo aristotélico es auto contenido y limitado; es un mundo que no gustaba ya en su época a los partidarios de la infinitud y que dejaba sin respuesta preguntas tan simples como profundas, como: si se lanza una flecha desde el borde la esfera celeste hacia afuera, ¿qué trayectoria seguiría?

Bajando desde las alturas cosmológicas al terreno de la física real, el tiempo aristotélico es un aspecto del movimiento que solo cobra sentido cuando se lo contempla como marco de referencia para observar el cambio. Aristóteles resuelve la discusión absoluto-relativo, que no es más que una presentación diferente de la vieja dicotomía Heráclito-Parménides, en favor de éste último y de una idea relativista del tiempo, un tiempo que está siempre ahí y que no fluye. Este concepto de un tiempo relativo, local y estático, que a pesar de estar hoy sancionado por la teoría de la relatividad ya es escurridizo y anti intuitivo para nosotros, debía de serlo aún más para los antiguos. Aristóteles es plenamente consciente de estas sutilezas y se aplica con denuedo en el uso preciso del lenguaje. Del tiempo se puede decir que: *está relacionado con el cambio*, o que *es una medida del movimiento* (Aristóteles usa la palabra número), pero nunca que *es el cambio o el movimiento en sí mismos*, ya que mientras que estos pueden ser rápidos o lentos, el ratio de paso del tiempo es siempre el mismo[14]. El tiempo no fluye, pero sirve para medir la separación cronológica y establecer el orden inequívoco de los eventos. En ese sentido, el cambio y el movimiento son conceptos mucho más básicos que el tiempo, que solo surgiría a partir de ellos. Aunque la postura contraria puede ser defendible si se considera que para que algo devenga a su estado actual tiene que haberse encontrado *antes* en un estado previo, y por tanto parece que es el tiempo el que debería tener un carácter más fundamental que el cambio. ¿No debería el tiempo estar ahí con antelación al cambio para permitir esas diferencias de etiqueta de estados entre antes y después? Parece que, al menos como dimensión, sí. Pero Aristóteles no niega que exista el tiempo, e incluso se puede entender que hay otras afirmaciones suyas que le otorgan un fundamento más sólido que al cambio y al movimiento. En su libro sobre física, define:

> *El tiempo es la medida de lo numerado en el movimiento, que comparece en el horizonte de lo anterior y lo posterior*[15].

Lo que parece dar a entender que el movimiento solo puede ocurrir si hay tiempo. Pero esto puede ser anecdótico o, peor aún, deberse a un error en mi interpretación de lo que, seguramente, será una traducción, de una traducción de otra traducción. Para Aristóteles, en fin, el tiempo sigue al cambio y es continuo, infinitamente divisible y mensurable en la misma medida que lo son los procesos, puesto que éstos afectan a magnitudes que también son mensurables. El filósofo[16]

---

14 Hoy sabemos, por teoría de la relatividad, que el tiempo puede pasar más rápido o más lento, respecto a un observador estático de referencia, de acuerdo a las condiciones locales de curvatura del espacio-tiempo, relacionadas fundamentalmente con la masa-energía local.

15 Según traducción de Martin Heidegger.

16 Forma habitual en la que los estudiosos y comentadores de la baja edad media se referían a Aristóteles.

reconoce que es paradójico que aunque el tiempo no sea cambio en sí mismo, se pueda definir a nivel de unidad fundamental mediante un proceso cambiante como el descrito. Si el espacio es un orden de cosas que coexisten, el tiempo es un orden de eventos que se suceden. Por cierto, para Aristóteles, la unidad esencial del tiempo a gran escala no es ya el año perfecto de Platón, sino la revolución de la última esfera celeste, lógicamente pues desde ella el primer motor inmóvil marca el compás del universo.

La medida del movimiento

Si el tiempo es la medida del movimiento, puede ser útil reflexionar sobre la teoría dinámica del movimiento de Aristóteles y ver a que conclusiones temporales nos lleva. Conviene aclarar que el desarrollo de fórmulas con notación moderna que viene a continuación no fue nunca expresado así por Aristóteles. No obstante, partiremos de los postulados de su obra: Física, Libro VII, Capítulo 5, en la que Aristóteles enuncia una ley del movimiento de esta manera:

> Si F es el movimiento (la causa) que mueve a M (el objeto) una distancia S, en un tiempo T, entonces la misma fuerza F actuando sobre una masa $M/2$ recorrerá la distancia S en un tiempo $T/2$.

Si tabulamos este enunciado y calculamos la velocidad de los movimientos descritos, veremos sus implicaciones de una forma algo más clara.

Acción	Masa	Distancia	Tiempo	Velocidad
F	M	S	T	S/T
F	$M/2$	S	$T/2$	$2S/T$

Considerando que la masa tiene carácter de resistencia al movimiento, se deduce de este enunciado que Aristóteles considera que, al menos en ciertas condiciones[17], en el movimiento ideal de un sólido sometido a la acción de una fuerza F, la velocidad alcanzada será directamente proporcional a la fuerza e inversamente proporcional a la resistencia que supone su masa M. Si notamos como v a la velocidad, podremos expresar:

$$\frac{F}{M} \approx v$$

Esto implica que:

$$F \approx mv$$

Y al establecer la proporcionalidad entre fuerza y velocidad, Aristóteles crea una teoría cerrada sobre sí misma, que no ofrece más posibilidades de desarrollo. Si el estagirita hubiera intuido que la proporcionalidad era entre la fuerza y el cambio de velocidad, las cosas habrían resultado muy distintas, pues la ciencia habría tenido la segunda ley de Newton con casi dos milenios de antelación.

En cualquier caso, no es descartable pensar que junto a su concepción relativa del tiempo como orden de eventos, Aristóteles manejara también alguna clase de idea absoluta sobre el *ahora* universal. Si combinamos esto con su anti atomismo, es decir, su juicio del tiempo como ente continuo, nos surge la pregunta de cómo hacía esto compatible con la discontinuidad inherente a la sucesión de *ahoras*: el *ahora* pasado, el *ahora* presente y el *ahora* futuro. Al menos a primera vista, parece impensable que Aristóteles pudiera aceptar la idea de dos *ahoras* consecutivos pero aislados o separados, sin postular alguna entidad de nuevo cuño que les diera la necesaria conexión que les permitiera sucederse con continuidad y sin sobresaltos.

---

[17] No todos los enunciados de la Física de Aristóteles permiten asegurar que pensaba que esta proporcionalidad entre fuerza y velocidad se mantenía siempre, pero desarrollaremos las implicaciones temporales de éste en particular.

Reduccionismo y sustantivismo temporal

A las dos posturas que surgen de los enfoques temporales distintos de Platón y de Aristóteles se las ha venido a llamar *sustantivismo temporal* y *reduccionismo temporal*, respectivamente.

Sustantivismo temporal

También lo podemos llamar *platonismo temporal*, pues es la postura de Platón y de Heráclito, y dice que existe algo parecido a un tiempo absoluto y universal que aloja las cosas y los eventos y que además tiene existencia independiente de ellos. Según esta perspectiva, el universo se podría parar y arrancar como si fuera una gran maquinaria que se mueve por acción del tiempo. Veremos más adelante que Newton tenía este mismo concepto temporal: el de una entidad totalmente independiente del espacio y los objetos, entidad que marca de forma uniforme los instantes del devenir de todo lo que existe y a la que nos podemos referir de forma absoluta sin temor a equivocarnos. Y verdaderamente se trata de un concepto muy atractivo para la intuición y razonablemente fácil de entender. Para sustanciar mejor la intuición sobre este concepto del tiempo, diremos que su absolutismo es tal, que si uno fuera Dios, podría pensar en parar el tiempo solo en algunas zonas acotadas del universo e incluso en permitir que sus habitantes fueran plenamente conscientes de que su tiempo se ha detenido respecto al tic-tac del resto del universo. El sustantivismo temporal propone un tiempo absoluto, independiente del observador, global, continuo, perfecto y, normalmente, aunque con matices, eterno.

Reduccionismo temporal

También es referido como *relacionismo temporal*. Es la postura de Aristóteles y Parménides, según la cual, el tiempo no tiene existencia independiente y separada de las cosas y los eventos. No se puede, por ejemplo, congelar el tiempo del universo durante un año, en el cual se para todo, desde átomos a galaxias, y luego hacerlo arrancar otra vez, pues el tiempo sólo tiene sentido como medida de relación (número) entre cosas y eventos. Si se pudiera parar el tiempo de esa manera ¿quién puede asegurar que no está ocurriendo en cualquier momento sin que nos demos cuenta? Según este punto de vista, el tiempo es, por definición, solo un conjunto de referencias entre eventos que nos sirve para ordenarlos cronológicamente con relaciones tipo antes-después y para comprender los procesos de cambio a los que están sujetos. Pensar en un período de tiempo en el que nada cambia no tiene sentido, pues estaríamos hablando del mismo instante y no habría tal período. Si alguien llevara el argumento al límite podría decir que esto podría suceder sin que nosotros fuéramos conscientes de que el mundo se ha parado, pero en ese caso nunca llegaríamos a conocerlo, luego es irrelevante. Y de aquí se deriva la gran importancia que el observador tiene en todo el entramado temporal de Aristóteles, hasta el punto de que, si se aplica también un poco de existencialismo moderno, resulta que el tiempo pierde completamente su sentido si no hay seres que puedan observar los procesos de cambio.

El reduccionismo temporal propone un tiempo relativo, imperfecto y dependiente del observador, y anticipa lo que mucho más tarde se llamará la ilusión del tiempo, que llegará a su máxima expresión con la teoría de la relatividad de Einstein: un tiempo local, relativo, de flujo ilusorio y dependiente, no solo del observador, sino de la propia presencia de objetos y de sus características, particularmente de su masa-energía. La única diferencia conceptual destacable entre este tiempo relativo de los antiguos y nuestro moderno tiempo relativista es que mientras que para ellos, incluidos los propios atomistas, la continuidad e infinitud temporales parecían algo indiscutible, para nosotros ya no lo son. Es más, si tenemos en cuenta a la mecánica cuántica, las cosas parecen apuntar justo hacia la hipótesis opuesta: la de un tiempo discreto y finito. Pero todavía es un poco pronto para extendernos sobre este asunto.

¿Hay un principio del tiempo?

No para el reduccionismo, como ya postuló Aristóteles. Y lo hizo con el mismo y eficaz *modus operandi* que antes le aplicábamos a la pregunta sobre el principio de la materia: si el tiempo tuvo un principio, entonces se podría pensar en ese instante inicial de tiempo. Pero todo instante de tiempo, por definición, tiene un antes y un después, luego también ese instante inicial, si es de tiempo, debió de tener un antes. Extendiendo este razonamiento, el estagirita concluyó que no existe una cosa llamada principio del tiempo y de la misma forma, que no existirá algo llamado final del tiempo.

No es difícil comprender por qué este era uno de los puntos de la filosofía aristotélica que el cristianismo siempre encontró inaceptable, pues implica la ausencia de creación y por tanto, la no necesidad de un agente creador. Este y otros problemas de compatibilidad del corpus aristotélico con la doctrina cristiana, no se resolvieron hasta la entrada en escena de Tomás de Aquino y su ingeniosa solución de rechazar aquellas partes del trabajo del *filósofo* que no estuvieran de acuerdo con las Sagradas Escrituras y aceptar el resto.

Para el sustantivismo, sin embargo, sí existe un principio del tiempo, pues Platón lo concibe como aspecto de la realidad fabricado por el demiurgo como imagen imperfecta de la eternidad. Ese tiempo facsímil, esa parodia animada de la eternidad, está dotada de una fecha de comienzo, de un momento inicial, de un origen que data del instante de su manufactura *demiúrgica*. A la vista de esto, resulta evidente por qué esta visión temporal de tipo *platonista* era mucho más agradable a los ojos de los teólogos.

Estructura lineal del tiempo

¿Que estructura puede tener la dimensión temporal del mundo según estas dos posturas características de la filosofía antigua? La línea recta, continua y sin ramificaciones no se lleva bien con el reduccionismo aristotélico, pues si el tiempo depende de las cosas y los eventos, lo lógico es que su estructura dependa del estado, de la forma y de las relaciones entre cosas y eventos. No será hasta la llegada de la teoría de la relatividad cuando estos problemas se solucionen y cuando se confirme que, en efecto, la distribución de masas, o sea, el estado de las cosas del universo, afecta, y mucho, a la estructura del tiempo, o mejor dicho, de la nueva entidad que surge de la relatividad, denominada espacio-tiempo. Es hoy, con todo el aparato teórico de los espacios vectoriales de Minkowsky, los desarrollos tensoriales de Einstein, y las transformaciones de Lorentz, cuando por fin somos capaces de describir con fórmulas matemáticas, y también, aunque a duras penas, de imaginar algunas visualizaciones geométricas (en proyecciones con conveniente poda dimensional) de ese continuo espacio temporal que reacciona aplastándose ante la presencia de masa-energía. El platonismo temporal no plantea tantos inconvenientes conceptuales y, de hecho, se ajusta muy bien al modelo de una línea recta. Se trata de un tiempo que, al fin y al cabo, tiene existencia independiente del universo y de sus cosas y que por ende, permanece linealmente indiferente ante la presencia de masa, de energía o de cualquier otra manifestación de la existencia.

Aristóteles contra Platón

Platón es el tiempo absoluto y fluyente y Aristóteles el tiempo relativo y estático. Pero en el caso de Aristóteles estas posturas están llenas de matices, matices que vienen dados, sin duda, por las inevitables contradicciones a las que lo arrastra el gran esfuerzo racional de su enfoque. Aristóteles considera que dos eventos son simultáneos, es decir, aunque suene obvio, que dos eventos ocurren al mismo tiempo, cuando ocurren en el mismo *ahora*. Pero incluso el propio concepto de *ahora* parece no estar del todo admitido como real por el estagirita, pues en una de sus paradojas nos dice que el *ahora*, desde luego, no existe como tal, puesto que cuando se le intenta aprehender ya es pasado, y cuando se le espera emboscado todavía es futuro. Ahora bien, si el futuro y el pasado no existen y el ahora, que es cimiento y estructura del presente, tampoco existe, entonces: ¿qué es lo que queda del tiempo para Aristóteles? Pronto veremos como solo unos siglos más tarde, Agustín de Hipona sintió el vértigo de la desorientación cuando se vio frente al mismo y terrible dilema.

Epicúreos, estoicos y el tiempo como accidente

Atomismo, epicureísmo y tiempo

Si ya Demócrito de Abdera había asegurado que el tiempo era una de esas materias sobre las que no podemos tener conocimiento directo, sino solo bastardo, lateral o de *segunda mano*, Epicuro de Samos y sus discípulos afinaron un poco más al considerar al tiempo como un *accidente de los accidentes*. Veamos si podemos entender lo que quiere decir el padre del epicureísmo en su Carta a Herodoto, cuando el del jardín[18] explica:

> *No podemos investigar el tiempo como investigamos el resto de las cosas que afectan a los objetos y que la mente aprehende de forma visual. Debemos razonar por analogía entre la experiencia de lo que llamamos mucho tiempo y poco tiempo. No necesitamos mejores descripciones del tiempo. Podemos usar las que tengamos a mano. Lo único importante es considerar las cosas que asociamos con el tiempo y las formas en las que lo medimos. Asociamos el tiempo con los días, las noches, y sus fracciones, y también con la presencia o ausencia de sentimientos, movimientos y descansos. Así pues, admitamos que eso que llamamos tiempo, en un sentido especial, es un accidente de los accidentes.*

Epicuro* no niega la existencia del tiempo, ni lo tilda de ilusión de nuestros sentidos, pero tampoco le reconoce la categoría de existencia absoluta que le otorga el platonismo, ni lo califica de movimiento (recordemos la definición platónica: imagen móvil de la eternidad) o proceso, sino que lo deja circunscrito a su papel de establecedor de relaciones entre los eventos, o en términos epicúreos, de accidente secundario de los accidentes primarios. Dos siglos más tarde, el romano Lucrecio confirmaba el concepto relativo que los epicúreos tenían del tiempo, al escribir[19]:

> *El tiempo tampoco existe de por sí. De las cosas mismas nos viene el sentido de lo que se cumplió en el pasado, de lo que es ahora presente, y de lo que ha de seguir. Hay que reconocer que nadie*

---

18 Los del jardín, era la forma coloquial con la que se conocía a los seguidores de Epicuro, que al instalarse en Atenas puso a su academia el nombre de Jardín.

19 De rerum natura, Lucrecio. Libro Primero.

percibe el tiempo en sí mismo, abstraído del movimiento o la plácida quietud de las cosas.

El cosmos de los epicúreos corrige algunos defectos del modelo aristotélico, pues es infinito, además de eterno, y desde luego, no creado por ningún Dios, sino por las fuerzas inherentes a los átomos. El universo no tiene límites en ninguna dirección. El problema de la hipotética trayectoria de una flecha disparada desde la última esfera, con el que los críticos de Aristóteles le afeaban las faltas de su modelo, queda más que resuelto en el ilimitado cosmos epicúreo. Otra vez Lucrecio:

> *Así pues, el universo no está limitado en ninguna dirección, pues de estarlo, debería existir un extremo Pero es evidente que no puede existir un extremo de nada si más allá no hay algo que lo delimita.*

¿Qué hay en las afueras del mundo, más allá de la última esfera? ¿Los mecanismos intemporales que rigen su movimiento, o solo un vacío sideral completo? La pregunta que atormentaba a Aristóteles no tiene sentido en el cosmos infinito de los estoicos

Variación de la ilustración atribuida a Camille Flammarion

En este cosmos, Lucrecio nos informa de que el tiempo también es infinito, o sea eterno, y por supuesto, no creado. Por eso dice que los átomos han tenido *todo el tiempo del mundo* para ensayar todas las combinaciones posibles con sus uniones, hasta que han logrado engendrar las grandes cosas que vemos hoy: el cielo, la tierra, las aguas, la vida que disfrutamos.

Es importante notar bien los conceptos de infinitud y eternidad para los epicúreos, porque habrá que matizarlos después. Así, leemos otra vez en *De rerum natura*:

> *Ni los brillantes rayos, deslizándose durante todo el curso de la eternidad, podrían recorrer la profundidad del abismo del espacio.*

El universo es infinito y eterno, el mundo actual no

Y aquí hacemos el primer matiz a la supuesta eternidad del cosmos de los epicúreos. No hay un día primero para los átomos, que son inaccesibles a los choques, incapaces de disolverse y que forman *el universo de los universos*, aunque sí lo hay para sus productos, como nuestro mundo o cualquiera de los innumerables mundos que concibe un epicúreo como Lucrecio, sin que se requiera un Creador. Estos mundos surgieron como formas de las interacciones de los átomos intemporales, y un día perecerán como tales formas, mientras que los átomos seguirán existiendo. En sus poéticas palabras:

> *La puerta de la muerte no está cerrada para el cielo, ni para el sol, ni para la tierra, ni para las profundas olas del océano; antes se levanta ante ellos abriendo sus fauces monstruosas. Por tanto es preciso admitir que tuvieron un origen, pues unos seres que constan de cuerpo mortal no hubieran podido desafiar desde la eternidad hasta ahora las potentes fuerzas del tiempo infinito.*

El tiempo para los estoicos

El estoicismo fue una corriente filosófica que se caracterizó siempre por el gran nivel de debate y desacuerdo interno, y por su preferencia por el aspecto moral de todos los temas, aunque se tratase de asuntos de filosofía natural pura. El debate sobre el tiempo no escapó a esta regla general. La idea fundamental de la concepción estoica del tiempo está mucho más cerca del tiempo relativo de Aristóteles que del tiempo absoluto de Platón y es, en buena medida, asimilable a la concepción epicúrea. El tiempo no tiene sentido si se abstrae del movimiento, los procesos y los cambios. En el tumultuoso marco estoico, esta afirmación general debería ser matizada dependiendo del autor concreto del que nos estemos ocupando. Zenón de Citio, al que se suele considerar como fundador de la escuela estoica, podría decir que el tiempo es el intervalo de movimiento que nos da idea de la medida de rapidez (o lentitud), o que el tiempo es referencia entre eventos. Plutarco podría precisar que el tiempo es la extensión del movimiento y Crisipo le apuntaría que no del movimiento, sino del universo.

En cualquier caso, todos los estoicos consideran al tiempo como algo claramente relativo, que no tiene sentido propio más allá del de proporcionar un sistema de referencia y medida del movimiento. Pero el vocablo *relativo* adquiere tintes interesantes en el estoicismo, que se derivan de su querencia innata por el aspecto moral de las cosas. Relativo quiere decir, en términos estoicos, sin esencia propia, insustancial, incorpóreo: muy diferente del tiempo recio y absoluto de Platón, y menos diferente, pero aún diferente del tiempo relacional aristotélico. Lo incorpóreo, en el estoicismo, era aquello que no tenía existencia propia, que no tenía esencia, aquello que en lugar de existir, solo *sub-existía* en el pensamiento humano, como ayuda o atributo para explicar cualidades o propiedades pertenecientes a otra cosa corpórea de existencia cierta. Tal era también el caso del vacío, cualidad del espacio incorpóreo que es contenedor de las cosas corpóreas.

Así, el tiempo estoico sub-existe en el pensamiento humano para darnos la medida del movimiento que se observa en el mundo. Al sub-existir, el tiempo es algo más que el no ser, pero eso no le granjea automáticamente el rango de ser, sino que se encuentra entre la existencia y la no existencia. Al igual que el espacio se necesita para emplazar los cuerpos, que sí son corpóreos, el tiempo se necesita para referir y medir el movimiento, ya sea respecto a los objetos materiales, ya sea respecto al universo como todo. El tiempo para los estoicos depende de otras cosas para tener sentido.

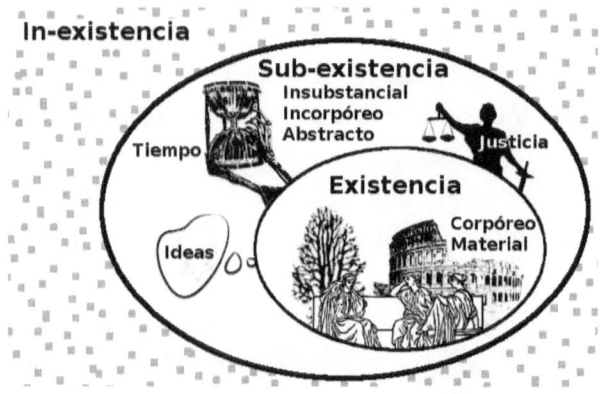

Los niveles de la existencia para los estoicos. El tiempo no tiene existencia material, sino que solo sub-existe en el pensamiento humano, al mismo nivel que el resto de las ideas.

El autor estoico con más material preservado sobre el tiempo es Crisipo[20]. Para él, al igual que el vacío es infinito en su totalidad, el tiempo es infinito hacia el pasado y hacia el futuro. No existe un tiempo que se pueda considerar presente exacto, pues el atributo tiempo es continuo y por tanto infinitesimalmente divisible. El pasado y el futuro tienen, si cabe, menos subsistencia aún que el presente, en cuanto a que su mero papel de referencia se ve más claro. Son solo atributos de cosas que se mentan, bien porque ya no existen, o bien

---

20 Sobre teorías y opiniones de autores estoicos referentes al tiempo: Autor: Georgios Patios.

https://www.academia.edu/2196593/The_Stoic_theory_of_Time.

porque todavía no existen, cosas que solo subsisten (*sub-existen*), en la mente y en la expresión humanas. Para los estoicos, los cuerpos materiales son lo único de lo que se puede defender su existencia de forma auténtica y rotunda, pues se aprecia en su continuidad duradera. El tiempo, ya sea pasado, presente o futuro, es mero atributo incorpóreo que permite expresar accidentes de otras cosas corpóreas, cosas que, en su realidad completa, son duraderas.

San Agustín, el tiempo y las huellas del alma

No hubo un tiempo en el que no había tiempo

Agustín de Hipona* se acerca al concepto de tiempo a finales del siglo V d.C., mientras el Imperio Romano de Occidente se derrumba a su alrededor, y lo hace encarando con decisión su estudio metafísico, aunque finalmente, desconsolado por sus fracasos lógicos, recurre al consuelo de ciertas ayudas teológicas. Para él, está claro que el tiempo es una propiedad de la creación y ante la pregunta: ¿Qué hacía Dios antes de crear el mundo?, formulada por alguna *mente volandera*, Agustín reconoce lo peliagudo de la cuestión y, bromas aparte, responde que no tiene sentido, pues si antes de la creación no existía el tiempo, tampoco se puede hablar de antes y después en esa época, puesto que estos son adverbios con referencia temporal. Por eso, Agustín afina en el uso de las preposiciones y dice en su obra *La ciudad de Dios*:

> *Es seguro que el mundo fue creado simultáneamente <u>con</u> el tiempo, y no <u>en</u> el tiempo.*

Antes de la creación, no había tiempo, solo había Dios: un Dios que simplemente *era* en la eternidad: *tus años existen todos juntos y no pasan*. Esta profunda intuición de Agustín se puede valorar más justamente desde que las teorías de Einstein nos convencieron de que, efectivamente, el tiempo es una de las dimensiones de una entidad más compleja llamada espacio-tiempo. Pero entonces: ¿Qué es el tiempo? Agustín aborda la cuestión echando mano, ya fuera con o sin intención, de la vieja teoría de las dos caras del tiempo y contraponiendo la idea de *tiempo*, como pasajero y relativo a la creación, a la de *eternidad*, como permanente y relativo a Dios.

Adiós al presente

Sobre el pasado y el futuro, el de Hipona establece que no existen, puesto que aquel *ya no es* y este *todavía no es*. A partir de aquí, Agustín retoma el problema que ya había atormentado a Aristóteles e intenta deslindar el tercer tiempo en discordia, el siempre problemático y resbaladizo presente. Para ello se pregunta si podemos decir del presente, como decimos del pasado y del futuro, que es largo. Y haciendo la hipótesis de que el presente pudiera durar cien años, juzga que no puede ser, ya que dentro de esos cien años se puede estimar como presente uno solo de ellos, con lo que los otros noventa y nueve deberían estar en el pasado o en el futuro, pero nunca en el presente. Después aplica este mismo razonamiento a intervalos sucesivos menguantes y concluye que solo el instante de tiempo indivisible —al que quizás hoy llamaríamos tiempo de Planck y al que Agustín se refiere con el evocador: *partículas fugitivas de la hora*— puede ser considerado presente. Pero Agustín no había oído hablar de mecánica cuántica, ni de intervalos de tiempo mínimos. Así, incapaz de delimitar esas partículas fugitivas, ve sus manos vacías de presente y concluye que ese presente que parece ser la última esperanza de la realidad, no tiene duración y por tanto, al igual que ocurre con el pasado y el futuro, no queda más remedio que admitir que tampoco existe.

Ante la gran paradoja de verse sin pasado, sin futuro y sin presente, Agustín llega a poner en tela de juicio la validez de su razonamiento y se deja atormentar: si pasado y futuro no existen y el presente no tiene duración, ¿cómo puede haber tiempo o cosas que existan? ¿Cómo se puede estimar la duración de las cosas? El atolladero intelectual está servido, pero Agustín no se acobarda y sigue echándole imaginación.

Hipótesis del flujo del tiempo

Agustín piensa en esquemas hipotéticos que le permitan adentrarse en lo que él tiene por cierto: que debe de existir una cierta dinámica entre los tres tiempos: pasado, presente y futuro y que la correcta comprensión de esa dinámica debe de ser clave para el correcto entendimiento del tiempo. Agustín podría, quizás, haber partido de un presente de existencia cierta que nace de un pasado fugitivo y se desenrolla diluyéndose hacia el futuro vaporoso.

$$\text{pasadO} >> \text{Presente} >> \text{Futuro}$$

Pero propone otra hipótesis inicial distinta: la de que el pasado y el futuro, dado que nuestra mente los puede concebir, pudieran tener existencia auténtica, o sea, pudieran ser también creados, y en concreto la de que ambos fluyeran desde lo que sería el auténtico núcleo duro de la realidad: el presente.

Pasado <<**Presente**>> Futuro

Pero se da cuenta de que esto lo lleva a una nueva zona de arenas movedizas, pues: si pasado y futuro han sido creados y existen ¿dónde están? Inasequible al desánimo, Agustín explora las implicaciones totales de esta hipótesis y propone que el pasado y el futuro se encuentran ocultos en ciertos *lugares secretos* y que, contra lo que la intuición dicta: el presente podría ser una ilusión proyectada, un holograma, diríamos hoy, que resulta de la acción conjunta y convergente de estos dos entes misteriosos y esquivos, que son los que realmente existen y son creados:

Futuro >> Presente << Pasado

No satisfecho con este enrevesado planteamiento, que en lugar de crear directamente el presente, obligaría al todopoderoso a crear dos tiempos, ocultarlos en lugares secretos y proyectarlos después holográficamente para generar la realidad, Agustín refina la hipótesis y plantea que lo que existe originalmente es solo el futuro, quizás como un plan divino minuciosamente elaborado hasta el más mínimo detalle y oculto en ese *lugar secreto*, del que sale continuamente para manifestarse como presente y pasar a ser almacenado como pasado en otro *lugar secreto*. Como hipótesis no deja de ser curiosa, y no deja de tener cierto parecido conceptual con lo que hoy conocemos como universo-bloque. Pero aunque la suposición daría bastante más juego, Agustín parece desencantarse pronto con ella y concluye que sigue estancado en su razonamiento, pues aunque el futuro estuviera almacenado en un lugar secreto, no estaría allí como presente, sino como futuro, es decir, como algo que él ya había demostrado que no existe. ¿Y cómo se puede generar la existencia presente a partir de algo que no existe?

Futuro >> Presente >> Pasado

El tiempo deja huellas en el alma

De todo esto, el de Hipona confirma su irrevocable convicción de que ni pasado ni futuro existen. No son conceptos que respondan a una realidad de la creación, sino conceptos elaborados por la mente humana para dar respuesta a las necesidades de su existencia. La memoria puede evocar el pasado, por ejemplo la niñez:

Cuando yo describo mi puericia, describo la imagen que de ella queda en mi memoria

O el intelecto puede ver signos del futuro, por ejemplo acertar que la noche seguirá al crepúsculo. Llegado a este punto y retomando su objetivo inicial de analizar el aspecto de duración del tiempo, parece que Agustín está condenado a concluir que la duración no es más que otra representación mental de una irrealidad. Procede haciendo la distinción entre el movimiento de las cosas, y en concreto, el movimiento de los astros, y concluye que el tiempo no se puede definir a través del movimiento de los cuerpos (velocidad) pues los mismos cuerpos se están moviendo dentro del tiempo. Agustín ruega continuamente a Dios que lo ilumine en su investigación y elabora un razonamiento que lo va a llevar al concepto de intervalo temporal entre dos sucesos, aunque, desde luego, él no usa estas palabras. Y lo hace con otro experimento mental que, de nuevo, lo conduce a otra paradoja. Agustín dice:

Para medir lo que dura cierto ruido, una voz corporal, se necesita saber cuándo ocurre su comienzo y cuando su final. Solo después del final somos capaces de decir cuánto ha durado, es decir, solo podemos enunciar su duración real cuando ya no existe, cuando ya no está allí para ser medida.

Para salir de este otro despeñadero metafísico, Agustín termina humillándose y reconociendo que hablamos de lo que es el tiempo y de medir el tiempo, sin saber lo que estamos diciendo, y se reengancha al argumento de la representación mental de la realidad para confirmar su aserción de que los actos dejan una especie de registro en la memoria que nos permite hablar de su duración, aunque en ese momento ya no existan. El alma es la medida del tiempo.

Agustín y el presente sospechoso

Cuando Agustín descarta que vivamos en el futuro o en el pasado, lo hace de forma relativamente expeditiva: aquel aún no ha llegado y éste ya se acabó. Pero su fracaso al delinear también su última esperanza: el presente, lo podía haber llevado a reconsiderar su análisis del pretérito y el porvenir. Completemos su exégesis echando mano de la lógica y procedamos por reducción al absurdo.

- <u>Vivimos en una rebanada del futuro</u>. Pero el futuro, aunque sea muy inmediato, por definición respecto al presente, es lo que aún no se ha materializado y, en principio, no podemos admitir la hipótesis de que vivamos en un mundo inmaterial. Luego la suposición de partida es incorrecta.

- <u>Vivimos en una rebanada del pasado</u>. Pero el pasado, aunque también sea muy inmediato, es, al fin y al cabo, pasado. El pasado de hace 3 milisegundos tiene la misma calidad que el pasado de hace 3 días, y que el de hace 300 años. Y claramente no vivimos en el pasado de hace 300 años, luego la suposición de partida era incorrecta.

En fin, si no vivimos en el pasado, ni tampoco en el futuro, está claro que solo nos queda el presente que, aunque fugaz, misterioso y muy sospechoso de inmaterialidad para Agustín, resulta ser todo lo que tenemos para estar en la vida. Comprendiendo, quizás, que no ha llegado a ninguna conclusión válida, el de Hipona abandona el estudio de los tres aspectos del tiempo y se enzarza con el análisis del extremo opuesto a la creación, o sea, del fin de los tiempos, el momento en el que entre en vigor la Ciudad de Dios. En seguida vemos que Agustín se mueve con mucha más comodidad en los terrenos de la especulación teológica que en los de la metafísica. Por eso termina echando mano del viejo concepto de las dos caras del tiempo y afirma que, en contra de lo que ocurre con la Ciudad de los Hombres, sobre la que sabemos que está sometida al tiempo y a los ciclos de la vida, a la Ciudad de Dios no le ocurre eso; ni siquiera es correcto decir de ella que vendrá cuando el mundo toque a su fin, o al final de la historia, o después de la parusía, porque la Ciudad de Dios está, como también lo estaba la creación, situada fuera del tiempo. Ciudad de Dios y Ciudad de los Hombres; tiempo eterno en las regiones divinas, tiempo cíclico y caduco en las terrestres. El de Hipona, en fin, nos da una buena muestra de su desconcierto con su reflexión más conocida sobre el tiempo:

¿Qué es el tiempo? Si nadie me lo pregunta, lo sé. Si alguien me pregunta, lo ignoro.

Joaquín de Fiore y los ciclos cósmicos

Un aspecto muy importante que el cristianismo medieval había heredado del primigenio era el de la creencia en la inmediatez apocalíptica. Para el cristiano de fe auténtica, el mundo era algo que se estaba acabando por momentos. Así se lo recordaban continuamente sus orientadores espirituales, que lo animaban a despreciar el mundo terreno, y a fijar toda su atención en la salvación de su alma. Y no lo hacían por capricho, ni por ocurrencia, ni por mala intención, sino porque así estaba escrito de forma inequívoca en varios pasajes del libro sagrado sobre el que se había cimentado ese conjunto de creencias: la Biblia:

- *Arrepentíos, porque está llegando el reino de los cielos. Mateo 3.2*
- *Queridos hijos: estamos viviendo los últimos días. 1 Juan 2.18*
- *Cuando el Señor vuelva, muchos de nosotros aún estaremos vivos. 1 Tesalonios 5*

Y además, así lo habían reafirmado muchos de los denominados *padres de la Iglesia*. En las postrimerías del cambio del primer al segundo milenio d.C., la preocupación apocalíptica era tan grande y la certeza del fin tan sólida, que en diversas zonas de Europa surgieron variadas órdenes monacales que se consagraron a la preparación espiritual propia y ajena, para que el esperado evento escatológico los cogiese tan limpios de pecado como fuera posible, y así se libraran de los terrores infernales. Desde los frailes mendicantes y auto flagelantes del norte de Italia, hasta las monjas místicas de las selvas germánicas, pasando por los neo Cristos mesiánicos que surgieron en Francia, el catálogo de comportamientos pre-apocalípticos no deja de asombrar al que lo mira en detalle: errancia, reclusión ermitaña, prédica profética, bandas de delincuentes dedicadas al robo y a la violación[21]. Y si grande era la preocupación escatológica, más grande se fue haciendo el desconcierto, cuando los años y las décadas pasaron y el anunciado fin no terminaba de llegar, pese a la ya mencionada certeza bíblica, y pese a la abundancia de signos anunciadores

---

21 Norman Cohn. En pos del milenio. Revolucionarios milenaristas y anarquistas místicos de la Edad Media. Editorial Pepitas de calabaza. Logroño. España.

que parecían verse por todas partes: malas cosechas, invasiones y guerras, plagas y epidemias.

En este marco surgió la figura del abate calabrés metido a profeta, Joaquín de Fiore* (1135-1202), cuya contribución al género del cálculo apocalíptico fue definitiva, pues estableció para los siglos venideros el axioma de que mediante un estudio detallado de los textos bíblicos, se podía encontrar, de forma más o menos cifrada, la fecha en la que el Creador tenía previsto poner fin a su obra.  Joaquín estableció su sistema de las tres edades del mundo y llegó a la conclusión de que el fin llegaría en el año 1260. No fueron pocos los contemporáneos de Joaquín de Fiore que se dejaron sugestionar por estas ideas y que adoptaron los comportamientos pre-apocalípticos ya citados. Pero pese a todo ese innecesario dolor, el año 1260 llegó y pasó sin novedad destacable. A partir de entonces han sido incontables los aspirantes a profetas que se han zambullido en este confuso galimatías bíblico, calculando y recalculando la supuesta fecha del fin de mundo, viendo una y otra vez como sus cuentas fracasaban y arrastrando a legiones de fieles seguidores a la pérdida de sus bienes y, ¡ay!, a veces también de sus vidas.

Las enseñanzas de Joaquín de Fiore fueron declaradas heréticas por la Iglesia de su tiempo, pero esa idea de fondo de que en los textos sagrados hay verdades cifradas referentes al plan divino sobre el fin de los tiempos ha seguido inspirando a muchos a lo largo de la historia. A mediados del siglo XIX, el fundador de los adventistas del séptimo día, el capitán William Miller, profetizó y rectificó dos finales del mundo y llevó a sus fieles seguidores hasta el denominado gran chasco de 1844. El creador de los testigos de Jehová, Charles T. Russell se estrenó en la dirección de su recién fundada secta con una profecía que anunciaba el apocalipsis en 1874.

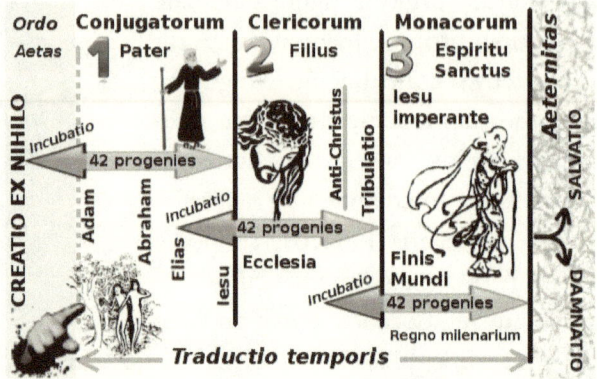

El sistema temporal joaquinista, con su bella simetría ternaria y su sólida coherencia teodidáctica, es el primer intento serio de un mapeo completo de las edades del mundo según el plan divino de salvación, ¡y todo ello con base exclusivamente escritural!.

El pastor protestante Harold Camping, profetizó varios fines del mundo durante los años 1980, otro para 1994 y el que le dio la fama mundial para 2012. Quizás el colmo del refinamiento en la exégesis bíblica dedicada a la búsqueda de mensajes proféticos codificados sobre el fin del mundo lo constituye la trilogía de libros súper ventas titulada *El código secreto de la Biblia,* del autor Michael Drosnin. De acuerdo a este texto, que documenta una teoría del matemático israelí Eliyahu Rips, el Creador compuso la Torá (Antiguo Testamento) de tal forma que si uno la lee en el original hebreo y aplica un método de *equitismos*, o sea, de búsqueda computerizada de palabras en cualquier dirección a partir de saltos equidistantes desde una letra que funciona como pivote, se pueden encontrar profecías sobre la crisis económica de 2008, el ascenso de Obama a la presidencia de los USA, su eventual asesinato, y un posible ataque nuclear contra la ciudad de Whasington que desencadenará la tercera guerra mundial.

En fin, que no han sido solo ingenuos iluminados por su excesiva fe en los textos sagrados, o sinvergüenzas malintencionados los que se han dejado seducir por los encantos del simbolismo y la numerología bíblica, sino también algunos matemáticos y algunos periodistas que, como en el caso de Michael Drosnin, presumen de ateísmo escéptico.

Tomás de Aquino y el tiempo divino

La experiencia del tiempo para Dios

Para casi todos los creyentes religiosos sinceros, y especialmente para los cristianos, el modelo de tiempo real que propone su doctrina siempre tuvo semejanzas innegables con el de la teoría de las dos caras del tiempo: un universo finito sometido al paso del tiempo, limitado por la última esfera celestial de las estrellas fijas, tras la cual hay otro universo eterno en el que mora Dios, y en el que algunos privilegiados que son sus huéspedes divinos (Adán, Elías, Noé, María,...) ya están disfrutando de la vida postrera, mientras que otros, los santos canonizados, no se sabe muy bien dónde andan, pero es evidente que no están simple y prosaicamente muertos pues atienden con diligencia ruegos, responsos y encomiendas de sus devotos. Si bien es cierto que encajar este concepto en el marco de la cosmología actual es un ejercicio imposible, no lo es menos que a la hora de contemplar el significado subjetivo que el tiempo tiene para cada existencia en particular, el marco religioso aporta siempre un consuelo innegable y por eso sigue considerándose de gran importancia.

Pero cuando el universo todavía tenía su centro en la Tierra y la última esfera celeste aún marcaba la frontera del reino divino y la ubicación del primer motor inmóvil, la visión cosmológica más refinada era la que se deducía de las aportaciones teológicas que el gran Tomás de Aquino había realizado allá por el siglo XIII. Hay que aclarar que la preocupación del de Aquino al escribir sobre el tiempo era, más si cabe que en el caso del de Hipona, de índole principalmente teológica y no física, es decir, estaba centrada en encajar la descripción del tiempo con la idea de Dios que se deducía de las Sagradas Escrituras, y destilaba, como es lógico, una particular fijación por entrar en los vericuetos del tiempo de la dimensión divina: la eternidad. Y sin embargo Tomás de Aquino, al que podemos considerar como primer responsable de la reintroducción y aceptación de la filosofía natural aristotélica en el corpus del saber cristiano, añadió ciertas intuiciones de su cosecha que todavía hoy siguen siendo objeto de apasionadas discusiones y debates en publicaciones teológicas del más alto nivel.

Dios es eternidad

Dicho lo anterior, no nos extrañamos al ver como Tomás de Aquino* aporta argumentos de corte aristotélico y cita incluso las obras del estagirita (o simplemente *el filósofo*) cuando responde a una pregunta sobre la eternidad (*Summa*, Parte 1, Q10, Art.1):

Llegamos al conocimiento de la eternidad partiendo del tiempo, que no es más que el número de movimiento según el antes y el después...[ ]...En lo que carece de movimiento no es posible establecer un antes y un después...[ ]...Así pues, como el concepto de tiempo consiste en la numeración de lo anterior y lo posterior en el movimiento, el de eternidad consiste en la concepción de la uniformidad de todo lo que está absolutamente exento de movimiento (movimiento aquí estaría mejor traducido como cambio o proceso)...

Después añade que la eternidad es totalidad completa y simultanea y aprovecha para deslindar el flujo del tiempo del ahora, considerándolos como dos rasgos diferentes:

> *En el tiempo hay que considerar dos aspectos: el tiempo en sí mismo, que es sucesivo, y el ahora, que es incompleto. A la eternidad se la llama totalidad simultánea para eliminar el tiempo y totalidad completa para excluir el ahora del tiempo.*

Ya un poco más centrado en los atributos de Dios, Tomás continúa con su consultorio teológico, y dice (*Summa*, Parte 1, Q10, Art.2):

> *Dios es lo más inmutable; a Él le corresponde en grado máximo ser eterno. No solo es eterno, sino que es su misma eternidad...[ ]Los tiempos de los verbos son aplicados a Dios en tanto que su eternidad incluye todos los tiempos.*

Llegados a este punto (*Summa*, Parte 1, Q10, Art.4), Tomás continúa con esta fascinante cuestión, aunque lo hace de forma algo desestructurada: por un lado parece considerar al tiempo como una parte de la eternidad, y por otro se pregunta si al no poderse aplicar los atributos de *antes* y *después* a la eternidad, ésta será de una naturaleza completamente distinta a la del tiempo. Tomás concluye, no sin algún titubeo, que la *eternidad* y la *totalidad del tiempo* no son lo mismo, ni siquiera son medidas del mismo género, pues en el tiempo siempre hay un principio, y en la eternidad solo hay totalidad simultánea. Esta indeterminación lo llevará finalmente a plantearse su famoso dilema sobre la posible contaminación temporal de Dios a la hora de acometer la creación, dilema que, como ya vimos, tiene origen aristotélico. Pero antes de entrar a analizarlo, acompañemos a Tomás en sus vacilaciones sobre si la eternidad es una simple suma acumulada del tiempo, o por el contrario es algo más que eso.

¿Es la eternidad un agregado de los tiempos?

Es solo un poco más tarde (*Summa*, Parte 1, Q14, Art.13), cuando Tomás de Aquino siembra dudas sobre esa supuestamente ya dirimida diferencia de género entre tiempo y eternidad, cuando dice que:

Pero la eternidad, que existe totalmente de forma simultánea, abarca todo el tiempo...

Todavía más tarde (*Summa*, Parte 1, Q57, Art.1), mientras reflexiona sobre otro tema de gran relevancia práctica, que es el de la omnisciencia de los ángeles, el de Aquino insiste en que:

Dios conoce, no solo lo futuro que sucederá necesariamente, sino también lo casual o fortuito; porque Dios ve todas las cosas desde su eternidad que, por ser simple, está presente en todos los tiempos, incluyéndolos a todos.

En fin, que cuando Tomás dijo que el tiempo y la eternidad no eran del mismo género uno se anima a pensar que, al fin y al cabo, tampoco debía querer decir que son muy distintos, si es que el agregado de aquellos está comprendido en esta. Pero cuidado con posibles malinterpretaciones. Tomás dice que la eternidad incluye a todo el tiempo, no que sea el agregado de todo el tiempo. La eternidad *tomista* es, como mínimo, algo más que el total del tiempo. Y como Dios es eternidad, se deduce que comprende al tiempo y a algo más. En lenguaje matemático moderno, si la eternidad es E^{∞} y el tiempo es T:

$$E^{\infty} > \sum_{0}^{\infty} T$$

La preocupación de Tomás de Aquino, por desentrañar los misterios del tiempo divino se torna casi obsesiva. En el convento de los dominicos de Nápoles en el que residía, sus compañeros frailes lo apodaban *el buey*, por su imponente presencia física[22] y se admiraban cada día más de sus capacidades mentales[23]. Tomás nunca presume explícitamente de conocer la mente de Dios, pero leyendo su consultorio teológico, a veces se diría que es el escribano que controla su agenda y despacha con Él a diario. Así añade:

> *La mirada de Dios, siendo una, abarca todo cuanto se hace a través de los tiempos como si estuviese presente, viéndolo todo tal como es en sí mismo.*

Y por si no quedaba claro, nos ilustra con una comparación mucho más gráfica en el capítulo 133 de su *Compendium Theologicum*:

> *Podemos imaginarnos que, para Dios, el paso del tiempo desde su eternidad, es como la marcha de los viajeros de una caravana para el hombre que lo contempla todo a la vez con una sola mirada desde una alta torre.*

Según Tomás de Aquino, desde la perspectiva eterna de la torre divina, se goza de una vista global de la espacialidad y de la temporalidad del mundo.

---

22 Su perímetro corporal al nivel de la cintura era tal, que en la mesa del comedor le habían tallado un entrante en forma de media luna para albergar su enorme barriga.

23 Respecto a su prodigiosa memoria, se cuenta que era capaz de dictar hasta cuatro cartas a la vez a cuatro secretarios distintos, de forma alternativamente secuencial, claro.

Esta comparación sugiere una cierta semejanza con lo que luego llamaremos interpretación estática del tiempo, y con el universo-bloque que surge después de la teoría de la relatividad. La imagen también se parece a la que evocará varios siglos más tarde otro filósofo bárbaramente ejecutado por sus ideas teológicas en la Roma papal del año 1600. Se trata de Giordano Bruno, que en su obra *Sobre el infinito universo y los mundos*, dice:

Pasado o presente, sea cual fuere el que elijas, o también futuro. Todos son un solo presente, ante Dios: una unidad infinita.
Giordano Bruno*.

La influencia de las ideas *tomistas* sobre el tiempo divino permearon toda la cultura de base cristiana durante siglos y se dejan ver en ámbitos diversos del arte y la literatura posteriores, por ejemplo en *el Quijote*, donde vemos al hidalgo manchego diciendo que:

Solo a Dios le está reservado conocer los tiempos y los momentos" y que "para Él no hay pasado ni porvenir, que todo es presente".

Lo que ya no está tan claro es si Tomás de Aquino concebía esa eternidad divina como algo que estaba totalmente separado del tiempo mundano, y si este tiempo era algo que fluía, que estaba *en marcha*, que quizás era obra de un continuo acto de creación divina, o si por el contrario, el tiempo era una mera ilusión de los sentidos. En cualquier caso, esto nos lleva al anunciado problema de la contaminación temporal por parte de la divinidad.

¿Es la temporalidad aplicable a Dios?

La propuesta de Dios como solución al enigma del tiempo, lejos de solucionarlo todo, introduce no uno, sino varios problemas de gran calado en el razonamiento lógico. El mayor de ellos se deriva del hecho de que la temporalidad es imperfección, finitud, cambio y muerte, y por eso no puede ser aplicable a Dios; la divinidad no puede ser un ente *cronotangente*. No es correcto atribuirle la temporalidad a Dios, sino solo la eternidad. Pero entonces: ¿cómo es posible que Dios pueda intervenir temporalmente en el mundo, por ejemplo en el acto singular de la creación o en los actos puntuales que se denominan milagros? ¿No significaría eso que Dios ya estaba, o al menos queda en ese momento, contaminado por algunos atributos de la temporalidad? En definitiva: ¿cómo puede un alfarero moldear el barro sin tocarlo?, es decir: ¿cómo puede ser que el Creador genere y altere a voluntad las cosas temporales sin entrar en relación temporal con ellas?[24] El asunto todavía empeora más si nos ponemos en el caso de la creación continua *tomista* que, naturalmente, implica una continua relación de Dios con las cosas temporales, y por tanto una *cronopolución* permanente.

Salvo algunas contadas interpretaciones difusas, hay que entender que el de Aquino se decanta por negar de raíz cualquier atisbo de temporalidad en el perfil del Creador, dejando así pendiente de resolución el peliagudo problema de la relación de lo eterno con lo mutable, problema que desde una óptica gnóstica, herencia del platonismo auténtico, habría tenido la elegante y sencilla solución de proteger a Dios de la contaminación temporal colocando a un agente intermedio, al que podemos llamar *demiurgo*, o quizás *gran arquitecto del mundo*. Esa figura ya no estaría dotada de las mismas propiedades de

---

[24] http://www.reasonablefaith.org/the-eternal-present-and-stump-kretzmann-eternity

eternidad e inmutabilidad, al menos no al mismo nivel de robustez que Dios, pero sería capaz de ejecutar de forma delegada y por voluntad divina todas las funciones de interacción con la dimensión temporal. Estamos, en definitiva, diciendo, que si no encontramos filosóficamente lógico, ni teológicamente aceptable, ni religiosamente decente, que Dios se contamine de temporalidad al interactuar con ella desde la eternidad, su condición de Todopoderoso bien le permite moldear una instancia intermedia, a la que podemos suponer de tipo *inter-cronológico*, o incluso *cripto-temporal*, es decir con las capacidades temporales que a Él le de la gana.

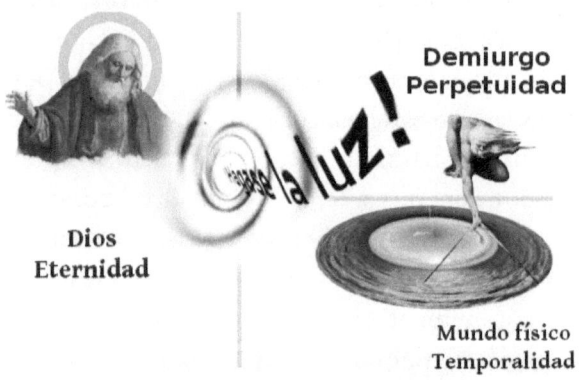

El problema de la incompatibilidad entre un Dios eterno que sin embargo crea en el tiempo sin contaminarse de atributos temporales, se resuelve con la aportación platónica-gnóstica del agente intermediario llamado demiurgo.

Así mismo, esa figura podría tener delegadas todas las funciones que requieran intervención temporal en el mundo y, como ya hemos dicho, no necesitaría estar dotada de una propiedad tan robusta como la eternidad; bastaría con endilgarle una de carácter más modesto como por ejemplo la perpetuidad. Desde esa instancia inter-cronológica sí se podría mediar entre ambas dimensiones, copiando por un lado las impresiones eternas de la mente divina, y obrando por otro lado en el mundo físico de acuerdo a esas instrucciones con unos determinados plazos: creación, historia, intervenciones puntuales, apocalipsis, en fin: lo que se quiera... Por supuesto, las demandas dogmáticas de la fe católica no habrían permitido al de Aquino ni siquiera contemplar este planteamiento y, aun así, es de destacar que por culpa de otras de sus posturas teológicas, referentes a la integración del corpus aristotélico en el saber aceptado por la Iglesia, su posición post-mortem quedo devaluada, y sus enseñanzas proscritas, durante varias décadas. Finalmente, su figura fue rehabilitada, y tras ser canonizado medio siglo después de su deceso, fue nombrado doctor de la Iglesia en el siglo XVI, y sigue siendo hoy uno de los principales baluartes del cristianismo en muchos aspectos de su doctrina teológica.

El tiempo cartesiano

Considerando su enorme aportación a la ciencia, en lo que hoy conocemos como el método racional, y sobre todo, su influencia en autores posteriores como Newton, conviene que repasemos las ideas sobre el tiempo que dejó escritas el filósofo René Descartes, que podemos encontrar en su obra **Principios de la Filosofía**. En lo que respecta al tiempo, para Descartes son importantes los conceptos de duración, orden y número, aunque el sabio francés parte de una postura bastante estoica, y aclara que hemos de tener mucho cuidado con ellos y no otorgarles ninguna substancia, o sea no considerarlos como cosas en sí mismas.

Descartes pone los siguientes ejemplos:
- Ese iceberg duró tres meses (duración)
- La casa está entre la pradera y la carretera (orden)
- Hay tres barcos a este lado del horizonte (número)

Y aclara que en ellos estamos tratando la duración, el orden y el número como *modos* de las substancias y no como substancias en sí mismas, entendiendo *modos* como adjetivos de las substancias. Para delimitar mejor el término, Descartes* añade que el *modo* significa exactamente lo mismo que *atributo* o *cualidad*, pero difiere en el uso ya que *modo* se aplica solo a una substancia afectada o alterada. Por ejemplo, el agua puesta en el cazo de hervir sería la substancia y el calor propio que adquiere con el proceso de alteración sería un *modo* del agua.

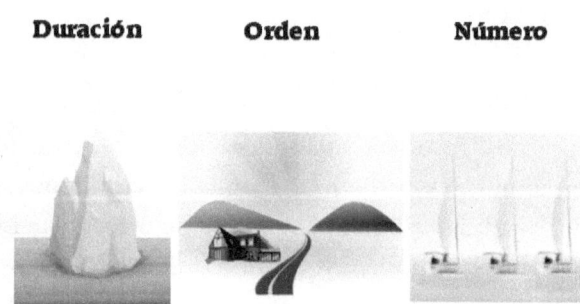

Duración, orden y número son atributos de las substancias, y hay que tener cuidado de no tomarlos como cosas en sí mismas, aunque sean inherentes a la propia substancia

Por otro lado, *cualidad* se usa cuando especificamos hechos de la substancia que la hacen pertenecer a una u otra clase. Por ejemplo, la fluidez[25] del agua es una *cualidad*. Y finalmente *atributo* se usa de una forma mucho más general, o quizás podríamos decir mucho más básica, para hablar de relaciones

---
[25] Descartes está dando por supuesto que el estado líquido es el natural del agua. Pero observaremos que cualidad también incluye una cierta posibilidad de afección o alteración de la substancia.

de la substancia con el mundo. Por ejemplo, ocupar una extensión espacial puede ser un *atributo* del agua. Para aclarar posibles malentendidos, Descartes pone como ejemplo al mismo Dios, del que se podrán decir atributos, pero nunca modos o cualidades, pues esto implicaría admitir que Dios puede sufrir alguna alteración y eso carece de sentido.

Descartes continúa especificando que algunos atributos, como la duración, están en la propia substancia que, como dice el propio verbo *"dura"*, pero otros, como el tiempo, solo están en nuestro pensamiento. Esto parece apuntar a una visión relativa del tiempo, pero al explicar este concepto con ejemplos, las situaciones que planeta Descartes suponen un enredo, más que una aclaración. Primero parece proponer que el tiempo es la medida de la duración, y así dice que la duración de una carrera que *ha durado cuatro minutos* no es más que un *modo* de la carrera. Pero a diferencia del calor del agua del cazo, que se puede medir con un termómetro, este *modo* de la carrera, que es el tiempo que ha durado, está solo en nuestra mente y surge al comparar la duración de la carrera con la escala de medida del tiempo que, del mismo modo, también estaba ya en nuestra mente. Descartes abunda en esta línea cuando agrega que:

> *Asignamos medidas temporales a las cosas y a los procesos al comparar su duración con la de los grandes movimientos regulares que dan origen a los años y a los días.*

De aquí parece inferirse un concepto relativo del tiempo, pero se podrían hacer matizaciones en base a otros comentarios suyos sobre la relación entre el tiempo y el movimiento, como cuando dice:

> *Si dos cuerpos se mueven durante una hora, uno lentamente y el otro rápidamente, no decimos que la cantidad de tiempo ha sido diferente para ambos, aunque la cantidad del movimiento de uno sea mucho más grande que la del otro.*

O como cuando niega el movimiento instantáneo, al decir en el capítulo sobre dinámica, que en el *ahora* estricto no puede haber movimiento. En fin, si hubiera que optar, yo diría que Descartes se decanta por la imagen aristotélica del tiempo, como algo que está solo en nuestra mente, y que no es mas que un *modo* del pensamiento que nos sirve para medir duraciones, establecer órdenes y contar. Al igual que Aristóteles, Descartes no era atomista, sino que concebía un espacio continuo y explicaba la imposibilidad de la existencia de átomos, o partículas indivisibles de la materia, con un razonamiento pseudo teológico que lo conducía a concluir que, en caso de que la materia fuera discontinua, Dios sería un mediocre creador, incapaz de hacer cosas perfectamente continuas, y por tanto tendría el atributo de la imperfección. Aunque no lo he visto especificado en las partes de su obra que he consultado, creo que no es exagerado decir que si Descartes concebía un espacio continuo, también lo debía de hacer con el tiempo. En su universo ilimitado[26], el principio de la relatividad quedaba, haciendo honor a su apellido, descartado, pues para él un viajero que está sentado en un barco que se aleja tiene todo el derecho a reclamar que está en reposo, y su sistema de referencia es, por así decirlo, preponderante frente al de un hipotético observador que lo vea alejarse desde el muelle del puerto.

La controversia Newton-Leibniz

La publicación de la obra de Isaac Newton, *Principios Matemáticos de la Filosofía Natural*, a finales del siglo XVII sentó las bases mecánicas de la Revolución Científica, pero también sirvió para alimentar la inagotable polémica sobre los

---

[26] Veremos en capítulos posteriores como la concepción de un universo continuo suele implicar infinitud, más que simple falta de límites, y viceversa, el universo discreto parece requerir un tamaño finito, aunque no existan bordes.

dilemas temporales que arrancaba de la controversia Heráclito-Parménides. Los protagonistas de la reedición del debate en esta época tan agitada, que contempló revoluciones sociales y del conocimiento, son los mismos que hoy todavía se disputan la autoría del cálculo infinitesimal: el propio Newton y su colega y rival alemán Leibniz. Newton había establecido en su obra que el tiempo era:

> ...*absoluto, auténtico y matemático, de modo que por sí mismo y por su propia naturaleza fluye uniformemente sin relación a nada externo, y es llamado también duración.*

Es decir, el sabio inglés concebía el tiempo absoluto como algo que existía de forma eterna, y que había sido creado por Dios con la propiedad dinámica del *flujo*. Sin embargo para nuestro mundo, Newton proponía una especie de sub-clase de este tiempo absoluto, al que llamaba relativo, y que definía así:

> *El tiempo común, relativo o aparente es una medida perceptible y externa de la duración por medio del movimiento, que es comúnmente usada en lugar del tiempo auténtico: como la hora, el día, el mes, el año.*

Newton aceptaba que el tiempo del universo era algo así como una instancia creada por Dios a partir del tiempo absoluto: un tiempo que fluía, que mantenía su carácter de *externalidad* respecto al resto de objetos del universo y que se percibía a través de los grandes ciclos celestes. Por todo esto, parece correcto decir que tenía un concepto *platonista* del tiempo. Leibniz*, sin embargo, no compartía en absoluto esa idea del tiempo sin relación a nada externo, sino que pensaba que el espacio y el tiempo se mantienen en pie solo cuando se los considera en relación completa e íntima con los objetos, o mejor dicho, que ambas cosas, espacio y tiempo, no tienen una realidad independiente, sino que existen en el contexto de las relaciones entre el observador y los objetos físicos. Al igual que el espacio es para Leibniz: *la suma de los lugares* y por eso se esmera en demostrar como el concepto de lugar puede surgir simplemente de la relación entre objetos, podemos decir que el tiempo sería *la suma de los instantes*, y del mismo modo se puede hacer surgir el concepto de instante solo de la relación temporal entre eventos. En lo que respecta a la visión newtoniana de Dios creando el mundo dentro del tiempo absoluto, la postura de Leibniz se resume bien en la pregunta que le dirigió por carta al filósofo Samuel Clarke, amigo personal y defensor de las concepciones físicas de Newton:

¿Y por qué Dios no creó el mundo antes del momento en que finalmente lo hizo?

Dicho de otra manera: no hay ninguna razón lógica que permita pensar que después de una eternidad en la que ya existía el tiempo absoluto, Dios eligió un momento en particular para crear una instancia de éste y poner el mundo en marcha. Lo que vemos aquí reproducido es, como ya se ha dicho, y dejando aparte la célebre disputa sobre la autoría del cálculo infinitesimal[27], una reedición de la vieja controversia temporal entre las dos grandes concepciones: por un lado Platón y su mundo ideal, con un tiempo absoluto y creado, postura a la que se adhiere Newton, por otro lado Aristóteles y su concepto de tiempo eterno y relativo, válido solo como medida del movimiento entre lo anterior y lo posterior, o aspecto del movimiento que solo tiene sentido cuando se lo contempla como referencia para observar el cambio, postura a la que parece estar más cercano Leibniz.

Por supuesto, la historia nos dice que fueron las ideas de Newton las que triunfaron y se mantuvieron intocables durante

---

27 Disputa que hoy parece resolverse a favor de Leibniz, cuya notación diferencial es la que se usa en el cálculo moderno.

más de doscientos años, hasta la entrada en escena de Einstein y su teoría de la relatividad, teoría que, en líneas generales, rechazaba las ideas newtonianas de tiempo y espacio absolutos para acercarse más a las de Leibniz. Se podría decir que durante la época que siguió a su publicación, la descripción del universo de la teoría de la relatividad, mientras Einstein todavía defendía su constante cosmológica e insistía en su visión del universo estático, era bastante *leibniziana*. Pero todo cambió después de los descubrimientos de la cosmología moderna, que implican, hablando de forma poco precisa, las ideas de una expansión cósmica, y de un comienzo del tiempo, comienzo al que hoy conocemos con el nombre informal de *Big Bang* y que, en términos de las ecuaciones relativistas, significa una singularidad espacio-temporal.

Las antinomias espacio temporales de Kant

La vieja discusión entre las ideas absolutas y relativas respecto al tiempo, reflejaba en realidad toda una serie de dicotomías enfrentadas y relacionadas entre sí: global-local, eterno-caduco, infinito-finito, continuo-discreto y otras a las que solo desde el marco religioso se podía dar respuesta definitiva, aunque no demostrable, claro. Desde la óptica del siglo XVII, quizás la más importante de estas controversias era: ¿el universo era eterno o había tenido un comienzo?

Los partidarios de un tiempo absoluto, que es contenedor e independiente de los objetos, que son el contenido, se sienten más cómodos con la idea de creación, mientras que los partidarios de un tiempo relativo a los objetos o eventos se suelen decantar por el concepto de tiempo eterno. Un argumento de defensa usado por los partidarios de la idea de creación, ya desde la época antigua, era que si el tiempo no había tenido un comienzo y era eterno hacia el pasado, entonces: ¿cómo era que no teníamos noticias de otras civilizaciones humanas que, si de verdad habían contado con una eternidad para evolucionar, necesariamente habían tenido que surgir y dejar trazos de su paso? Aristóteles había dado la respuesta que se conoce como hipótesis de las catástrofes. Cada cierto tiempo dentro de ese marco eterno, la civilización sufría cataclismos devastadores que borraban cualquier rastro pretérito de avance y dejaban el tapiz de la vida limpio de influencias anteriores.

Solo habían pasado unos años desde el apogeo de la controversia Newton-Leibniz, cuando apareció un filósofo que hizo un intento por arrojar luz sobre el asunto de la posible eternidad del universo. El problema es que se encontró con que sus razonamientos lo hacían caer, una y otra vez, en la contradicción. El filósofo era Inmanuel Kant*, y sus razonamientos se conocen como antinomias de la razón pura. Kant enuncia una tesis y usando un razonamiento lógico demuestra que es absurda. A continuación enuncia la antítesis de esa misma idea, de la que sería lógicamente esperable obtener su validez, sin embargo Kant se encuentra que resulta igualmente inválida. Veamos el ejemplo de las antinomias kantianas, aplicado a la controversia de la eternidad del tiempo.

Tesis: El tiempo tuvo un comienzo

Prueba: Si el tiempo no hubiera tenido un comienzo, entonces para cualquier instante del pasado podríamos decir que había sido precedido por una eternidad. Pero pensar en una infinitud de tal calibre requeriría una mente infinita, lo cual es impensable. Por tanto el universo no puede ser eterno en el tiempo y debe tener un comienzo. Luego la tesis queda probada.

Antítesis: El tiempo no tuvo un comienzo

Prueba: Si el tiempo hubiera tenido un comienzo, entonces antes del comienzo debería haber existido una especie de tiempo vacío. Pero eso es la nada y la existencia no puede consistir en la nada. Por tanto, el tiempo no tuvo un comienzo y la antítesis queda también probada.

Así, Kant ha encontrado pruebas de una idea y de su contraria, y ha llegado a su antinomia o contradicción. Estos argumentos no convencen a muchos, pues llevan implícitas varias ideas peligrosas, como por ejemplo que el tiempo ya existía de alguna manera y que si se dice que comienza, se está implicando que se pone en marcha la fase que vivimos ahora. Otros acusan a Kant de estar simplemente manipulando abstracciones a sabiendas, con la aviesa intención de llevar a la razón a la contradicción y al absurdo, para convencernos así de lo que era el núcleo duro de su corpus filosófico, a saber: que no podemos trascender el mundo fenomenológico y que nuestros intentos por conocer la verdad profunda de las cosas, incluido el tiempo[28] serán siempre vanos. Hay que recordar que Kant lleva sus posturas idealistas hasta el extremo de decir que:

> *Es un escándalo de la filosofía y de la razón humana universal que se hable de que existen cosas fuera de nuestras mentes cuando nadie lo ha demostrado formalmente jamás.*

Kant postula que estas contradicciones de la razón pura aparecen, no por errores en el razonamiento, sino cuando intentamos buscar una realidad más allá de la que perciben nuestros sentidos. Por eso él concluía que quizás debíamos limitarnos a contemplar humildemente el mundo fenomenológico.

---

[28] Kant aplica razonamientos similares para llegar a contradicciones sobre el espacio finito o el espacio infinito.

Kant estaba bien informado sobre la controversia Newton-Leibniz, pero su concentrado interés por el idealismo filosófico le debió dejar poco tiempo para entrar en el estudio detallado de fenómenos mecánicos como el movimiento. Por eso se limitó a resolver esa dicotomía absolutismo-relativismo, con una postura equidistante de cuño propio que se podría calificar como idealismo trascendental. Si para Newton el espacio y el tiempo son entidades reales y para Leibniz solo son relaciones entre las cosas, todavía ambos coinciden en otorgar un cierto grado de realismo a esas nociones, es decir, el espacio y el tiempo están ahí aunque no haya ninguna mente humana pensándolos: ya sea subsistiendo[29] como conceptos absolutos o como propiedades inherentes de los objetos. Pero para Kant, espacio y tiempo son formas de la intuición o construcciones subjetivas de nuestra mente basadas en ilusiones sensoriales sin cuya presencia esos predicados: espacio y tiempo, no se podrían adscribir a nada. En fin, he aquí algunas críticas de Kant contra ambas posturas:

Contra el absolutismo de Newton:

Aquellos que afirman la absoluta realidad del espacio y del tiempo, ya sea como entidades subsistentes o inherentes, entran en conflicto con la experiencia. Si están a favor de la subsistencia, como habitualmente lo están los matemáticos experimentadores de la naturaleza, tienen que admitir dos no-entidades auto subsistentes, infinitas y eternas, que están ahí de forma no manifiesta, para alojar a todo lo que se manifiesta dentro de ellas.

Contra el relativismo de Leibniz

Para los que sostienen, como habitualmente hacen los que estudian la naturaleza desde el punto de vista metafísico, que el espacio y el tiempo son relaciones aparentes: próximo a, o sucesivo a, y que estas relaciones se abstraen a partir de la experiencia,

---

29 No se debe confundir esta subsistencia kantiana con la sub-existencia de los estoicos. Subsistir para Kant es una manera de estar realmente en la existencia, aunque sea a duras penas.

aunque de forma harto confusa, deben aportar pruebas contra la validez, o al menos contra la certeza apodíctica de las doctrinas matemáticas a priori con respecto a las cosas, por ejemplo el espacio. Considerando que esta certeza nunca se da a posteriori, y de acuerdo a este punto de vista, los conceptos apriorísticos de espacio y tiempo son solo criaturas de la imaginación cuyo origen hay que buscarlo en la experiencia, a partir de cuyas relaciones abstractas la imaginación ha hecho algo que ciertamente contiene lo que de general hay en ellas, pero que no puede ocurrir sin las restricciones que la naturaleza les ha impuesto.

Concepciones espacio-temporales de Hegel

Si hay una figura que se pueda considerar imprescindible en la historia de la filosofía occidental, esa debe ser la de Hegel*. Quizás sorprenda a algunos lectores, acostumbrados a relacionar a este filósofo idealista alemán con áreas como la historia, la dialéctica y la fenomenología del espíritu, saber que, aunque no de forma preponderante en su  obra, también se ocupó de ciertos aspectos básicos de la filosofía natural, entre ellos, el espacio, el tiempo, el movimiento y la materia. Y dada su influencia en las corrientes filosóficas que lo continuaron: marxismo, existencialismo, y otras, no puede quedar excluido de esta historia oculta del tiempo pues, efectivamente, oculto está en gran medida el hecho de que Hegel estudió también estas cuestiones.

El espacio para Hegel

En su *Enciclopedia de las ciencias filosóficas*, Hegel parece tener la intuición pre-relativista de que espacio y tiempo son dos entes indeleblemente unidos. Quizás por eso, antes de abordar el tiempo se enzarza con el espacio y, separándose solo un poco del idealismo recalcitrante de Kant, dice que es: *la generalidad abstracta de la externalidad de la naturaleza en su indiferencia inmediata*. Así de confuso como suena, es conveniente irse acostumbrando a este tipo de embrollos expresivos, pues la filosofía desde Kant, especialmente la alemana, parece considerarse más profunda cuanto menos elocuente es el filósofo. En fin, el espacio para Hegel es absolutamente continuo y está fuera de sí mismo.

El hecho de que esas entidades del espacio a las que llamamos puntos, no se puedan diferenciar entre ellos, lleva a Hegel a concluir, que frente a la positividad del espacio como un todo, los puntos son un elemento de negatividad. El punto es la negación del espacio absolutamente continuo e indiferenciado lo que, por supuesto, zanja también la cuestión de la infinitud: si el espacio es infinitesimalmente continuo, o sea infinito hacia adentro, entonces también es ilimitadamente continuo, o sea infinito hacia afuera[30]. El espacio es pura cantidad, y eso apunta a que la estructura de la naturaleza no está hecha de cualidades, sino de cantidades. En su indiferencia, el espacio tiene, sin embargo, algunas diferencias internas; diferencias son las tres dimensiones: alto, largo y ancho, que son diversas e indeterminadas. Y diferencias del espacio son también los puntos, que forman su propia externalidad indiferenciada. La relación del punto con el espacio se hace ascendiendo a través de las dimensiones. Si el punto era la negación del espacio, el ascenso del punto a la línea, le da a esta el carácter de negación de la negación del espacio, o sea, aunque Hegel no lo diga, una afirmación. Y desde la línea tenemos que negar otra vez para ascender al plano, que será la negación suspendida del espacio y que con un salto más nos lleva al

---

[30] Otro ejemplo más de la habitual relación de necesidad y suficiencia entre continuidad e infinitud.

reestablecimiento de la totalidad espacial que, aunque total y positiva, aloja todas esas *negatividades* y *suspensiones*. Hegel estaba, no sé si de forma consciente, apuntando a uno de los misterios que nos siguen acuciando hoy, el surgimiento de entidades positivas en tamaño y contenido, como la materia, a partir de entes adimensionales, como la partícula:

> *De su propia definición conceptual, se sigue que ni la línea está formada por puntos, ni el plano por líneas, pues la línea es el punto proyectándose fuera de sí mismo de forma suspendida, y el plano es, igualmente, la línea suspendida proyectándose fuera de sí misma.*

El tiempo para Hegel: negativo, continuo y eterno

Si las divagaciones espaciales de Hegel ya resultan un enredo, las temporales no lo son menos. La negatividad que atribuye al punto espacial, en relación con la totalidad del espacio, es indiferente a lo que él denomina la coexistencia inmóvil del espacio y como tal, Hegel afirma que esa negatividad es, precisamente, ¡el tiempo!

> *El tiempo, como la unidad negativa del ser fuera de sí mismo, es igual de absolutamente abstracto... (que el punto espacial, entiendo yo), un ser tan absolutamente ideal que, ya que es, no es y ya que no es, es.*

Al igual que el espacio es objetividad abstracta, el tiempo es subjetividad abstracta, en palabras de un Hegel que oscurece más y más su prosa:

> *El tiempo es el mismo principio que el Yo=Yo de la pura auto conciencia, pero lo es en su entera externalidad, es mero acontecer intuido y es puro ser en sí mismo y radical salir de sí mismo.*

Jerigonzas aparte, desde luego, el tiempo para Hegel es tan continuo como el espacio, pues es *negatividad abstracta que se refiere a sí misma* y, en esa abstracción, nunca puede haber diferencia real. Y del mimo modo que de la continuidad espacial se sigue su infinitud, de la continuidad temporal se infiere, sin más remedio, su eternidad.

Sobre la eternidad ideal

Lo que existe, lo que es real, existe en el tiempo, es transitorio, pero como ente existente, no es negatividad, o sea no es tiempo. El tiempo es la esencia inmanente y universal de lo que existe y por eso es eterno. Lo perteneciente al mundo natural, como finito, está subordinado al tiempo, pero el espíritu es eterno. Hegel intenta ayudarnos de manera *apofática* a conocer la eternidad, y por eso puntualiza:

> *El concepto de eternidad no debe interpretarse como tiempo suspendido, ni como lo que viene después del tiempo, porque eso sería decir que la eternidad es el futuro, o sea, un momento del tiempo. Pero tampoco se debe entender la eternidad como negación del tiempo, como si ella fuera una abstracción de éste.*

Las dimensiones del tiempo

A estas alturas parece claro que Hegel se decanta por la opción del tiempo absoluto y eterno, la opción de Platón y Newton. Pero el alemán no se detiene aquí y sigue reflexionando sobre más asuntos temporales, en particular sobre el problema que había hecho naufragar a Aristóteles y angustiarse a Agustín: el deslinde del presente. Y es que Hegel trata al pasado, al presente y al futuro como auténticas dimensiones del tiempo, casi como el alto, largo y ancho del espacio, pero desde el punto de vista subjetivo, claro. En cualquier caso las define así:

- Presente: el ser, lo que está aconteciendo
- Pasado: la transición del ser hacia la nada

- Futuro: la transición de la nada hacia el ser

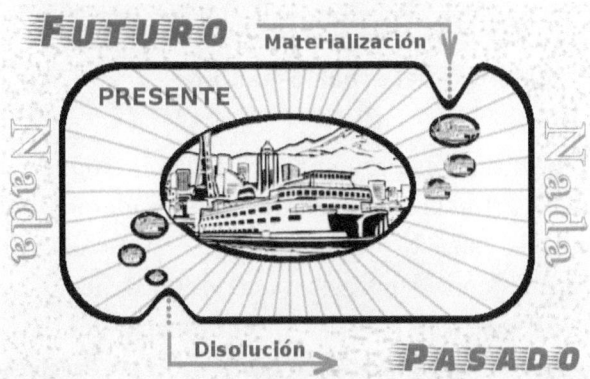

Las "dimensiones" del tiempo absoluto, subjetivo y "negativo" de Hegel: desde la nada del futuro, a la materialización en el ser del presente, y a la disolución en la nada del pasado.

Sin embargo, cuando entra a delinear el presente, Hegel embrolla su prosa todavía más y apenas acierta a complicar varias obviedades:

> *El presente finito se diferencia del infinito en que el finito es el momento ahora.*

Pero incluso en medio de este desbarajuste dialéctico que confunde al lector, Hegel siempre se conduce con gran flema y parece saber de lo que habla, y tener muy claro a dónde quiere llegar. En la naturaleza, donde el tiempo que reina es el *ahora*, no se aprecia ninguna diferencia de las dimensiones temporales mencionadas, es decir, no aparece de buenas a primeras un rato del pasado o del futuro. Estas dos dimensiones solo subsisten en la representación subjetiva: la memoria, el miedo o la esperanza. Deslindar el presente es difícil, porque el tiempo, en fin, plantea el morrocotudo problema de que, al ser infinito y continuo y al *pasar*, no puede ser sometido, como si lo puede ser el espacio, a la ciencia de las cosas finitas y discontinuas, que son las matemáticas. Solo podría hacerlo en el caso de que el entendimiento pudiera detenerlo y reducir su negatividad a la *unitariedad*.

¿Fragmentos del espacio-tiempo?

Para terminar, insistiremos en lo que apuntábamos al principio: Hegel tiene algunas intuiciones poderosas sobre una unión entre el espacio y el tiempo de carácter más profundo que el que se consideraba en su época. El tiempo, dice, es *radical indiferenciación espacial* y el espacio es *continuación indiferenciada de la exterioridad del ser*. La desaparición y regeneración del espacio en el tiempo y viceversa es el movimiento, el acontecer, es la transición de lo ideal a lo real, de lo abstracto a lo concreto, o sea, del espacio y el tiempo, que Hegel aquí casi está admitiendo como ideales kantianos, a la realidad del mundo natural, que se nos muestra como materia[31]. El problema es que esta transición es externa al entendimiento, y por tanto es incomprensible. Para llenar esta laguna del conocimiento solemos concebir al espacio y al tiempo como contenedores vacíos que se llenan con materia del exterior, lo que permite una visión dualista de la materia, ora como indiferente al espacio y al tiempo, ora como algo esencialmente espacial y temporal.

McTaggart contra la realidad del tiempo

John Ellis McTaggart* (1866-1925) fue un filósofo inglés de influencias hegelianas (afortunadamente esas influencias no contaminaron su estilo de redacción) que postuló uno de los

---

31 Hoy puntualizaríamos: como materia-energía

argumentos formales más serios contra la realidad del tiempo, es decir, a favor de considerar el tiempo como una mera ilusión que fabrica nuestra percepción. No sabemos si McTaggart se inspiró en la publicación de la teoría de la relatividad por parte de Einstein en 1905, pero el caso es que en su trabajo académico titulado *La irrealidad del tiempo*, publicado en 1908, expone que tenemos dos formas posibles de ordenar eventos con criterio temporal, en definitiva, que percibimos el tiempo de dos formas aparentemente diferentes, a las que llamó Serie A y Serie B.

- **Serie A**: Se refiere a la percepción de los eventos respecto al momento presente y se caracteriza por nuestra forma de ordenarlos como pasado, presente o futuro. Así decimos que el asesinato de Julio César está a más de dos mil años en el pasado, o que la llegada del hombre a Marte está a quién sabe cuántos años en el futuro, o que la lectura de estas líneas se está realizando en el momento presente. Podríamos decir que la Serie A implica la ordenación temporal por propiedades intrínsecas, representa la percepción subjetiva del tiempo y conecta con la postura *absolutista*: Platón y Newton.

- **Serie B**: En esta serie desaparece la referencia del presente y los eventos se relacionan directamente entre ellos. No usamos las propiedades pasado, presente o futuro, sino que simplemente decimos que la llegada del hombre a la Luna ocurrió unos dos mil años después del asesinato de César, o que la derrota de Marco Antonio y la victoria de Augusto en la batalla de Actium fueron, obviamente, simultáneas. Podríamos decir que la Serie B implica la ordenación temporal por relaciones tipo *antes/después* entre eventos y corresponde, más o menos, al tiempo matemático que aparece como parámetro, mide intervalos entre eventos en las fórmulas de la física y ejerce de cuarta dimensión en la teoría de la relatividad. La Serie B conecta con la postura relativista: Aristóteles y Leibniz.

Este planteamiento puede parecer la simple ocurrencia de un filósofo desocupado que se prepara para justificar su apoyo concreto a una de las dos corrientes de opinión temporales que habían dominado la historia del conocimiento. Al menos la intuición no deja de advertirnos de que se está reavivando el fuego de una controversia tan vieja como la filosofía, y de que en el fondo, el tiempo que esté detrás de las dos series, si existe, tiene que ser único, o sea, tiene que ser el mismo. Pero McTaggart solo nos está preparando para su gran sorpresa final, sorpresa que aún no vamos a desvelar.

Observemos que también en la Serie A, pese a su apariencia absoluta, estamos relacionando eventos entre sí, aunque no lo hacemos directamente como en la B, sino usando siempre como pivote o fulcro el momento presente: el ahora. Retomamos otra vez las viejas directrices de la controversia: la Serie A describe mejor nuestro concepto perceptivo del tiempo, pues la referencia del presente permite cimentar mentalmente un concepto de proceso o cambio, mientras que la Serie B se adapta mejor al concepto de tiempo de las fórmulas matemáticas de la física, al medir los intervalos entre eventos sin más que tener funcionando un reloj en tanto que ocurren. La Serie B, al fijarse solo en los eventos y colocarlos en relaciones antes-después, no aporta por sí sola ninguna idea de proceso o de cambio, sino solo de duración, a no ser que admitamos a priori que el propio cambio está implícito en esas relaciones, lo cual parece mucho admitir, pues todos podemos encontrar ejemplos de cosas que en su después son exactamente igual que en su antes, es decir, que no han cambiado.

Con este planteamiento, McTaggart se prepara para hacer una reflexión de calado, que es la siguiente. En la ordenación por propiedades de la Serie A, se da la circunstancia de que las propiedades son mutuamente excluyentes, es decir, ningún tiempo puede ser a la vez pasado y presente, o pasado y futuro, o presente y futuro. Y sin embargo, todo tiempo que ahora es presente, se convertirá pronto en pasado y se supone que ha sido antes potencial futuro. Por tanto, teorizar que existe una cosa llamada tiempo, que tiene las propiedades de la Serie A, es decir, que los eventos que ocurren en su seno se pueden ordenar en pasado, presente y futuro, nos lleva a una contradicción, pues esa ordenación solo nos deja la posibilidad de un presente real y un pasado y un futuro completamente imaginados. Esta falta de coherencia lógica nos obliga a admitir que la suposición de partida es incorrecta, y que por tanto no existe ese pretendido tiempo ordenable en pasado, presente y futuro.

Pero como además hemos aceptado que la Serie B no aporta por si misma ningún sentido de proceso o cambio, algo fundamental en nuestra forma de entender el tiempo, hay que concluir que, en última instancia, depende de la Serie A para ello. Y si la Serie A es incorrecta, también lo será la Serie B y tampoco esta forma de percibir el tiempo es real. No solo ocurre que nada está en el futuro de nada, ni en el pasado de ningún otro evento, sino que el aparente orden temporal que percibimos en el universo no es más que una ilusión.

El mismo McTaggart y otros filósofos que apoyaban su forma de ver el tiempo eran bastante conscientes de la paradoja a la que conducía su razonamiento, pues lo empezaban con dos propuestas de tiempo en las manos, como esperando verificar una de ellas y descartar a la otra, pero, de un modo parecido a lo que le pasaba al buen Agustín con su análisis de los tres tiempos, se quedaban con las manos vacías al final. No obstante los *mctaggartistas* estimaban que su argumento era sólido y concluían que esto era suficiente para afirmar que el tiempo no es más que una ilusión que fabrica nuestra limitada percepción sensorial.

Las teorías mctaggartistas sobre el tiempo

Si el paso del tiempo es una ilusión, no cabe duda de se trata de una ilusión muy fuerte. Las propuestas de McTaggart tuvieron un eco no despreciable, y surgieron partidarios y detractores que las analizaron en detalle, dando lugar a las dos teorías sobre el tiempo conocidas como Teoría A y Teoría B. Por supuesto, estamos otra vez ante las mismas viejas dicotomías que se remontan a Heráclito y Parménides, pero no por eso vamos a dejar de explicarlas ahora con todo el lujo de detalles que se merecen.

Teoría B: tiempo relativo o eternalismo

Según los proponentes de esta teoría, Mctaggart está en lo cierto al suponer incorrecta la Serie A, pero se equivoca respecto a la B, que es la que nos da una imagen real del tiempo. El resultado es una visión muy *artistotélica* del tiempo, un tiempo que solo tendría sentido como referencia entre eventos. Podemos decir que la llegada del hombre a la Luna ocurre después que el asesinato de César, pero no tiene sentido, más que de una forma imprecisa, decir que está en su futuro. Y cuando decimos que la caída de Constantinopla en manos de los turcos está en el pasado, la realidad exacta de lo que queremos decir es que se trata de un acontecimiento anterior al momento en el que leemos estas líneas. Pero que esto no nos lleve a la trampa de pensar que *"anterior a"* o *"posterior a"* implican que el tiempo fluye o pasa. La Teoría B nos presenta, en definitiva, a un viejo conocido, que es el tiempo relativo de Aristóteles y Leibniz y que también es el que hoy se ve como una cuarta dimensión de la teoría de la relatividad. No tiene sentido hablar de futuro sin referirnos a un evento concreto, como no tiene sentido hablar de norte geográfico, sin recurrir a una convención previa. Así como las únicas relaciones espaciales válidas nunca son absolutas, sino relativas, o sea aquellas que se establecen entre dos lugares, u objetos, también las únicas relaciones temporales válidas son las que se establecen entre dos eventos.

Teoría A: tiempo absoluto o presentismo

Sus partidarios proponen que la Serie A de McTaggart no es contradictoria y que el paso del tiempo no es ninguna ilusión, sino la verdadera realidad. Las propiedades pasado, presente y futuro son auténticas y además cualificables y cuantificables. La llegada del hombre a Marte no solo está en el futuro, sino que además podemos decir que cada día que pasa se hace menos futura y más presente. El adlátere de esta teoría dirá que McTaggart se equivocaba al decir que si existiera algo llamado tiempo, un evento debería tener las tres propiedades a la vez, ya que lo correcto es especificar que: *tiene la del presente, tuvo la del futuro y tendrá la del pasado*. Al mismo tiempo, este paladín de la Teoría A evitará entrar en el espinoso tema del significado profundo de los tiempos verbales y de su conexión con la realidad, y argumentará, si hace falta, que son formas primitivas e inexactas de expresar nuestra percepción de una realidad en la que el paso del tiempo, su flecha hacia el futuro, y la *instantaneidad* auto generadora del presente tienen una existencia cierta y rotunda. La Teoría A nos presenta al otro viejo conocido: el tiempo absoluto de Platón y Newton.

En contra del flujo del tiempo

Parece que la controversia entre estas dos teorías se centra en una pregunta fundamental que se refiere a la naturaleza del tiempo y la forma en la que lo percibimos los humanos. La Teoría B pinta a un tiempo muy parecido a las dimensiones espaciales, mientras que la Teoría A le otorga una característica genuina: el tiempo fluye. Pero, ¿se puede decir de forma objetiva que el tiempo pasa, fluye, corre, transcurre? ¿O quizás podríamos acogernos a Kant y asegurar que es un escándalo de la filosofía natural que nadie haya logrado presentar evidencias del flujo del tiempo?

Una de las lecciones de la teoría de la relatividad de Einstein es la liquidación del concepto de la vieja simultaneidad absoluta de corte platónico que tanto gustaba a Newton. Y ciertamente, desde este punto de vista, la existencia de un transcurrir objetivo y externo del tiempo se complica y parece que esto apoya las tesis de McTaggart sobre la contradicción intrínseca de la Serie A y por tanto apoyaría la noción de que el paso del tiempo es solo una ilusión. Por otro lado, si se postula que el flujo del tiempo es una realidad incuestionable que no necesita otra evidencia que la experiencia compartida por miles de millones de humanos, también es cierto que hay una perogrullada a la que no se puede responder más que de forma redundante: si es cierto que el tiempo fluye ¿a qué velocidad lo hace? ¿a un segundo por segundo? ¿se ralentiza, a veces? La incapacidad para responder a esta pregunta con un argumento no circular siembra dudas profundas sobre nuestra percepción común del tiempo como algo que fluye o transcurre.

Presentismo y eternalismo: las guerras del tiempo

El argumento de McTaggart contra la realidad del tiempo y sus dos formas de pensar sobre el tiempo, la Serie A y la Serie B, con sus Teorías A y B asociadas, son una buena introducción a las dos formas de contemplar el tiempo que se aceptan hoy desde el punto de vista puramente filosófico, formas que, curiosamente, nos traen otra vez reminiscencias de las viejas posturas temporales de Platón y Aristóteles. Las teorías A y B que acabamos de describir de forma algo somera, dan lugar a las dos posturas temporales cuyos nombres genéricos ya hemos enunciado: *presentismo* y *eternalismo*. Entremos ahora un poco más en el detalle de cada una de ellas.

Presentismo

El *presentismo* representa el punto de vista relacionado con la Serie A de McTaggart, y es conocido también como Teoría A. Según esta teoría, solo existe el presente. Del pasado podemos decir que existió y del futuro que existirá, pero ambos son meras construcciones mentales basadas en nuestro concepto de los tiempos verbales, que son la forma en la que nombramos las acciones y los procesos. Esta teoría apunta a un universo de naturaleza temporal radicalmente dinámica, fluyente, en cambio constante; un mundo espacial 3D sumergido en una dimensión temporal 1T que se caracteriza por una renovación continua del presente. Esta teoría, por así decirlo, se toma al tiempo muy en serio y postula la existencia de un presente de validez universal que continuamente se va diluyendo en pasado y que previamente ha sido, a la vez, intuido y anticipado de forma borrosa como futuro. El tiempo *presentista* aboga por una simultaneidad absoluta entre eventos que pueden tener lugar en el mismo instante universal y en diferente ubicación espacial, y es homologable al tiempo platónico o newtoniano: un tiempo absolutamente absoluto. Napoleón y Cleopatra existieron, pero ya no existen. La colonización de la Luna existirá, pero aún no existe.

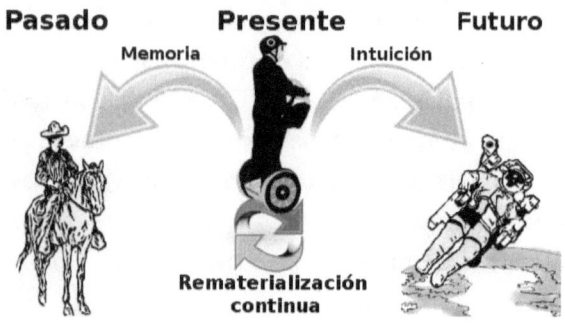

Presentismo: el presente es lo único que existe ciertamente y se encuentra en un estado de rematerialización continua. El pasado es accesible por la memoria y el futuro es interpretable por la intuición.

Eternalismo

El *eternalismo* estaría relacionado con la forma de ver el tiempo llamada Serie B de McTaggart, según la cual los eventos se pueden caracterizar entre ellos con relaciones de anterioridad, posterioridad o simultaneidad, pero no existe ningún tiempo absoluto que sea pasado, presente o futuro. Es un punto de vista que enlaza con el concepto aristotélico y se separa del platónico. Ya vimos como McTaggart había concluido que la mera relación entre eventos de esta Serie B, no nos daba información sobre ningún flujo del tiempo. Se podría decir que, según esta teoría, el tiempo es solo una dimensión más del universo, una dimensión que aporta a los eventos una cierta relación de colocación u orden temporal, igual que las dimensiones espaciales aportan relaciones de colocación u orden espacial. Aunque en la vida diaria y a nivel práctico, pensemos en eventos y objetos en términos de pasado, presente y futuro, la realidad ontológica subyacente es diferente y se refiere a una cualidad de *ser* o *existir atemporal*. El universo y sus contenidos forman un todo eterno. La transitoriedad del ahora y el flujo del tiempo son una ilusión mental. Napoleón y Cleopatra existen y, como mucho, podemos decir de ellos son anteriores, ambos dos, en toda la duración de sus vidas y andanzas, al momento en el que el lector lee estas líneas. La colonización de la Luna puede ser un evento que en la dimensión temporal es posterior a esta lectura, algo de lo que no podemos estar seguros pues la relación de conocimiento certero solo es posible con los eventos que tienen la etiqueta *antes*, respecto a nosotros, es decir, el eternalismo respeta el principio de causa y efecto.

El *eternalismo* cuadra mucho mejor con la visión del universo-bloque que surgirá como consecuencia de la teoría de la relatividad, pero que ya, en cierta forma, se ve en Aristóteles y en Leibniz, se intuye vagamente en San Agustín, cuando sitúa a Dios fuera del tiempo, o se adivina en Santo Tomás de Aquino cuando compara a Dios mirando al tiempo con el vigía que observa el paso de una caravana desde la cima de su torre.

Interpretación estática del tiempo

En épocas más modernas, y tras la enorme influencia de la visión einsteniana del espacio-tiempo como un universo-bloque conjunto, el *eternalismo* se suele conocer también como *interpretación estática del tiempo*. Ésta correspondería al punto de vista del que hace la abstracción de suponerse mirando a ese universo desde fuera y al hacerlo se da cuenta de que, metafóricamente, es como el que mira una película de cine estirada con todos sus fotogramas. Todos los instantes están ahí y contienen toda la historia del objeto llamado película, de principio a fin, una historia que es fácil ver en su conjunto desde esa posición exterior y súper dimensional.

La diferencia de puntos de vista es evidente, y los dos observadores tienen su parte de razón, solo que la perspectiva del observador exterior es privilegiada, ¡y de qué manera!.

A los personajes que habitan en los fotogramas les resulta imposible ver más allá de lo que les toca interpretar en el intervalo que les asigna el argumento. Sin embargo, para el observador externo, este universo no *ocurre*, sino que está ahí todo entero y siempre. Aunque desde dentro se perciba como un incesante proceso que discurre desde el comienzo hasta el fin de la película, desde fuera el punto de vista es general pues se está viendo toda la película en todo momento, cada fotograma alineado. Desde fuera[32] se puede entender lo que desde dentro se conoce como tiempo, como la ubicación relativa de eventos con criterio antes/después, según el orden de fotogramas, pero quizás no se simpatizará con la idea de que ese aspecto es un componente fundamental de la realidad y de que pasado, presente y futuro son conceptos absolutos.

---

[32] Imaginarse a un observador exterior al universo puede parecer un imposible, pero tanto o más lo es concebir la rematerialización continua del presente que requiere el presentismo.

En esta visión del universo, todo lo que hay ya existe desde y por siempre y lo único que se requiere para mantener en pie la historia que cuenta el objeto llamado película, es el sentido del orden de los fotogramas y una dirección causal o anisotropía en la dimensión temporal, de forma que un cierto fotograma solo pueda recibir influencia de los que son anteriores a él. Pero de ninguna manera se requiere una noción absoluta de tiempo fluyente desde el pasado hasta el futuro.

La perspectiva temporal del eternalismo

Podemos decir que Napoleón, como evento que dura lo que su triste y agitada vida se prolongó, y que la colonización de la Luna, como evento que se dará, esperemos, en el futuro, existen siempre en la eternidad, aunque uno es completamente anterior al otro, del mismo modo que el planeta Venus y el planeta Saturno existen en la *espaciedad* (universo), aunque uno está más cerca del sol que el otro. Si miro hacia un lado del firmamento y no veo a Saturno, solo tengo que desviar la mirada un poco hacia la derecha y allí está. De igual manera, si quiero ver a Napoleón, solo tendría que desviar la mirada hacia el lado correcto de la recta temporal, solo que su *antes*, es decir, su realidad se encuentra tan pretéritamente alejada, que desde nuestra posición espacio-temporal ya no se puede ver, ni tocar, ni acceder. Para nosotros, su perspectiva se ha desplazado más allá del punto de fuga espacio-temporal Y aquí hemos llegado a arenas movedizas. Algunos ven esto como una debilidad del *eternalismo*. Al fin y al cabo, si todo está ahí siempre, ¿no sería lógico poder verlo de alguna manera?

Pero he dicho que Napoleón ya no se puede ver *desde nuestra posición espacio-temporal*. ¡Cuidado! En el espacio-tiempo relativista la perspectiva no es solo una cuestión de espacio, sino también, y mucho, ¡de tiempo! Y resulta que hay otras muchas ubicaciones espacio-temporales desde las que, al menos en teoría, sí que se puede obtener una perspectiva del señor Napoleón Bonaparte vivito y coleando. Pensemos en un planeta que dista 200 años luz del nuestro, por ejemplo un *exoplaneta* que hace poco se ha descubierto orbitando a la estrella Kepler-138, y del que se estima que tiene unas condiciones de habitabilidad similares, o un poco mejores que las de Marte. Imaginemos que en ese planeta hay un astrónomo que ha construido un telescopio cuya resolución es mucho mayor que la nuestra, tanto, que al enfocar la Tierra le permite, no solo analizar la química atmosférica y el albedo, sino también ver con claridad las escenas que se están desarrollando, si bien, nunca podrá ejercer influencia causal alguna sobre ellas.

Si en este mismo momento ese observador astrónomo dirigiera hacia la Tierra su telescopio, vería lo que estaba pasando aquí 200 años antes de la lectura de estas líneas, es decir, podría, en teoría, contemplar en vivo y en directo las lamentables andanzas de Napoleón, pues estas no se encuentran en la misma relación de antes respecto a él, que lo están respecto a nosotros. Al igual que decimos que todo existe a la vez en el espacio, aunque no ocupando el mismo sitio, es decir, no todo está yuxtapuesto, también podemos decir que todo existe a la vez en el tiempo, si bien no todo ocurre en el mismo momento, es decir, no todo es simultaneo. Para ambos casos, espacio y tiempo, se pueden encontrar puntos de observación diferentes, que ofrecen perspectivas diferentes. En el caso temporal, eso sí, habrá que contar siempre con las limitaciones de perspectiva que impone el principio de causalidad.

El inquietante panorama de la Tierra, visto en 2015 por un astrónomo que vive en un planeta situado a 200 años luz de distancia, en órbita alrededor de la estrella Kepler-138.

Presentismo, experiencia y sensatez

Lo que el *eternalismo* propone, en definitiva, es que el tiempo es una dimensión más de la realidad, quizás con algún matiz diferente de las espaciales, pero que en esencia sirve para lo mismo: estas para el establecimiento de relaciones de colocación entre objetos, aquella para el establecimiento de relaciones de orden entre eventos. Mientras tanto, el *presentismo* implica que el tiempo puede tratarse como dimensión, pero es una dimensión radicalmente diferente de las espaciales. El tiempo presentista es una magnitud que realmente fluye o transcurre y las propiedades pasado, presente y futuro tienen sentido cabal y entero. Los *presentistas* suelen argüir que su punto de vista es el que viene sancionado por la experiencia diaria y el sentido común, pero es innegable que también surgen paradojas cuando se toma en serio esta postura. Por ejemplo: si solo existe lo que existe en el momento presente: ¿cómo es que podemos pensar en el pasado o el futuro, e incluso establecer relaciones de causalidad entre eventos? El futuro, en particular, es una gran paradoja para el *presentismo*, pues mientras que el presente tiene existencia cierta y el pasado se puede consultar en los registros de la memoria: ¿de dónde sale el futuro en un universo de este tipo? ¿Cómo es que, incluso, podemos asignar probabilidades a ciertos eventos y comprobar luego que las predicciones se cumplen, al menos en el campo de los grandes números?

Fatalismo temporal o inevitabilidad del futuro

Un grave problema lógico que viene arrastrándose durante toda la historia de la filosofía es el del *fatalismo temporal* o la inevitabilidad del futuro. El fatalismo postula que lo que vaya a ocurrir en el futuro, sea lo que sea, es siempre inevitable, es decir, no hay nada que el hombre pueda hacer para cambiarlo. La consecuencia más grave del fatalismo temporal es la liquidación total del libre albedrío, cosa que parece contradecir toda la experiencia desde que el hombre es hombre. Por tanto, parece oportuno examinar más de cerca esta postura.

El planteamiento del problema arranca de las elucubraciones de Aristóteles sobre los futuros contingentes, que son proposiciones lógicas sobre estados futuros que no se pueden ver como necesariamente verdaderas o necesariamente falsas. El de Estagira planteaba el asunto recurriendo al ejemplo de una batalla naval en el futuro y tomando como axioma algo que parece una obviedad, que es que las verdades sobre el pasado son necesarias. Si una verdad está en el pasado, decimos que es verdad porque, obviamente, ya ha ocurrido. Su estatus de verdad parece indiscutible y por eso admitiremos que se califique como *necesaria*, desde el punto de vista de que ha sido necesaria en el orden de eventos que ha traído al mundo al estado correspondiente al momento en el que estamos hablando. Lo admitimos, digo, pero pronto veremos que esta admisión aparentemente inocua, implica en realidad la adopción de una postura filosófica algo laxa: una postura que nos meterá en problemas en breve.

Aristóteles decía aproximadamente así:

> *Imaginemos que hoy domingo decimos que una batalla naval no va a tener lugar mañana, día lunes. Entonces ayer, día sábado, también era cierto que la batalla naval no iba a tener lugar el lunes. Luego la proposición "la batalla no va a tener lugar el lunes" es una verdad pasada. Entonces, acogiéndonos al axioma de partida podemos afirmar que se trata de una verdad necesaria. Pero si esa proposición era necesaria en el pasado, entonces también era inevitable.*

La mera lectura del razonamiento ya hace saltar varias alarmas. Si Aristóteles tuviera razón, la lógica nos lleva a concluir que esa idea y cualquier otra del tipo *"esto no va a pasar..."* que se nos pueda ocurrir, efectivamente no va a pasar. Por ejemplo, yo puedo decir hoy, que mañana no va a ocurrir que no me toque la lotería y añadir que si es cierto hoy, también lo era ayer, y por tanto es una verdad necesaria y de ahí se deduce que, pase lo que pase, mañana no va a ocurrir que no me toque la lotería. Es decir, que mañana me va a tocar la lotería, aunque ni siquiera compre un décimo. Pero resulta que el mismo razonamiento se puede hacer también para una proposición afirmativa. En fin, parece que en el lenguaje filosófico de la lógica formal, el libre albedrío queda peligrosamente comprometido por este aparente encierro lingüístico en el fatalismo temporal.

Futuro abierto y lógica temporal

La solución que Aristóteles propuso como salida a este vago enredo bien podía haberse enfocado hacia un replanteamiento del problemático axioma del comienzo.

Las verdades sobre el pasado son verdades necesarias

Efectivamente, ahora que vemos el fondo de saco al que nos ha llevado el razonamiento anterior, nos damos cuenta de que hemos sido demasiado permisivos en esa exigencia inicial y debemos rectificar, diciendo que si algo está en el pasado y ha ocurrido, podemos decir que es verdad, sí, pero parece demasiado rotundo afirmar que es también necesario, a no ser que, de acuerdo al principio de causa y efecto, al que ningún tipo de lógica se debería sustraer, estemos hablando de todos y cada uno de los eventos que forman el conjunto exacto de las causas que condujeron a la batalla, en el supuesto de que pudiéramos aislarlas todas hasta el comienzo de los tiempos, es decir, según sabemos hoy, hasta el *Big Bang*. También podríamos quejarnos de que eso que se reivindica como una proposición sobre el pasado: *el lunes no habrá una batalla* es, en realidad, una proposición sobre el futuro, aunque haya sido expresada en un momento del pasado, y como referente al futuro ya no aplica esa condición de *necesariedad*.

Pero Aristóteles tomó otro enfoque y negó que se pueda calificar como verdad o mentira una proposición que se refiere a un evento aún no acaecido. Esto se conoce como refutación de la ley de bivalencia, si entendemos bivalencia, en el ámbito de la lógica, como admitir que una proposición solo puede ser verdadera o falsa. Efectivamente, parece sensato pensar que la proposición: *voy a ir al cine mañana* no es ni verdad ni mentira. Puedo pensar que queda en un estado indeterminado hasta que llegue el momento de la verdad, o puedo pensar, como hizo Aristóteles, que es verdad hoy, al tiempo de enunciarla, en base a la intención, pero puede transformarse en mentira mañana, si finalmente cambio de idea, o me entra pereza, y me quedo en casa. Esta postura refutadora de la bivalencia, que admite que las proposiciones lógicas pueden cambiar sus valores de verdadero a falso y viceversa a lo largo del tiempo, se conoce con el nombre de *futuro abierto* y dio lugar al nacimiento de una rama de la lógica, separada de la lógica modal, que se conoce como lógica temporal[33].

Por sorprendente que parezca, el problema lógico del fatalismo temporal ha permanecido latente en la historia de la filosofía y ha contado con numerosos paladines que han planteado defensas más o menos extravagantes del argumento sobre la inevitabilidad del futuro. Entre ellos debemos citar en primer lugar a Diodoro Cronos, personaje cuyo nombre ya parecía augurarle algún papel importante en el mundo de las disquisiciones metafísicas sobre el tiempo, y que en el siglo siguiente al de Aristóteles planteó el así llamado *argumento magistral* en defensa del fatalismo temporal. Este argumento magistral se conoce solo indirecta y parcialmente a través de las citas de Epícteto, y hoy es difícil concluir a partir de ellas si la pomposidad del nombre está justificada y si Diodoro apoyaba el fatalismo temporal fuerte, es decir, la postura de que tanto el pasado como el futuro están fijados y son inexorables. Epícteto también nos da noticias de otros autores antiguos que analizaron las premisas del argumento de Diodoro y trataron de derribar alguna de ellas, con éxito variado. En cualquier caso, parece seguro que para Diodoro *posible* equivalía a *necesario* y las tres premisas que nos han llegado son:

1. Cualquier verdad pasada debe ser necesaria
2. Un posible no puede ser continuado por un imposible
3. Un posible puede serlo incluso aunque ahora no sea verdad ni lo vaya a ser en el futuro

Si aplicamos estas premisas al ejemplo de la batalla naval, nos costará poco llegar otra vez a la existencia de una verdad pasada, que como tal será necesaria y que nos llevará otra vez a la conclusión fatalista. Lo que el hombre aprecia como una

---

[33] http://plato.stanford.edu/entries/logic-temporal/

posibilidad abierta, es para el fatalista algo que siempre fue, es y será: ora imposible, ora necesario.

Guillermo de Ockham* retomó el problema del fatalismo temporal en el siglo XIV para puntualizar que mientras que hay algunas proposiciones que se refieren al presente en su expresión (*wording*) y en su contenido, y para ellas, decía Ockham, es universalmente verdad que cualquier proposición verdadera sobre el presente tiene, en correspondencia, una proposición verdadera sobre el pasado, otras proposiciones, sin embargo, se refieren al presente solo en su expresión (pero no en su contenido) y son, en el fondo, aserciones sobre el futuro, pues su verdad depende totalmente de su cumplimiento postrero. Aquí podríamos aplicar nuestro razonamiento anterior de que también algunas proposiciones sobre el pasado son realmente sobre el futuro, y por tanto no pueden considerarse necesarias, en tanto que dependen de la materialización posterior de esa afirmación.

También Leibniz se encaró con el problema del fatalismo en sus paradojas metafísicas, con un análisis que lo condujo a una postura de apoyo a las tesis fatalistas más fuertes. Hay cierta lógica en esta postura, pues al fin y al cabo el fatalismo temporal casa muy bien con el concepto aristotélico del tiempo como entidad relativa y, en definitiva, con la imagen del tiempo que nos ofrece la teoría de la relatividad, es decir, el tiempo no es algo que fluye, sino una dimensión que simplemente está ahí, aunque lo percibamos de otra manera. Leibniz justificaba su fatalismo así:

> *Dios no hace nada que no esté en el orden y no es posible concebir eventos que no sean regulares. De esta forma, incluso el milagro, que sería el evento por excelencia, no rompe el orden*

regular de las cosas. Lo que se aprecia como irregular es solo un error de perspectiva (error humano, se entiende), pero no aparece como tal en relación al orden universal... Aquello que se tiene por extraordinario, solo es tal en relación a algún orden particular establecido por las cosas creadas, porque desde la óptica del orden universal, todo se adapta a él.

Y todavía hoy, muchos filósofos y lógicos se siguen ocupando de las numerosas ramas que se pueden abrir desde el tronco del fatalismo temporal según sea la laxitud en la admisión de las premisas y en el manejo del lenguaje[34]. De hecho, tras la visión del tiempo dominante en la actualidad, que es la del universo-bloque que sale de la teoría de la relatividad, y que pone en duda la existencia de un *transcurso* del tiempo, el fatalismo, con o sin lógica temporal, con o sin las trampas semánticas de los aspectos del tiempo y el modo verbal, y pese a la aparente contradicción con el libre albedrío, se mantiene firme en sus postulados y reivindica que los eventos del futuro son tan fijos e inevitables como los que ya han quedado en el pasado y que nuestra apreciación de una aparente libertad de actuación no es más que, como diría Leibniz, una muestra de la incapacidad humana para apreciar la perspectiva del flujo cósmico.

Henri Bergson y el tiempo espacializado

El éxito de la teoría especial de la relatividad de Einstein y la profunda revolución conceptual que implicaba en lo referente al tiempo, pudo inspirar a Mctaggart sus trabajos sobre el tiempo ilusorio, trabajos que apoyaban las conclusiones de Einstein, pero también animó a algunos filósofos de comienzos del siglo XX a exponer sus mejores argumentos en contra de esta nueva idea que mandaba definitivamente al tiempo absoluto y fluyente *plato-newtoniano* al baúl de los recuerdos.

---

34 https://en.wikipedia.org/wiki/Richard_Taylor_(philosopher)

El filósofo francés Henri Bergson* comenzó a ocuparse del tiempo, en su aspecto de duración, ya desde la lectura de su tesis doctoral de 1910, titulada *Tiempo y libre albedrío*[35]. Más tarde amplió sus puntos de vista con obras como *Materia y memoria* y *Duración y simultaneidad*. Bergson considera que, a lo largo de la historia, la ciencia ha dado sistemáticamente al tiempo un trato que no le corresponde en su esencia. El tiempo, en su opinión, se había *espacializado* y, por ejemplo, se le hacía un flaco favor representándolo en ejes de coordenadas como si fuese una dimensión espacial más, impidiendo así una correcta comprensión de su significado, y en particular, de su aspecto más importante, que es la duración. Para Bergson el espacio no participa de la duración, puesto que en él no hay sucesión de antes y después, sino que hay una completa simultaneidad de sus partes. Parece claro que el francés no compartía el concepto de simultaneidad relativa de Einstein, aunque en este punto, si atendemos a las múltiples evidencias que hoy apoyan los postulados de la teoría de la relatividad, hay que decir que todo apunta a que estaba equivocado. Sin embargo sus intentos por centrar la atención en nuestra confusión sobre el aspecto de duración son muy interesantes pues es bastante probable que ni siquiera la concepción actual del tiempo relativista se haya adentrado en el análisis de la duración de la forma profunda que se merece.

Según Bergson, la inteligencia, la percepción, y el resto de las facultades cognitivas del ser humano, son tan limitadas que no nos permiten apreciar la totalidad de la experiencia temporal, cuyo aspecto fundamental es la duración, una duración que nunca debería ser reducida a la escala y las marcas de un eje de

---

35 No confundir con la expresión más mundana: *tiempo libre, y albedrío*.

representación de coordenadas. La realidad cronológica, en su pureza original, es continua, heterogénea y creadora y lo único que existe de la duración fuera de nosotros es el presente universal simultáneo, aunque dentro de nosotros está también el pasado en forma de memoria. He aquí una tabla en la que resumo las propiedades que Bergson atribuía a la duración, en contraste antitético con las que corresponden al espacio:

Espacio		Duración	
Yuxtaposición	🗇	Sucesión	▢··▢
Discontinuidad	"- - - - -"	Continuidad	"___"
Impenetrabilidad	| ⇔	Penetrabilidad	⇌
Homogeneidad	=	Heterogeneidad	≠
Reversibilidad	↓↑	Irreversibilidad	⟵
Cuantitativo	▢£	Cualitativo	▦
Extensión	⇔< ___ >	Inextensión	···▸◂···
Global	●	Local	⊙

El pensamiento de Bergson se puede adscribir, con las salvedades que haya lugar, a la corriente que en apartados anteriores llamamos *presentismo*, frente a su corriente rival, el *eternalismo*. Y para dejar bien claro su apoyo a esta idea de un presente universal y simultáneo, expresa que[36]:

> Pero si fuera necesario zanjar la cuestión, con nuestros conocimientos actuales, habría que decantarse por la hipótesis de un tiempo material único y universal.

La duración implica creación continua y novedad impredecible, y por eso Bergson miraba con tanta desconfianza al tiempo científico de las fórmulas matemáticas, ese tiempo

---

36 Duración y simultaneidad. Henri Bergson. Traducción de Jorge Martín. Ediciones Del signo. Buenos Aires, año 2004.

reversible, conceptualmente empobrecido y *espacializado* que en ningún momento refleja nada que se parezca a la creación o a la novedad impredecible. Ese tiempo no puede enseñarnos nada sobre la esencia del acontecer y es como el espectro difuso de una dimensión espacial más.

Las ideas de Bergson no han soportado bien el paso del tiempo. Desde el principio, siempre se le acusó, quizás de forma injusta, de no haber entendido cabalmente la teoría de la relatividad. Pero su defensa sincera del *flujo del tiempo* ejerció notable influencia en el ambiente cultural de su época, especialmente en su Francia natal, donde Marcel Proust* parecía hacerse eco de la pena por la pérdida del tic-tac universal y escribía su obra maestra, **En busca del tiempo perdido**, que con su estilo denso y parsimonioso, que incluye frases que llenan por sí solas más de una página, parecía ser el canto del cisne del tiempo absoluto.

Heidegger: Ser y tiempo

Hasta aquí hemos dado un amplio repaso histórico a los puntos de vista filosóficos sobre el tiempo, repaso en el que hemos analizado con detalle las principales controversias referidas a los dilemas ínter conectados que han centrado el debate temporal desde la noche de los tiempos: eterno-perecedero, continuo-discreto, absoluto-relativo, real-ilusorio, independiente-dependiente (del observador), global-local. Hemos intentado, dentro de lo posible, mantener siempre un criterio objetivo y separarnos del tiempo percibido por los sentidos en un esfuerzo, quizás vano, pero obligado por observarlo en perspectiva.

Por eso quiero terminar este capítulo sobre tiempo y filosofía con una visión radicalmente distinta, no centrada en estas dicotomías conceptuales, pero no por ello menos importante. Se trata de la visión existencialista que aporta el filósofo alemán Martin Heidegger* en su libro del año 1927, *Ser y tiempo*, calificado por muchos como el tratado de  filosofía más importante del siglo XX. Después de tanto esfuerzo por mantener un enfoque empírico en nuestra aproximación al tiempo, el punto de vista de Heidegger es reconfortante por la abundancia de adverbios temporales que adornan unos razonamientos centrados siempre en el hombre, el ser humano, o el *dasein* (ser-ahí), que, con una u otra denominación, es el objeto de estudio *heideggeriano* y que al final se identifica casi completamente con la noción de temporalidad.

En su ruptura con los planteamientos del idealismo filosófico, y en medio de un galimatías expresivo y neo terminológico más que notable: un fárrago que ejemplifica muy bien esa asombrosa falta de claridad de algunos filósofos de la tradición alemana a la que me refería al hablar de Hegel, Heidegger sitúa al hombre, al d*asein*, como un ser arrojado al centro de un universo existencial, que tiene sentido solo gracias a que este *dasein*, esta *criatura-ser* que está-ahí, autentifica su existencia al preguntarse, precisamente, por el ser.

> *A ese ente que somos en cada caso nosotros mismos, y que, entre otras cosas tiene esa posibilidad de ser que es el preguntar, lo designamos con el término dasein (Ser y tiempo).*

En ese sentido, el *dasein* vive arrojado hacia sus posibilidades futuras, con la particularidad de que hay una de esas posibilidades que remata y engloba a todas las demás: la muerte. La muerte es la culminación de todos los posibles del *dasein* y permea la visión existencialista como una metáfora de la nada. Un objeto *es* en su permanente inmutabilidad y así podemos decir que existe casi fuera del tiempo, o al menos que el tiempo es irrelevante para él.

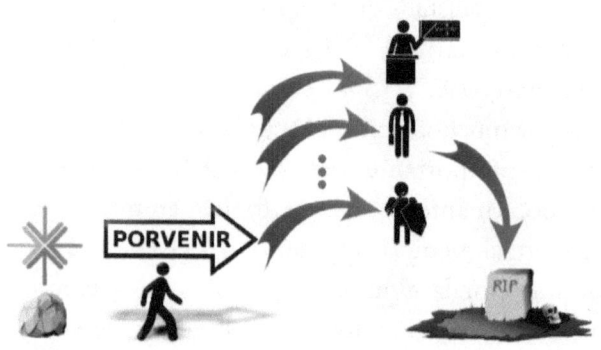

El dasein vive arrojado hacia sus posibilidades futuras, que aunque son múltiples, culminan todas ellas en la muerte. No se puede decir lo mismo de una roca que, simplemente, no tiene porvenir.

Pero el *dasein es*, sobre todo, proyección de posibilidades y podemos decir que existe en un presente que se orienta al futuro. Heidegger no escatima adverbios manufacturados (*aperturidad*), sintagmas sustantivados compuestos de fabricación propia (*estar-en-el-mundo*) y expresiones sobre reduntantes (la primacía *óntico-ontológica* del *dasein*) para perfilar trabajosamente su objeto de estudio, y así expresa que: *el dasein va siempre delante de sí mismo* y que se ve *siempre* en una situación dentro de un mundo que *ya estaba ahí*. El ser del *dasein* es la temporalidad[37] y cada momento estructural en su existencia manifiesta un éxtasis temporal en tres aspectos: el futuro a través del ir delante de sí mismo en pos de sus posibles, el pasado a través del *ya-estaba-*

---

37 La traducción de Jorge Eduardo Rivera usa el vocablo temporeidad. Heiddager crea toda una batería de términos basados en sus propias reglas de sufijación y composición a base de guiones.

ahí del mundo, y el presente a través de la consciencia de los otros dos.

La existencia inauténtica está fuera del tiempo

Pero el *dasein* corre el riesgo de vivir una existencia inauténtica, impropia o, en términos de Heidegger, de *cotidianidad*, si la angustia por esa posibilidad concluyente que es la muerte, desvía su propósito vital de la pregunta sobre el ser y le hace perderse en sus relaciones con los objetos del mundo. El *dasein* pasa así de vivir el tiempo auténtico, a vivir el tiempo de la concepción vulgar del mundo: ese tiempo predecible donde no cabe pensar, hacer ni decir más que lo que ya se espera que uno piense, diga o haga. El tiempo vulgar es el tiempo impersonal del todo, de la masa, el que pasa de forma colectiva y distrae al *dasein* de lo único importante: la pregunta por el ser.

El hartazgo de objetos y distracciones cambia la perspectiva temporal del dasein respecto a la muerte, e introduce los parámetros "aún-no" y "falta-mucho", que él interpreta como "nunca". El olvido de la muerte lo convierte en un muerto-en-vida que finaliza su existencia sin poder cerrarla, es decir, sin poder decirse a sí mismo: "he vivido".

Para este *dasein* inauténtico la muerte es algo distante y ajeno que, como mucho, contempla como un espectáculo en los funerales, no como algo que le pueda pasar a él. Así pasa a vivir como si fuera inmortal, y engaña a su intuición atiborrándose de objetos y cambiando su perspectiva temporal, acercándose a la de los objetos inanimados: la atemporalidad. El *dasein* inauténtico se instala en el *aún-no* y en el *falta-mucho* a base del empacho de cosas y de la disolución de su conciencia de ser en *el uno* colectivo. Heidegger consideraba que el mundo de lo inauténtico, del anonimato colectivo y de la disolución en las cosas es construido por ese *uno*, también llamado por los intérpretes de Heidegger: *los poderosos-otros*, que de esta forma ejercen el señorío sobre un *dasein* que pierde la conciencia del ser, y por tanto del tiempo, y pierde también cualquier posibilidad de vida auténtica. Así el *dasein* inauténtico vive fuera del tiempo y su rechazo a pensar en la muerte lo transforma, paradójicamente, en un muerto viviente sin voz propia cuyo único reflejo es el de repetir lo que otros le dicen. Otra vez Heidegger:

> *Sin llamar la atención y sin que se lo pueda constatar, el uno despliega una auténtica dictadura. Gozamos y nos divertimos como se goza; leemos, vemos y juzgamos sobre literatura y arte como se ve y se juzga; pero también nos apartamos del montón como se debe hacer; encontramos irritante lo que se debe encontrar irritante. El uno, que no es nadie y que son todos, pero no como la suma de ellos, prescribe el modo de ser de la cotidianidad (Ser y tiempo).*

El papel de esos *poderosos-otros* corresponde en nuestros días, según el filósofo Michel Foucault*, a los medios de masas, fabulosas maquinarias de información y desinformación que sirven para *sujetar al sujeto,* y que continuamente adoctrinan al *dasein* inauténtico sobre lo que tiene que decir, lo que tiene que hacer, cómo tiene que vestir, dónde tiene que ir, lo que tiene que ver, leer, opinar…Por el contrario, el *dasein* auténtico acepta la inminencia de la muerte, el *ya* potencialmente perpetuo y vive verdaderamente orientado hacia sus posibilidades, es decir, tiene futuro, por eso cuando muere deja de ser y su vida se cierra como una totalidad. Él siente que vivió vida propia, que habló con voz propia y que autentificó su existencia. Por el contrario, el *dasein* inauténtico es como los objetos, no tiene futuro ni puede cerrar su vida como una totalidad, porque siempre fue una totalidad cosificada. Cuando su *aún-no* se convierte en *ya*, su *falta-mucho* se hace cero y muere sin dejar de ser, pues nunca había sido sino un objeto. Heidegger señalaba como elementos principales de inautenticidad, o *modos de ser del uno* a los siguientes: *distancialidad, medianía y nivelación*, que *el uno*, o los poderosos-otros imponen a través de estas herramientas:

Publicidad. Es el canal por el que se transmite la inautenticidad al *dasein* en forma de sugerencias o insinuaciones: come esto, viste lo otro, ve a tal sitio. La publicidad necesita disfraz pues es radicalmente falsa, por eso se presenta ante el *dasein* como bella mentira.

> *La publicidad regula primeramente toda interpretación del mundo y del dasein, y tiene en todo razón…oscurece todas las cosas y presenta lo así encubierto como cosa sabida y accesible a cualquiera (Ser y Tiempo).*

Esnobismo. Es la avidez por la novedad. Impide al *dasein* pararse a reflexionar sobre la pregunta por el ser. La avidez de novedad se siembra a partir del concepto de moda: un concepto que hoy se extiende no solo al vestido, sino a todos los campos en los que los *poderosos-otros* ansían el control del tiempo vital del *dasein*, tiempo que deja vivirse, o sea, de emplearse en vivir con autenticidad y pasa a perderse es decir, a dedicarse exclusivamente a los objetivos venales del uno:

consumir, distraerse, propagar el concepto. Al igual que la publicidad, la moda también es radicalmente falsa en su esencia, pues distrae de lo importante, que es la pregunta por el ser. Su presentación ante el *dasein* también requiere disfrazar esa falsedad, que en el caso la moda se presenta como medio que le facilitará la aceptación y la aprobación del grupo, del uno: lo que está bien visto, lo que se lleva, lo que se hace...

Habladuría. Contemplada desde la perspectiva de nuestros días, y pasada por el filtro interpretativo de Foucault, la habladuría heideggeriana se ha transformado en un elemento envolvente de la sociedad: publicidad, moda y desinformación controlada se pueden ahora vomitar de forma conjunta y machacona a través de los medios de masas para *sujetar al sujeto*, como nunca antes se le había sujetado. Solo los *poderosos-otros*, a través de la propiedad y el control de esos medios de masas, pueden imponer los temas globales que forman los tópicos, las cosas de las que *hay que hablar*, por el simple hecho de que, como todo el mundo habla de ellas, eso es lo que se espera de ti. Así es como logra que el *dasein* abandone, y eventualmente olvide que tiene voz propia, limitándose a cotorrear lo que *el uno* cacarea. En palabras de Heidegger:

> Por eso el uno se mueve fácticamente en la medianía de lo que se debe hacer, de lo que se acepta o se rechaza, de aquello a lo que se le concede o niega el éxito (Ser y tiempo).

Concepción vulgar del tiempo

Heidegger insiste en que la *temporeidad* constituye el ser del *dasein*, arrojado, abandonado al mundo. Pero el *dasein* impropio, inauténtico y cadente, ese que huye ante la muerte y se encubre en el uno, se forma una concepción vulgar del tiempo que le parece siempre un tiempo que sufren los otros. Ese tiempo es, sin duda, infinito en ambas direcciones, pues se presenta como una sucesión continuada de *ahoras*, razón por la cuál:

> *Será principalmente[38] imposible encontrar en ella un comienzo y un fin, de donde se infiere que el tiempo debe ser infinito.*

Heidegger se pregunta también sobre el flujo y sobre la flecha del tiempo:

> *¿Por qué decimos que el tiempo pasa y no decimos, con igual énfasis, que el tiempo surge? ¿Por qué el tiempo no se deja revertir?*

Y se responde a sí mismo, con su acostumbrada claridad:

> *La imposibilidad de inversión tiene su fundamento en el hecho de que el tiempo público (el vivido por el dasein como en el uno) se origina en la temporeidad, cuya temporización, primeramente venidera, marcha extáticamente hacia su fin, de tal manera que ella ya es en versión al fin.*

El dasein inauténtico cede el control del tiempo al uno, a los poderosos-otros, a cambio del entretenimiento bastardo, la agitación de la novedad, la publicidad y los tópicos de conversación, comportamiento, apariencia,...etc.

---

38 Vocablo heideggeriano reproducido tal cual

Ser y tiempo es, usualmente, considerada como la obra filosófica más importante, y su autor como el filósofo más relevante de todo el siglo XX. Su punto de vista existencial implica que solo se llega al tiempo a través del dasein auténtico, pero el propio Heidegger pensaba que la versión predominante de dasein era la inauténtica, la de la cotidianidad. Su apoyo al nazismo, su conocida altivez (decía que el alemán era el único lenguaje apropiado para la filosofía), y su alarmante tendencia al fárrago o falta claridad expositiva[39], han provocado que su figura y su trabajo sean muy vulnerables a los ataques ad hominem, pero eso no debe tapar la profundidad y la actualidad de su pensamiento existencial sobre el tiempo.

---

[39] La resolución no es sino el modo propio del cuidado por el que el cuidado se cuida.

Época 2: Calendario, física y tiempo

La teoría de la relatividad demostró que masa y energía pueden verse como manifestaciones distintas de una misma cosa, y trastocó las nociones clásicas de espacio y tiempo absolutos, uniéndolos en una nueva entidad llamada espacio-tiempo, a la que la presencia de masa aporta su geometría curva, que se manifiesta como gravedad.

(Crédito: OpenClipArt. Variación sobre "Old Man Reads a Book". Artista j4p4n)

La historia oculta del tiempo

Cronologías: medición y referencias del tiempo

> *Creo que, en la discusión de los problemas naturales, deberíamos comenzar, no con las Escrituras, sino con experimentos y demostraciones.*
>
> *Galileo Galilei*

Muchos lectores no ignorarán que durante siglos la religión y la física, o más concretamente la teología y la filosofía natural, caminaron unidas en una alianza forzada y asimétrica en la que la teología, al menos en el ámbito del Occidente cristiano, estaba en el nivel superior como *señora o Sara* y la física en el nivel inferior como *criada o Agar*. Todavía en la época  en la que Galileo* emitió su queja de que: *La Biblia enseña cómo ir al cielo, no como el cielo va,* el autor de cualquier propuesta teórica en el ámbito de la filosofía natural debía poner buen cuidado en que ésta fuera compatible con las Sagradas Escrituras. Nicolás Copérnico no publicó su teoría heliocéntrica hasta casi el día de su muerte y Giordano Bruno perdió la vida por expresar con noble pertinacia ciertas disensiones teológicas con la línea oficial vaticana, entre las que se incluía una visión del universo como contenedor ilimitado de infinitos mundos y ente impregnado por el alma divina.

Por otro lado hablar del tiempo exige también dar una idea clara de los intentos del hombre por medir sus intervalos mediante relojes, y por tabular y establecer un marco de referencia preciso para sus grandes ciclos mediante calendarios:

un marco que, a la vez, sirviera de registro indeleble para los acontecimientos pasados y permitiera la estimación del momento en el que iban a ocurrir los futuros. Estas dos circunstancias hacen que sea conveniente, al menos hasta la llegada de la Revolución Científica del siglo XVII, hablar acompasadamente de religión y física.

Relojes y calendarios

Lo más importante para que el experimentador pueda sacar alguna conclusión válida del estudio de un fenómeno físico y formularlo matemáticamente es medir con precisión las magnitudes que intervienen. El aparato con el que se miden los intervalos de tiempo entre dos eventos es el reloj[40]. Y es importante hacer énfasis en las palabras *intervalo* y *duración* pues, como nos confirmará después la teoría de la relatividad, eso es lo que propiamente miden los relojes, y no el paso o el flujo del tiempo. Hasta que se construyeron los primeros e inexactos relojes mecánicos, allá por el año 1000[41], el tiempo siempre se había medido con relojes de arena, clepsidras o cuadrantes solares. No fue hasta que Galileo se apercibió de la *isocronía* de las oscilaciones de un péndulo de pequeña longitud, y hasta que más tarde Christian Huygens (1629-1695) lo aplicó al reloj de péndulo en 1656, cuando se tuvieron los primeros dispositivos mecánicos de los que se puede decir, de alguna forma, que miden "el tiempo" con precisión. Pero ¿realmente es tiempo lo que mide un reloj? ¿flujo del tiempo? ¿duración?

---

40 La etimología de reloj apunta al latín "horologium" y en última instancia al griego "horologion", literalmente: listado de las horas. Por otro lado, no es descartable que el vocablo griego se inspirase en el dios solar de los egipcios, Horus, del que también puede derivar "horizonte".

41 Se suele dar el crédito de la invención del reloj mecánico de pesas y engranajes al papa Silvestre II (945-1003), gran erudito al que se le atribuye también la introducción del sistema decimal, el péndulo, un tipo especial de ábaco y un sistema criptográfico.

La existencia de procesos cíclicos regulares en el firmamento ha permitido al hombre acercarse al concepto de medida del tiempo a través de lo que podría llamarse *reloj natural*, si bien, cuando se reflexiona sobre esto, nos encontramos con un espejismo. Ya tiene bastante enjundia pensar en medir el tiempo cuando, ni siquiera sabemos definir bien lo que es y tenemos que medirlo, hablando con inexactitud, *desde dentro de su propio transcurso*. Sea como sea, hemos pasado de la anotación de los grandes ciclos celestiales, basados en el sol, la luna y las constelaciones, a los periodos de transición en el cambio de nivel de energía de los electrones del átomo de cierto elemento, sin casi darnos cuenta de que nos engañamos al afirmar que estamos midiendo "el tiempo".

Como decíamos antes, ningún reloj mide el paso del tiempo. La oscilación del péndulo o el giro de manecillas del reloj de esfera, en ambos casos *relojes artificiales*, nos permiten medir un ángulo, cuyas ocurrencias sucesivas contamos. La caída de la arena por el cuello de cristal de la doble botella cerrada, o el paso del agua por el tubo de una clepsidra nos permiten medir un caudal fijo, que resulta en un volumen que luego acumulamos. La oscilación de un electrón se produce entre dos niveles de energía que, aunque nadie lo tiene demasiado claro, podríamos decir que equivale a un salto entre dos órbitas *espacialmente* separadas; después contaremos el número de saltos y diremos que tenemos un reloj atómico.

Lo que conocemos popularmente como la medida del tiempo se ha de hacer a través de un reloj, ya sea natural (ciclos cósmicos) o artificial (ciclos mecánicos o, actualmente atómicos), por tanto, siempre es una comparación espacial de la duración del movimiento que queremos medir, marcado por sus eventos de comienzo y fin, con otra duración patrón, que es el ciclo de nuestro reloj y cuyo número de ocurrencias contaremos. Medir el tiempo implica medir una magnitud espacial y contar un número de ciclos. Desde este punto de vista, cualquier sistema que tenga carácter cíclico y regular puede servir como reloj, como bien podemos concluir de la definición de reloj que da el propio Einstein[42]:

> *Por reloj entendemos cualquier cosa que se caracterice por un fenómeno de paso periódico por fases idénticas, así que debemos asumir, por un principio de razón suficiente, que todo lo que ocurre en un periodo determinado es idéntico con todo lo que ocurre en otro período arbitrario.*

Derivas de reloj y ajustes astronómicos

Luego resulta que nunca medimos flujo del tiempo, sino ángulos, volúmenes y distancias. Con ellos, hacemos cuentas aritméticas que comparamos con un patrón cíclico estándar, que a fecha de hoy es precisamente un determinado periodo de transición atómico. Si existiese flujo del tiempo y su velocidad[43] se duplicase en todo el universo, no nos daríamos cuenta por falta de referencias externas pues, en el mejor sentido heiddegeriano y querámoslo o no, el tiempo es aquello a través de lo cual se manifiesta la existencia. Nuestro tiempo propio seguiría transcurriendo a la velocidad de un segundo cada segundo.

La medición del paso del tiempo es, en realidad, una simple toma de referencia de instantes entre los que contamos el número de ciclos de cierto dispositivo artificial estándar o fenómeno natural repetitivo. Hay que notar que la precisión de estos dispositivos artificiales puede variar mucho y por tanto siempre hay una cierta divergencia entre lo que está midiendo el reloj y el tiempo real del ciclo natural, lo que hace necesario

---

[42] *La naturaleza del tiempo.* Cita del artículo de Julian Barbour para el congreso sobre la naturaleza del tiempo. FXQi. Año 2008.

[43] Está claro que el sintagma velocidad del tiempo es redundante e inexacto en términos de física clásica, aunque tomando ciertas precauciones, nos ayudará a entender algunas conclusiones de la teoría de la relatividad.

realizar ajustes en el dispositivo al cabo de ciertos períodos. Esto se conoce como la deriva del reloj.

Dado que el cociente entre la duración del ciclo anual de la Tierra alrededor del sol y la del día, no es exacto, también la cuenta astronómica del tiempo requiere ajustes importantes, como el que introdujo el calendario gregoriano en 1582, que corregía el desfase debido a que el anterior calendario juliano, instaurado durante la dictadura de Julio César, en 46 a.C. tenía en cuenta un año de 365,25 días, cuando la cifra real mejor estimada hoy es de 365,242189, lo que tras un milenio y medio había acarreado un adelanto de aproximadamente 10 días sobre el tiempo astronómico. Al jueves juliano, 4 de octubre de 1582, le sucedió, inmediatamente en los países católicos y gradualmente en el resto de la cristiandad, el viernes gregoriano del 15 de octubre del mismo año, aunque, por ejemplo, las iglesias ortodoxas griega y rusa todavía rigen sus fiestas religiosas principales por las fechas del calendario juliano, de ahí que sus navidades y pascuas no coincidan con las del resto del orbe cristiano.

Los ajustes de calendario han sido y siguen siendo gran materia de debate[44] y, si hiciéramos caso al criterio de algunos, como los proponentes de la *teoría del tiempo fantasma*, deberían ser mucho más grandes que el ajuste gregoriano. La teoría del tiempo fantasma[45] se engloba hoy en lo que se conoce como pseudo-historia, pero sus defensores argumentan que, en base a la falta de documentos escritos de ciertos periodos y la mala datación de otros, hay entre 300 y 1.000 años de nuestra historia podrían estar de más.

---

44 Todavía en 1928, la Liga de Naciones se planteó en serio la adopción de un calendario de 13 meses de cuatro semanas. Son 364 días más uno adicional cada año, tratado como día de año nuevo y otro cada cuatro para compensar bisiestos. El mismo día de cada mes siempre caería en el mismo día de la semana. Sería mucho más lógico desde el punto de vista de cualquier estudio cronológico. La propuesta, conocida como calendario Delaporte, fue finalmente desechada.

45 https://en.wikipedia.org/wiki/Phantom_time_hypothesis

La pequeña cuenta: el día, el mes, el año

La cuenta del tiempo requiere la adopción de convenciones respecto a los comienzos, no solo del comienzo absoluto, del que hablaré en el siguiente apartado, sino del de las unidades más modestas, esas que se requieren para la organización de las actividades cotidianas[46]. El comienzo del año en la antigua Roma solía ser en marzo, mes consagrado al dios de la guerra, Marte, padre mítico de Rómulo. Pero en el año 153 a.C. ese comienzo se cambió a enero (iaunuarius), y como casi todo en Roma, se hizo atendiendo a una necesidad práctica, que en ese caso fue la planificación militar para la conquista total de la península ibérica. Así pues, como los romanos contaban los años con referencia al de la fundación de Roma (753 a.C.) Cicerón habría dicho que el comienzo del año en enero se adoptó en el año 600 *ab urbe condita*. Adicionalmente, al tratarse de la época republicana, quizás citara también los cónsules de aquel año para emplazar inequívocamente el evento en el calendario.

El calendario romano antiguo era de carácter lunar y llamaba *kalendae* al día de la luna nueva, *nonae* al del primer cuarto e *idus* al de la luna llena. Estas denominaciones se mantuvieron con la adopción del calendario solar, pero se pasó a llamar *calendas* al primer día del mes, *nonas* a los días del 2 al 5, o al 7, e *idus* del 8 al 15 o del 6 al 13, dependiendo del mes en cuestión. Los días posteriores al *idus* se referían a las *calendas* del mes siguiente. La división del día romano también tenía 24 horas, como las tiene el día de hoy, pero la duración no era fija, de modo que sus horas solo coincidirían con las nuestras en los equinoccios, puesto que los romanos, siempre con un gran sentido práctico de la vida, se limitaban a dividir los periodos de luz y oscuridad en doce partes iguales, desde el alba hasta el ocaso. En el invierno romano, las horas volaban, pero en verano, se

---

46 Cotidianas, del latín "cotidie", cada día.

entretenían. El reloj romano tradicional era el solar, adaptado a su latitud, aunque a finales de la época republicana se adoptó la clepsidra griega, el reloj de agua[47].

Las horas veraniegas que mide el reloj de sol, se alargan, interminables, en el jardín romano. Solo el verdor de la floresta, la sombra de los muros y el frescor de la fuente las hacen tolerables. Crédito: OpenClipArt. Johnny Automatic y j4p4n.

Una de las convenciones con las que nos manejamos hoy es la del comienzo del día en la media noche. Es cierto que en la antigua Roma ya se aplicaba este criterio, pero luego fue variando durante la Edad Media y el Renacimiento, hasta que se adoptó definitivamente como oficial el 1 de enero de 1925, cuando al medio día los relojes se tuvieron que atrasar 12 horas, y se definió el Greenwich Mean Time (GMT). Sin embargo este GMT depende de la posición media del sol y por eso tiene cierta imprecisión, por lo que se adoptó el UTC, Tiempo Universal Coordinado, que se establece en base al valor medio de varios relojes atómicos y hoy es el estándar internacional reconocido para la regulación y el ajuste de relojes.

---

47 Guía de la antigua Roma. Georges Hacquard.

El segundo intercalar

En nuestros días, la precisión de los relojes atómicos permite ajustes a minúscula escala, como el correspondiente al segundo bisiesto (llamado oficialmente segundo intercalar), el último de los cuales, a fecha de redacción de este libro, se ajustó el 30 de junio de 2015. Así se compensa el descuadre entre el implacable tic-tac atómico y el minúsculo retraso que la Tierra va sufriendo por la acción de marea gravitatoria del sol y la luna: aproximadamente 1 segundo cada 1.400.000 años[48]. Aunque pueda parecer irrelevante, el asunto de los segundos bisiestos tiene una importancia capital en los mercados de este "bien", el capital, y los intermediarios financieros de las bolsas internacionales andan con mucho cuidado a la hora de programar la introducción de estos desfases. Ese segundo de desviación, que en teoría se debería poder procesar sin mucha dificultad en los sistemas informáticos, introduce muchas posibilidades de inestabilidad en la gestión de las bases de datos y, teniendo en cuenta que es un dato importantísimo para una operación financiera, puede ser aprovechado por un avezado tiburón de los mercados para, de acuerdo a la información de lo que ha pasado en otra plaza, hacer una gestión ventajosamente rentable a base, eso sí, no de ingeniería financiera, sino de quedarse con lo que no es suyo a base de trampas. Es un fenómeno parecido al del cambio de mileno en el año 2000, el denominado *problema del año 2000*, o *Y2K problem* en inglés, que creó mucho miedo pero cuyas consecuencias globales pasaron finalmente casi desapercibidas[49], como suelen pasar las de los segundos intercalares, salvo algunos casos particulares[50].

---

[48] https://es.wikipedia.org/wiki/Segundo_intercalar

[49] https://es.wikipedia.org/wiki/Problema_del_año_2000

[50] La adición de un segundo bisiesto en 2012 provocó el colapso de la página web de la compañía aérea australiana QUANTAS, y también causó inestabilidades en redes sociales como LinkedIn y Reddit.

La gran cuenta: principio y fin de los tiempos

El problema de la medición del tiempo trasladado a la escala del mundo, lleva a la mente inquisitiva a preguntarse por las edades del universo: su comienzo y su fin. La respuesta tradicional a esta pregunta durante la época anterior a la Revolución Científica, se ha buscado en los postulados y las profecías del mito fundacional o del texto sagrado de referencia del credo correspondiente. Una lectura rápida de la Biblia, hecha desde el punto de vista del creyente sincero, lleva a la inevitable conclusión de que el retorno de Jesús, la denominada *segunda venida*, y por tanto el fin del mundo, estaba próximo a aquella generación de cristianos primigenios: 1 Juan 2-18 *"Queridos hijos, estamos viviendo los últimos días"*, y también 1 Tesalonios 5 *"Cuando el Señor vuelva, muchos de nosotros todavía estaremos vivos"*.

Según el Libro de la Revelación, los jinetes del apocalipsis serán uno de los signos anunciadores de la segunda venida y del fin de los tiempos. Crédito: OpenClipArt. Variación de la obra Four Equines of Apocalypse, del artista GDJ.

De hecho, el inexplicable retraso en la segunda venida, y su consecuente apocalipsis, siempre fue un motivo de confusión entre los teólogos cristianos y una motivación para que muchos aspirantes a profeta se aventurasen a usar métodos paracientíficos, como la numerología, para calcular su fecha. Desde los trabajos del abate Joaquín de Fiore, ya citados en el capítulo anterior, se aceptaba de forma generalizada que la fecha del fin de los días había sido puesta de forma cifrada por el propio Creador entre las líneas del texto sagrado, particularmente entre las bizarras visiones del Libro de Daniel y del Libro de la Revelación. Pero especialmente en un asunto como este, lo apropiado es empezar por el principio, y antes de dar una explicación convincente a la fecha del fin del mundo, conviene hablar sobre la de su comienzo.

Ya vimos que Aristóteles había concebido un mundo sin principio ni fin, sometido a grandes catástrofes que borraban todo resto de las civilizaciones anteriores y que, al comienzo de cada nuevo eón, proporcionaban un nuevo lienzo en blanco al ser humano. Otros autores greco-romanos sí que admitían un comienzo absoluto del mundo, y se adscribían a la división de la cronología del cosmos en tres períodos, cuyo nombre ya da una idea bastante buena de su carácter: oscuro, mítico e histórico. Los límites entre estos períodos dependían del autor en cuestión: el diluvio, la caída de Troya, la primera olimpiada... Los egipcios y babilonios, que databan el comienzo del mundo de acuerdo a sus listas de reyes, lo fechaban entre varias decenas y varias centenas de miles de años atrás. Los persas se basaban en las andanzas míticas de Zoroastro y concebían un mundo de unos doce mil años de edad. El hinduismo cuenta con los textos denominados Vedas, en los que, allá por el siglo V a.C., ya se postulaba, con sorprendente buen criterio, una edad de la Tierra de 4.300 millones de años, en un universo cíclico que nace, muere y renace de forma ininterrumpida y en el que *el día y la noche de Brahma*, duran 8.600 millones de años. Pero la perspectiva religiosa cristiana, que culturalmente nos es más cercana, da importancia fundamental al acto de la creación y por tanto es lógico que las primeras aproximaciones al problema se hicieran desde esa óptica. Sin duda, el primer trabajo interesante al respecto se debe al ya citado abate calabrés Joaquín de Fiore y a su obra *Liber Apocalypsis*. En ella teorizó sobre un sistema profético en el que estimaba que el mundo había comenzado cuarenta y dos generaciones antes de Jesús.

El arzobispo anglicano James Ussher* (1581-1656) entró más a fondo en el detalle de la duración de cada generación bíblica, a través del estudio del *Números*, y remontó la escalera de ascendientes desde Jesús hasta Adán, lo que lo llevó a fechar los hitos más significativos de la historia sagrada con una precisión *escritural* que  habría asombrado a los propios redactores del Pentateuco. Según Ussher, el acto de la creación bíblica había ocurrido a las seis de la mañana del 22 de octubre del año 4004 a.C.

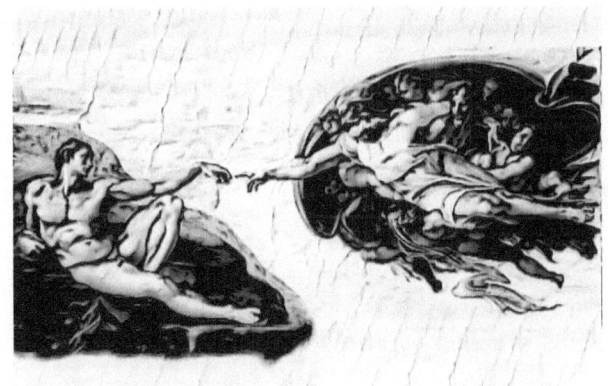

Si Ussher estaba en lo cierto y Miguel Ángel inspirado, esta escena pudo tener lugar durante la mañana del 28 de octubre del año 4004 a.C., es decir, seis días después del comienzo absoluto de la creación. Crédito: OpenClipArt. Creation of Adam by Michelangelo. Artista GDJ

En 1588, el español Juan Pérez de Moya publicó su *Aritmética práctica y especulativa*, en la que se da una cifra clara de la edad del mundo y de la composición de sus períodos, en base al cálculo del obispo Eusebio de Cesaréa (260/265– 339/340) en sus *Cronografías*:

> *En este tiempo, contando desde la Creación del Mundo, hasta el año de 1588, han pasado (según opinión de Eusebio) 6787 años. Divídese en edades. La primera desde el principio del mundo hasta Noé, que pasaron 2242 años. La segunda, desde Noé hasta Abrahán, que pasaron 942 años. La tercera desde Abrahán hasta David, que pasaron 941 años. La cuarta desde David hasta la cautividad de Babilonia, que pasaron 485 años. La quinta, desde este tiempo hasta el advenimiento de N. Señor Jesu Christo, que pasaron 589 años. La sexta, desde el advenimiento de nuestro redentor Jesu Christo, hasta el Juicio. La séptima y última será la vida eterna de los Celestiales, que es perdurable e infinita.*

En el caso de la civilización occidental y tras el triunfo y la extensión generalizada del cristianismo como religión oficial del imperio romano, las estimaciones sobre la edad del universo quedaron, lógicamente, condicionadas por estas edades de la Historia Sagrada y la actitud de los estudiosos vacilaba entre el tabú que se sentía al tratar temas sobre los que en teoría ni el propio Jesús tenía toda la información: "*solo el padre lo sabe*" y el arrojo en la defensa de las verdades reveladas que el profeta de turno creía haber destilado meritoriamente tras arduo esfuerzo de imaginativa exégesis bíblica.

Teniendo en cuenta todo esto y considerando también que, desde el punto de vista escatológico, tan decisivo en el cristianismo original, lo verdaderamente importante no era el principio, sino el fin de los tiempos, esa parusía, que según las Sagradas Escrituras estaba siempre al caer, el asunto de la edad del mundo permaneció en un discreto segundo plano hasta la llegada de la Revolución Científica de finales del siglo XVII.

Hay algunas excepciones, claro. En tiempos recientes hemos sido testigos del *revivals* de otros calendarios antiguos como el de los mayas que, más previsores y certeros que los de base grecorromana, estaban inspirados también por ese concepto dual del tiempo como una entidad que se compone de ciclos cortos, que ordenaban la vida diaria y los ritos sacerdotales, y también de ciclos largos, en realidad muy largos, que reflejan la eternidad, y al final de los cuales los dioses desencadenan catástrofes de tipo aristotélico que borran el mundo antiguo y dejan una creación nueva. Los mayas ordenaban el tiempo conforme a estas unidades básicas[51]:

Período	Días	Años	Correspondencia
Tin	1		
Uinal	20		20 Tin
Tun	360		18 Uinal
Katun	7200	~20	20 Tun
Baktun	144.000	~394,25	20 Katun
Pictun	2.880.000	~7.885	20 Baktun

Precisamente el comienzo del *baktun* 13, que tuvo lugar el pasado 21 de diciembre de 2012 de nuestro calendario gregoriano, desencadenó toda una serie de teorías apocalípticas sobre un posible fin del mundo que alimentaron noticiarios, revistas, y *taquillazos* cinematográficos como *2102, la película*.

Las diversas tradiciones culturales, en fin, marcan las fechas que rigen nuestros calendarios actuales. El año 2015 del calendario gregoriano corresponde, haciendo las salvedades del ciclo lunar correspondiente al 1436 o al 1437 d.H. (después de la hégira, o *anno hegirae*) del calendario musulmán, cuyo

---

[51] Fuente: https://es.wikipedia.org/wiki/Calendario_maya

comienzo está marcado por la huida del Profeta a Medina, en el año 622 d.C. del calendario cristiano. Y este mismo año 2015 corresponde al 6015 d.L. (después de la luz o *anno lucis*) del calendario ceremonial masónico, al 5575 d.M. (después de la creación del mundo o *anno mundis*) del calendario hebreo, o al 223 del calendario republicano francés, el primer intento serio de calendario laico cuya implantación forzada por decreto en 1793 d.C. no tuvo demasiado éxito, pues fue derogado por Napoleón en 1806. Muy diferente fue el caso del sistema internacional de medidas, implantado por la misma época y que sí fue adoptado mayoritariamente en todo el mundo[52] y al que debemos la unidad fundamental de la magnitud física a la que llamamos tiempo: el segundo.

Ciclos galácticos

Igual que la gota no parece la unidad apropiada para medir la garrafa de aceite, el año terrestre tampoco es una unidad de medida adecuada para hablar con propiedad de los enormes períodos de tiempo que caracterizan al universo. Ya desde antiguo se han venido proponiendo referencias más amplias para entenderse mejor al hablar del tiempo cosmológico. Estas referencias siempre se han buscado en los eventos de ciclo largo dentro del sistema solar, como el zodiaco o la precesión de los equinocios, o sea, el movimiento de *trompo* del eje de giro de la Tierra, que tarda 25.776 años en hacer un bamboleo completo. Este dato es conocido ya desde la antigüedad, y Claudio Ptolomeo (100-170 d.C.) lo atribuye a Hiparco de Nicea (190-120 a.C.). Es normal encontrar en los escritos clásicos referencias a este ciclo como *año platónico*[53], quizás

---

[52] Mas detalles y algunas aplicaciones para las equivalencias de fechas en: http://www.fourmilab.ch/documents/calendar/

[53] En términos alquímicos también puede encontrarse como año perfecto, y en algunos manuscritos medievales de alquimia se puede ver que el valor estimado para su duración era de 15.000 años.

porque ya Platón habla en su *Política* de un concepto astronómico curioso e inexistente que mencionamos en la primera parte del libro, y que el de Atenas describía así:

> *El año perfecto de los antiguos, cuando los planetas, equilibradas sus velocidades, invierten su dirección y regresan al punto inicial de partida.*

Pero en cualquier caso, el efecto zodiacal de este fenómeno de la precesión de los equinoccios, es que la proyección de la línea imaginaria que une a la Tierra y al Sol al comienzo de la primavera, va recorriendo el zodiaco a lo largo de este ciclo, a razón, aproximadamente, de 50 segundos de arco al año. A principios de la era cristiana se encontraba en Aries, y ahora, algo más de 2.000 años más tarde, se encuentra en Piscis, pero muy cercano ya a Acuario.

Otro concepto cíclico más moderno para la referencia de grandes períodos es el año galáctico, también llamado año cósmico, que por analogía con el año solar o sidéreo, o sea, el tiempo que la Tierra tarda en dar una vuelta alrededor del sol, es el tiempo que el sol tarda en dar una vuelta completa al centro galáctico de la vía láctea y que está estimado entre 225 y 250 millones de años[54]. Se suele tomar como cero de esta escala el momento del encendido del sol, lo cual nos llevaría a que el sol ha recorrido desde entonces, aproximadamente, unos 20 ciclos o años galácticos, lo que, expresado en estas unidades de cuenta, ya no parece tanto tiempo, aunque lo es, ¡y vaya!

Días de descanso

No se puede discutir el origen ritual y el carácter sagrado de casi todos los calendarios que, al haber sido heredados de nuestras culturas antiguas, están fuertemente condicionados por el establecimiento de las efemérides religiosas correspondientes.

---

54 https://es.wikipedia.org/wiki/Año_galáctico

Es habitual que cada una de las grandes religiones se haya apoyado en el carácter especial de uno de los días de la semana, día que había de ser dedicado al descanso en honor al dios patrocinador del calendario en cuestión. En el caso de la religión judía, el día singular que se ha de consagrar a Dios y durante el cual se ha de descansar obligatoriamente es el sábado:

> *Acuérdate del sábado para santificarlo. Durante seis días trabajarás y harás todas tus faenas. Pero el séptimo, es día de descanso en honor del Señor, tu Dios. No harás en él trabajo alguno, ni tú, ni tus hijos, ni tus siervos, ni tu ganado, ni el forastero que reside contigo. Porque en seis días hizo el señor el cielo y la tierra, el mar y todo lo que contienen y el séptimo día descansó. Por ello bendijo el Señor el día del sábado y lo declaró santo. Éxodo 20, 8-11.*

Tanto en el calendario romano (*dies saturni*), como en el hebreo (*šabtaj*), el sábado estaba asociado al planeta Saturno. Cuando el cristianismo entró con fuerza en la escena de la historia, el nuevo día sagrado pasó a ser el domingo, el *dies solis* romano que pasó a llamarse *dominicus*, o día del Señor, quizás para matizar la componente pagana de su carácter originalmente solar. El domingo, o *dies solis*, era un día especialmente sagrado entre los días de la semana de la tradición *mitraica*, según el estudioso Franz Cumont[55]. De esta tradición puede provenir también la celebración del nacimiento de Cristo en el 25 de diciembre, que era la fecha en la que los devotos de la deidad Mitra, de carácter eminentemente solar, celebraban el nacimiento del sol. Y cuando algunos siglos más tarde el islamismo tomó cuerpo en Arabia, el día elegido como sagrado fue el viernes, el antiguo *dies veneris*, o día de Venus, lo cual quizás explica por qué este planeta figura, junto a la luna, en el emblema de las banderas de casi todos los países donde la religión musulmana es el culto oficial.

---

55 2003. Odom, Robert Leo. Sunday in Roman Paganism. Teach Services Inc.

Y no solo es en los días de la semana, donde podemos encontrar conexiones teológicas con las religiones antiguas. Nuestro reloj moderno con manecillas que giran sobre el fondo de una esfera, entiéndase esfera de dos dimensiones, o sea círculo, refleja la división horaria romana normalizada a nuestros usos actuales, pero nació y creció sin perder nunca la conexión con el zodiaco. En las tres manecillas, segundero, minutero y horario, se pueden ver aspectos de las tres ramas *astroteológicas* principales de la cultura, occidental, o quizás deberíamos decir en este caso de la cultura mediterránea. Los adoradores del sol, en su versión del dios egipcio Horus, están incluidos en la manecilla que marca la hora; los adoradores de la luna, Selene-Luna, en la que marca el minuto; los adoradores de las estrellas y planetas, en la que marca el segundo, quizás por Mercurio, que es el segundo planeta, y el que más rápido va en su órbita alrededor del sol.

Reloj de esfera y astro-teología

Manecilla	Astro	Dios en origen	Religión actual
Hora	Sol	Horus	Cristianismo
Minuto	Luna	Selene	Islam
Segundo	Planetas-Estrellas	Saturno El	Judaismo

Datación geológica

Un problema que incorpora un matiz distinto en lo relacionado con la medición del paso del tiempo y con la confección del calendario, es el de la datación de restos arqueológicos, paleontológicos o minerales que puedan ser significativos en algún área de la ciencia. La datación está, en primer lugar, condicionada por el concepto global de la edad del universo. Desde el punto de vista racional y científico, el origen de las dataciones estaría en el *Big Bang*, situado por la cosmología moderna a unos 13.700 millones de años en el pasado. Pero claro, si se acepta literalmente y en base a la fe un argumento de tipo bíblico, según el cual la edad del mundo es de algo más de seis mil años, difícilmente se podrá admitir la existencia de fósiles de hace millones de años de edad. Es más, se buscarán todo tipo de excusas, excepciones y justificaciones traídas por los pelos para aportar argumentos que pongan en duda la validez de todo el edificio científico de la datación[56] que, como veremos a continuación, es una materia interdisciplinar en la que la edad del objeto estudiado se ha de contrastar por diferentes métodos.

El tiempo profundo

En la edad moderna, las primeras pistas científicas que sugerían que la edad del universo no podía reducirse a unos pocos miles de años, vinieron de la geología. En 1778, tras años de detalladas observaciones en estratos geológicos, el escocés James Hutton, conocido como el padre de la geología moderna, propuso que la disposición de capas y la variedad de ángulos y formas de los niveles de roca visibles en algunas partes de la tierra, como Siccar Point, en su Escocia natal, no era algo estático que había sido creado de esa manera, sino una configuración dinámica que había pasado por muchos ciclos, y que solo era posible si la edad del planeta Tierra se alargaba hacia el pasado, no varios miles de años, como mandaba la

---

[56] http://www.creacionismo.net/genesis/Artículo/hechos-poco-conocidos-acerca-de-la-datación-radio-métrica

Biblia y habían apostillado Eusebio de Cesaréa, Maimónides y Ussher, sino al menos varios millones. Poco después William Smith realizaba estudios sistemáticos de estratigrafía basados en un análisis comparativo de los fósiles que contenían y llegaba a la conclusión de que cada capa correspondía a una edad geológica amplia. Estas edades, necesariamente, tenían que ser mucho más largas que los miles de años que les atribuía la cronología bíblica. Había nacido el concepto de tiempo geológico o *tiempo profundo*. Algunos años después, James Thompson, más conocido como Lord Kelvin, comprendió que si la Tierra era, al fin y al cabo, un cuerpo planetario más, y por tanto había pasado por los mismos procesos de formación por los que se estimaba que había pasado el resto de cuerpos de su clase, debía de haber estado completamente fundida durante el periodo más violento de la acreción[57]. Durante esa fase, el sistema solar era un verdadero infierno, un espacio superpoblado por múltiples cuerpos protoplanetarios de gran tamaño chocando colosalmente entre sí al entrecruzarse mientras competían por una órbita estable. Haciendo cálculos estimativos sobre la pérdida de calor necesaria para un enfriamiento que dejara una corteza como la que tenemos hoy, Lord Kelvin llegó a estimar para la edad de la Tierra un valor de entre veinte y cuarenta millones de años.

Poco más tarde se hicieron los primeros cálculos cronológicos basados en los procesos físicos de sedimentación, transporte y depósito de sales disueltas, cálculos que elevaron significativamente las estimaciones sobre edad de la Tierra hasta valores comprendidos entre los 100 y los 500 millones de años. Y finalmente el descubrimiento de la radiactividad y la medición de los periodos de semi-desintegración de algunos materiales, permitió a principios del siglo XX hacer unas

---

[57] Formación de grumos protoplanetarios en las etapas tempranas del sistema solar.

estimaciones cercanas a la que hoy se acepta como edad oficial del planeta Tierra, unos 4.500 millones de años.

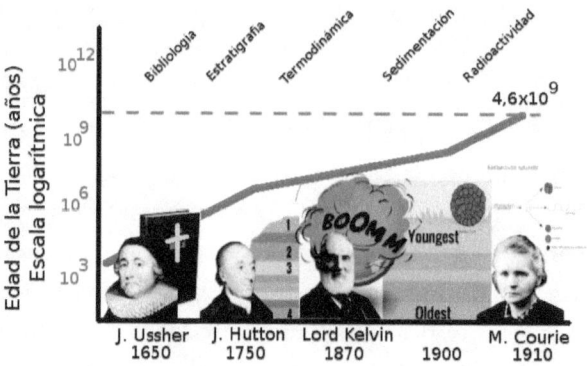

Datación radiométrica

Precisamente el hecho de que algunos elementos químicos contengan isótopos radiactivos se ha venido aprovechando desde principios del siglo XX para la determinación de la edad absoluta de los fósiles o de los minerales que los contienen. El proceso se conoce como desintegración radiactiva y es algo que, en mayor o menor medida, parece sufrir toda la materia del universo: la emisión espontánea de partículas atómicas: protones, neutrones o electrones. La característica que permite aprovechar este fenómeno para la datación absoluta es que la desintegración se produce a ritmo apreciable en algunos materiales, a los que se da propiamente el calificativo de *radiactivos*, y se da a velocidad constante e independiente de las condiciones ambientales. Esa velocidad se suele expresar en función de la vida media del material, y se conoce como *periodo de semi-desintegración radiactiva*, es decir, intervalo de tiempo que tarda en desintegrarse la mitad de la cantidad de isótopos radiactivos de la muestra de material en cuestión.

Para ilustrar este apartado con un ejemplo, consideremos el caso del carbono 14, que notaremos como C^{14}. Se trata de un isótopo radiactivo del mineral carbono que se forma naturalmente, por acción de los rayos cósmicos, en las capas altas de la atmósfera terrestre y que después se distribuye de forma uniforme por todo el planeta gracias a la circulación atmosférica. Se sabe que la proporción de este isótopo respecto a la del isótopo estable C^{12} se ha mantenido constante a lo largo de un gran periodo de tiempo a escala geológica. Durante el proceso de fotosíntesis (absorción de CO_2), mientras la planta vive, la celulosa que va construyendo día a día conserva la misma relación entre C^{14} y C^{12} que hay en la atmósfera. Pero al morir la planta, la fotosíntesis cesa, mientras que la desintegración radiactiva del isótopo C^{14} continúa, lo que, desde ese momento, modifica la proporción respecto al isótopo estable. La experiencia y la medición de laboratorio han permitido demostrar que la desintegración radiactiva sigue una ley exponencial que se puede expresar de la siguiente forma:

$$C_t = C_0 e^{-\lambda t}$$

Donde:

C_t : Cantidad de isótopo radiactivo en un instante t

C_0 : Cantidad de isótopo radiactivo en el instante inicial

λ : Velocidad de desintegración

t: Tiempo

e: Base de los logaritmos naturales 2,7182...

Supongamos que llamamos t^s al tiempo de semi-desintegración, es decir ese en el que la cantidad de material radiactivo que queda es la mitad del original, o sea:

$$C_{(t^s)} = \frac{1}{2} C_0$$

Si sustituimos en la ecuación de la ley de desintegración nos queda:

$$\frac{1}{2}C_0 = C_0 e^{-\lambda t^s}$$

Eliminamos C_0 en ambos lados:

$$\frac{1}{2} = e^{-\lambda t^s}$$

O lo que es lo mismo:

$$\frac{1}{2} = \frac{1}{e^{\lambda t^s}}$$

O sea:

$$2 = e^{(\lambda t^s)}$$

Tomando logaritmos neperianos en ambos miembros:

$$\ln 2 = \ln\left(e^{\lambda t^s}\right)$$

El logaritmo de la base elevada a algo es ese algo:

$$\ln 2 = \lambda t^s$$

Por tanto:

$$t^s = \frac{\ln 2}{\lambda}$$

En el caso del C^{14}, las medidas de laboratorio confirman que su vida media o periodo de semi-desintegración es de 5.730 años, lo que quiere decir que:

$$\lambda = \frac{\ln 2}{5730} = 1,2 * 10^{-4} \, con\, t\, expresado\, en\, años$$

Con estos datos podemos ver cómo sería un caso real de datación radiométrica. Imaginemos que se han encontrado unas maderas en cierta excavación arqueológica y se quiere datar la época de vida del árbol. Para ello se ha medido la relación entre los isótopos C^{14} y C^{12}, que resulta ser:

$$\frac{C^{14}}{C^{12}}=C_t=0{,}194$$

¿Cuándo murió[58] el árbol del que se sacó esa madera?

Solución:

El dato porcentual del contenido de isótopo radiactivo en el momento presente está referido al momento inicial, es decir, a cuando estaba vivo y haciendo regularmente su fotosíntesis. Por tanto, según la ley de desintegración radiactiva antes vista:

$$C_t=C_0 e^{-\lambda t}$$

Resulta que sabemos que:

$$\frac{C_t}{C_0}=e^{-\lambda t}=0{,}194$$

$$e^{-\lambda t}=0{,}194$$

$$\frac{1}{e^{\lambda t}}=0{,}194$$

$$\frac{1}{0{,}194}=e^{\lambda t}$$

Tomamos logaritmos neperianos:

$$\lambda t=\ln(5{,}155)$$

Y como ya sabíamos que:

$$\lambda=\frac{\ln 2}{5730}=1{,}2*10^{-4} \, cont \, en \, años$$

Resulta:

---

58 En realidad estamos preguntando cuándo cesó la fotosíntesis, ya sea porque se cortó o porque murió por otra causa.

$$t = \frac{\ln 5,155}{\lambda} = \frac{1640}{1,2*10^{-4}} = 13.666 \, años$$

La madera del árbol estudiado dejó de hacer la fotosíntesis, es decir, murió, hace 13.666 años.

Hay que tener en cuenta que la datación radiométrica basada en el C^{14} solo será fiable cuando se refiera a periodos de tiempo geológicamente recientes, típicamente de unos pocos miles de años. En esos márgenes se tiene certeza de que la proporción atmosférica entre los isótopos C^{14} y C^{12} se ha mantenido relativamente constante. Según la opinión de algunos expertos, más allá de unos 50.000 años hacia el pasado las dataciones radiométricas basadas en el carbono ya no son fiables.

Para la datación de fósiles que se refiera a periodos geológicos más amplios, que abarcan millones de años, se recurre a métodos que tienen la misma base teórica que el expuesto, pero que se refieren a isótopos radiactivos de otros elementos más duraderos. Todos estos métodos radiométricos, sea cual sea la relación de isótopos en la que se fundamentan, tienen sus limitaciones de precisión y con todos se han de tomar precauciones y hacer comprobaciones paralelas a la hora de dar por bueno cualquier resultado. Por ejemplo, la datación basada en la relación de isótopos potasio/argón es bastante fiable, pero solo para fósiles provenientes de yacimientos que hayan sido sepultados por erupciones volcánicas, y aún así, tiene un margen de error del 10%. La edad de la Tierra, según se acepta hoy mayoritariamente por parte de la ciencia, es de unos 4.470 millones de años ± 1%, y ha sido estimada usando métodos radiométricos, en este caso referidos al decaimiento radiactivo de los isótopos hafnio 182 y tungsteno 182. La cifra ha sido contrastada y validada con los datos radiométricos obtenidos de meteoritos y rocas lunares traídas por las misiones Apolo.

La Tierra es, por tanto, un millón de veces más vieja de lo que había estimado el buen arzobispo Ussher a través de su análisis bíblico, lo cual, dicho sea de paso, ha servido a algunos creacionistas modernos para decir que, si atendiendo a cierto pasaje de las cartas de Pedro, se considera que el día bíblico equivale a un millar de años[59], las Sagradas Escrituras estaban en lo cierto y solo habían sido mal interpretadas por el lector apresurado.

Datación cosmológica

Pero desde la determinación de la edad de la Tierra, o de la edad de la Luna, cuerpos de los que existe material disponible para estudiar, hasta la datación del universo en su conjunto va un gran trecho. Y no es posible pedir a la radiometría que nos informe de su edad de ninguna manera, pues no hay forma de conseguir, digamos, un trozo de material de la galaxia de Andrómeda para estudiarlo en laboratorio. La información que iba a proporcionar el dato que hoy se da por bueno sobre la edad del universo en su conjunto vino de las observaciones astronómicas de galaxias distantes. En los años 1920, Edwin Hubble comprobó que al análisis espectral de la luz proveniente de estas galaxias presentaba un desplazamiento sistemático al rojo, lo que se ha venido a interpretar como un signo de que el universo está en expansión, si bien esto no significa que las galaxias se estén moviendo relativamente unas respecto a las otras contra el fondo fijo del cosmos, sino que se están separando porque el propio tejido del cosmos se está dilatando. De aquí se deduce que en el pasado todas las galaxias debieron estar más cerca. Y en el origen debió de haber un momento en el que toda la materia que compone el universo estuvo muy junta. En aquellos años finales de la década de 1920, existían

---

[59] 2 Pedro 3:8 "Una cosa, queridos, no se os ha de ocultar: que un día es para el Señor como mil años, y mil años como un día"

dos teorías cosmológicas: la del estado estacionario, que postulaba un universo estático sin principio ni fin, y la de la expansión cósmica, que postulaba un universo en crecimiento dinámico.

Las observaciones de Hubble supusieron un fuerte respaldo a la expansión cósmica y aunque al principio hubo cierta resistencia a aceptar la idea de un universo en expansión, entre otros la del propio Einstein, hoy, después de la acumulación de nuevas evidencias observacionales, como la del fondo de radiación de microondas, se trata de la teoría que cuenta con el apoyo de la práctica totalidad de la comunidad científica, si bien hay aún muchos detalles de esta teoría que despiertan gran controversia, como el de la inflación.

En cualquier caso, el nombre que ha cuajado para denominar al supuesto instante inicial de nuestro universo es el de gran explosión o *Big Bang*. Pero este nombre no empezó a extenderse entre los círculos científicos hasta que el astrónomo Fred Hoyle*, uno de los partidarios de la teoría contraria a la expansión, es decir, la del estado estacionario, lo usó con tono irónico en un programa de radio emitido por la cadena BBC en la década de 1950. Así pues no sería exagerado decir que Hoyle, quién por cierto, se mantuvo siempre firme, hasta donde yo sé, en contra de la teoría del *Big Bang*, hablaba irónicamente de un *gran petardazo* y no de una gran explosión. El análisis espectral de la luz proveniente de esas galaxias lejanas ha revelado que ese momento de la gran explosión debió de ocurrir hace aproximadamente unos 13.700 millones de años, cifra que hoy por hoy, y a falta de nuevas evidencias, se da por buena como la edad aproximada del universo. En capítulos posteriores, cuando hablemos de cosmología y tiempo, examinaremos con más detalle la ley de Hubble y enredaremos con sus ecuaciones para obtener la cronología de algunos momentos clave de la historia del cosmos.

La memoria de los árboles

Hemos visto que tanto la datación geológica como la radiométrica, pese a sus virtudes, tienen un techo de precisión máxima y que sus resultados deben considerarse siempre incluyendo ciertos márgenes de error. Por eso, cuando se trata de la datación de un fósil o de un yacimiento arqueológico o paleontológico, lo habitual es usar varios métodos diferentes y contrastar los resultados para comprobar que son coherentes. Un componente fundamental en la datación científica contrastada, referida a periodos relativamente recientes de la historia, es la información que proporcionan las secciones de troncos de árboles. El estudio de la cronología según los anillos de las secciones de árboles se llama *dendro-cronología*. Y así es como funciona.

Si se toma la sección transversal del tronco de un árbol, uno se da cuenta en seguida de que está formada por anillos de crecimiento y de que la parte viva es una delgada corona formada solo por los anillos de las zonas más exteriores y cercanas a la corteza. El resto es tejido no activo, muerto o simplemente lo que llamamos madera. Si consideramos un año determinado de la vida del árbol, su crecimiento, es decir, el intercambio de materiales y nutrientes con el suelo y la atmósfera, está ocurriendo sólo en esta zona viva de la parte exterior. Por eso el árbol puede ser visto como un archivo creciente, compuesto por informes anuales, que son los anillos, que nos pueden dar el contenido de C^{14} que estaba presente en la atmósfera en cada año de su periodo de desarrollo. Si se trata de un árbol particularmente longevo, un solo ejemplar nos puede suministrar información sobre el contenido de C^{14} en la atmósfera a lo largo de periodos de tiempo que sobrepasan los cinco siglos y dado que la desintegración radiactiva ocurre durante toda la vida del árbol, el C^{14} de las partes interiores, o muertas, será menor que el de las zonas exteriores. Además, si se eligen árboles como el roble, que crecen en climas templados[60] con veranos e inviernos bien distinguibles, se puede tener la certeza absoluta de que cada anillo corresponde a un año de crecimiento y entonces, calcular la edad del árbol es tan sencillo como contar el número de anillos desde el centro hasta la corteza. La datación por este método se aprovecha del hecho de que el contenido de C^{14} en un año en particular, es el mismo en todos los seres vivos, pues todos participan de la cadena alimenticia, que comienza precisamente en las plantas.

La dendro-cronología es la ciencia de la datación mediante el estudio de los anillos de los árboles. Es un complemento excelente para el contraste de los resultados radiométricos.

Si ahora consideramos que todos los árboles que han crecido en el mismo ambiente, han pasado por los mismos años de crecimiento, algunos buenos y otros malos, podremos

---

[60] En el caso de árboles crecidos en climas tropicales, esto no es necesariamente así.

asegurar, sin miedo a equivocarnos, que los anillos anchos representan los años de abundancia y los estrechos los de escasez. De esta forma, el análisis de varias secciones de distintos árboles con diferentes edades y grosores, pero crecidos en el mismo medio, nos permite establecer una cronología amplia, que se puede dilatar todavía más si se analizan también secciones de árboles fósiles. De esta forma se han conseguido secuencias cronológicas muy fiables que penetran en el pasado hasta épocas arqueológicas (miles de años). Y así es como la *dendro-cronología* se ha convertido en un excelente complemento de la datación por radiocarbono, pues al informarnos con gran precisión del contenido de C^{14} de cada año, podemos comparar este contenido con el de la muestra que se esté intentando datar y obtener el año con gran exactitud sin más que contar los anillos de las secciones del árbol. El gran trabajo conjunto de colaboración científica internacional[61] permite que hoy existan dendro-secuencias de hasta hace 12.800 años y que los propios científicos se refieran a la dendro-cronología como la segunda revolución en datación arqueológica.

La dendro-cronología ha arrojado luz sobre enigmas tan famosos, como el del manuscrito Voynich. Antes de los análisis realizados por el laboratorio de la Universidad de Arizona, en USA, existían varias hipótesis sobre el posible autor del manuscrito, desde el fraile inglés Roger Bacon, en el siglo XIII, hasta el propio librero Wilfred Voynich como falsificador ya en el siglo XX, pasando por el indiscutible genio de Leonardo da Vinci, en el siglo XV, o por el inclasificable mago isabelino John Dee, en el siglo XVI. Los resultados de los análisis realizados al pergamino del manuscrito tienen una fiabilidad del 95% y apuntan a que que el animal cuya piel sirvió para hacer ese material vivió entre los años 1404 y 1438. El dato es

---

[61] La Universidad de Sevilla, en España, cuenta con un gran prestigio internacional en este campo.

incompatible con todas las hipótesis de autoría que se manejaban y deja abierto este fascinante problema que seguirá, sin duda, ocupando durante muchos años a eruditos de todo el mundo.

He aquí los candidatos que se estimaban como mejor colocados en la carrera por la autoría del misterioso manuscrito Voynich. La dendrocronología ha demostrado, con apreciable certeza, que ninguno de ellos pudo escribirlo.

Física newtoniana y tiempo

> *Si he visto más lejos, es porque me he subido a hombros de gigantes.*
>
> Isaac Newton

Marco de referencia absoluto

Antes de la llegada de la teoría especial de la relatividad, la intervención del parámetro *tiempo* en cualquier modelo físico, estaba destinada simplemente a registrar la razón de cambio y la duración del resto de las magnitudes implicadas en el proceso. Esa razón de cambio permitía describir ajustadamente la historia del fenómeno,  y su expresión en la formulación matemática adecuada se perfeccionó con la introducción del cálculo diferencial por obra de Newton* y sobre todo por obra de Leibniz, especialmente en lo que se refiere al aspecto de la notación diferencial que todavía usamos hoy. En su obra ***Principios matemáticos de la filosofía natural,*** Newton no trabaja con notación diferencial, sino con demostraciones geométricas y su oscuro método de fluxiones, en el que no interviene para nada la formulación del tiempo. Fue casi sesenta años más tarde, en la obra de Leonhard Euler (1707-1783) sobre la dinámica de sólidos rígidos, cuando se encuentra por primera vez al tiempo formulado como una magnitud física mediante la letra t, en la fórmula:

$$dp = F\,dt$$

Es decir: la variación o diferencial de cantidad de movimiento dp, es igual al producto de la fuerza aplicada F, por el intervalo diferencial de tiempo durante el cual actúa dt. A partir de ese momento, el tiempo empieza aparecer notado como variable independiente y como magnitud escalar en la descripción de los procesos físicos que se estudian. Por ejemplo, si un vehículo se desplaza en línea recta a lo largo de una distancia s, empleando para ello un tiempo t, diremos que lo ha hecho con una velocidad media $\bar{v}$, que se calcula así:

$$\bar{v} = \frac{s}{t}$$

En este caso, la velocidad $\bar{v}$ es la razón de cambio temporal de la posición s de ese vehículo. Visto desde el ángulo recíproco, el tiempo puede usarse también para contar o acumular cantidades de otra magnitud que tenga una cierta duración. La formulación matemática equivalente en este caso es la de suma de cantidades agregadas por intervalos, que en notación diferencial corresponde a la integración. Por seguir con el ejemplo anterior, si el dato conocido es la velocidad del vehículo, podemos calcular el espacio recorrido s en un intervalo de tiempo t:

$$s = \bar{v}\,t$$

El tiempo en la física pre-relativista o newtoniana es el marco de referencia fijo respecto al cual describimos la evolución del resto de magnitudes físicas y luego contamos o acumulamos sus cantidades. En este sentido, el tiempo es todavía un ente *platonico-newtoniano* absoluto y universal, por lo que es posible la sincronización perfecta de relojes entre diferentes observadores, de forma que no hay ninguna ambigüedad a la hora de ubicar temporalmente los fenómenos, aunque se trate de observadores situados en sistemas de referencia distintos. La simultaneidad también es un concepto absoluto: si dos eventos son simultáneos para un observador, lo son para todos los demás observadores inerciales.

Segunda ley de Newton

La formulación de la segunda ley de Newton incorpora al tiempo como magnitud escalar, es decir solo de cuenta, no vectorial, no direccional, y permite la descripción cronográfica de un fenómeno, o sea el relato de su posición momentánea y el registro de la rapidez de su cambio, y lo hace con una exactitud que ha permitido al hombre enviar sondas espaciales a planetas distantes con errores despreciables en sus trayectorias. Tomemos, por ejemplo, el caso de la caída libre de un objeto[62] del tipo de una bola de boleo desde una altura determinada s, y consideremos la situación ideal en la que el aire no opone ninguna resistencia.

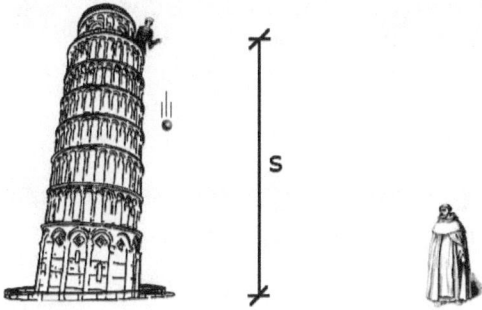

---

62 Lo que en física se denomina un sólido rígido, o sea un objeto cuyo movimiento está perfectamente representado por el movimiento de su centro de gravedad.

La segunda ley de Newton dice que la suma de todas las fuerzas que actúan sobre el objeto será igual al producto de su masa por su aceleración.

$$\sum F = ma$$

Y en este caso la única fuerza que actúa sobre esa bola que el experimentador renacentista ha dejado caer desde la torre de Pisa es la gravedad, que hoy sabemos que es el producto de su masa por la aceleración gravitatoria terrestre, cuyo valor es:

$$g = 9{,}81 \frac{m}{s^2}$$

Por tanto, usando la notación diferencial, y teniendo en cuenta que la aceleración es la variación de velocidad por unidad de tiempo, y que esta, a su vez, es la variación de la posición por unidad de tiempo, y que tanto m, como g son constantes, la segunda ley de Newton nos lleva a la ecuación:

$$mg = m\frac{dv}{dt}$$

La masa desaparece de ambos lados de la igualdad y nos queda la ecuación diferencial:

$$g = \frac{dv}{dt}$$

Ahora resolvamos esta ecuación diferencial mediante integración en dos fases. Despejamos:

$$g\,dt = dv$$

Integramos:

$$g \int dt = \int dv$$

$$g\,t = v$$

Y para la segunda fase, como $v = \dfrac{ds}{dt}$, resulta que:

$$gt=\frac{ds}{dt}$$

$$gt\,dt=ds$$

Y volviendo a integrar:

$$g\int t\,dt=\int ds$$

$$g\frac{t^2}{2}=s$$

O sea:

$$t=\sqrt{2\frac{s}{g}}$$

Es decir, si dejamos caer un objeto desde una altura de $981\,m$, el tiempo que tardará en alcanzar el suelo será de:

$$t=\sqrt{\frac{2*981}{9,81}}=\sqrt{200}=14,14\,s$$

Este es el papel del tiempo en la física pre-relativista, el de parámetro de referencia para la descripción de la evolución del resto de magnitudes implicadas en los fenómenos. Y no es un papel de poca importancia, pues casi se puede decir que en él se basa todo el proyecto de la física que sale de la revolución científica; explicar los movimientos de los sólidos de acuerdo a leyes que describen su evolución en el tiempo y su relación con las fuerzas que actúan y con las condiciones de contorno del sistema. Su formulación puede complicarse más o menos dependiendo de la complejidad de la ecuación diferencial resultante de la trayectoria y de las fuerzas que actúen, pero su esencia es inmutable y vista la solidez de los postulados de Newton, nada hacía previsible un cambio de concepción tan radical como el que iba a suponer la teoría de la relatividad especial.

La historia oculta del tiempo

Relatividad y tiempo

Si una sola de las conclusiones de la teoría de la relatividad resulta ser errada, tendremos que abandonarla, pues modificarla sin arruinar su estructura parece imposible. Mis ideas y opiniones.

Albert Einstein*

La idea de tiempo que se deriva del la teoría de la relatividad es, como cabía esperar de su nombre, la de un tiempo relativo que no puede separarse del concepto de materia y del de sus movimientos y cambios. Considerado en términos absolutos, sin relación a los procesos de cambio y a los movimientos, el tiempo relativista, y  especialmente el aspecto que llamamos flujo del tiempo, se desvanece; no significa nada. Después de más de dos siglos de dominio rotundo de la concepción absoluta, es decir, platónica y newtoniana del tiempo, la relatividad derriba este enfoque y propone que el tiempo es solo una propiedad de los procesos que tienen duración, lo que implica que la duración es a la dimensión temporal, lo que la extensión a las dimensiones espaciales. Esta propiedad llamada tiempo permite ordenar los eventos con relación antes-después, lo que nos aporta los conceptos de secuencia y simultaneidad, y desde el punto de vista termodinámico, que analizaremos en detalle más tarde, se caracteriza por una cierta orientación, puesto que los cambios y procesos ocurren en la dirección de la entropía creciente. Aristóteles y Leibniz resucitan con la relatividad y, a fecha de hoy, son claros vencedores del debate que arranca de la vieja polémica temporal Heráclito-Parménides.

El principio de relatividad, que no fue inventado por Einstein, sino que estaba asumido desde Galileo[63], hasta el punto de que en los libros de física suele venir referido como principio de relatividad *galileana*, dice que las leyes del movimiento son las mismas en todos los sistemas de referencia inerciales, que son los que están en reposo relativo o en movimiento lineal uniforme[64] relativo. No es inercial un sistema que está sometido a aceleración, incluyendo las trayectorias curvas, pues el movimiento circular, aunque sea a velocidad constante, conlleva aceleraciones tangenciales y normales. La aportación de Einstein fue añadir a este principio de relatividad la condición de que la velocidad de la luz, a la que habitualmente se nota como *c*, es constante siempre respecto al resto de sistemas de referencia inerciales que a uno se le puedan ocurrir.

La estimación de la velocidad de propagación de la luz era un problema que había preocupado a los físicos desde Galileo, quién ya planteó algunos experimentos rudimentarios para averiguarla, aunque por entonces existía la sospecha de que podía tratarse de una propagación instantánea, o sea, de velocidad infinita. En 1676, el astrónomo danés Ole Roemer había conseguido dar una primera estimación sensata de la velocidad de la luz, a través de la observación, en diferentes momentos del año terrestre, del ocultamiento y la posterior aparición de la luna Io tras la sombra de su planeta nodriza, Júpiter. El resultado era que la luz se propagaba a una velocidad extremadamente alta, pero finita.

---

[63] Ya vimos, con el ejemplo del barco que se aleja de la orilla, que Descartes todavía no lo aceptaba.

[64] No sometidos a aceleración, tampoco a las aceleraciones que provocaría un movimiento de velocidad constante, pero de traza curva.

Tras corregir errores de observación derivados del fenómeno de la aberración de la luz, en 1809 Jan Baptiste Delambre*, afinó esa medida a la cifra de 300.000 km/s, que es muy aproximada a la cifra oficial de hoy: 299.792,458 km/s[65]. Posteriormente, la deducción de las ecuaciones de Maxwell para el campo electromagnético y el hecho de que la luz parecía comportarse con los mismos patrones de interferencias que las ondas, llevó a los físicos a concluir que la luz debía de tener también la naturaleza de una perturbación electromagnética. Einstein estaba intrigado porque las ecuaciones de Maxwell, que describen el comportamiento del campo electromagnético, sugerían la existencia de una velocidad constante para las ondas electromagnéticas y él mismo ha relatado que se imaginaba viajando a la velocidad de los rayos de luz y contemplando el paisaje de esas ondas electromagnéticas, que en lógica pre-relativista deberían aparecer *paradas* delante de él.

Relatividad especial

Dando por descontado que estas ondas electromagnéticas necesitaban un medio material real en el que propagarse, muchos físicos de finales del siglo XIX empezaron a pensar en experimentos que demostraran la existencia de este medio, al que se solía conocer por el aristotélico nombre de éter[66]. Entre estos experimentos destaca el realizado por Michelson y

---

[65] Para información histórica sobre el cálculo de la velocidad de la luz, recomiendo el artículo De mora luminis, en la web: http://www.mathpages.com/rr/s3-03/3-03.htm

[66] Éter era como Aristóteles había denominado al material que componía todos los cuerpos incorruptibles situados en el mundo supra-lunar, o sea por encima de la órbita de la Luna.

Morley. El experimento estaba muy bien concebido y consistió básicamente en lanzar rayos de luz en la dirección de los paralelos terrestres, en cuyo caso se suponía que la velocidad de esos rayos debería incrementarse con la propia de traslación de la Tierra y además con la componente lineal de la velocidad de rotación. Otros rayos se lanzarían en dirección perpendicular a los anteriores, y para estos la velocidad no debería incrementarse, al no haber componente de traslación ni de rotación de la Tierra en ese sentido. Sin embargo el experimento no encontró ninguna diferencia entre las velocidades de propagación de la luz en las distintas direcciones. Así pues, después de elaborar y descartar muchos modelos del supuesto movimiento de arrastre del éter con la Tierra, la realidad era que no se habían encontrado pruebas de la existencia del éter, sino solo de la constancia de la velocidad de las ondas electromagnéticas con respecto a la fuente emisora.

Estos resultados dejaron confusa a gran parte de la comunidad científica, pero Einstein aplicó correctamente su fina intuición e interpretó que simplemente implicaban que las ecuaciones de Maxwell también eran leyes físicas que deberían cumplirse en cualquier sistema de referencia inercial, y por tanto el hecho de que $c=constante$, era algo que también aplicaba a todos los sistemas inerciales. Pensemos que una de las consecuencias que la física newtoniana preveía para un observador situado en un sistema inercial, por ejemplo en un tren en movimiento a velocidad constante con las persianas de las ventanillas bajadas, es que ese observador no tiene forma de saber si está en un sistema en movimiento uniforme o en un sistema en reposo. Antes de Einstein, la simple transformación de coordenadas entre dos sistemas inerciales en física *newto-galileana* daba como resultado que si un rayo de luz se movía con velocidad c en dirección contraria a la mía, y yo me movía con velocidad v, su velocidad relativa a mí, a la que llamaremos v' debería ser la suma de ambas[67], y en concreto:

$$v' = v + c$$

Einstein supo ver que si c no fuera constante para todos los observadores inerciales, ya estuvieran estáticos o en movimiento, entonces cualquiera de esos observadores, aunque lo metiésemos en un vagón con las ventanas cerradas, podría hacer un experimento equivalente al de Michelson-Morley y obtener la nueva velocidad de la luz por diferencia con la del tren. Si le saliera un valor distinto de c, ya sabría que está en movimiento uniforme y no en reposo, lo cual iría contra el postulado de que todos los observadores situados en sistemas inerciales son equivalentes, o sea, todos están en pie de igualdad para estudiar y descubrir las leyes de la naturaleza, todas, no solo las mecánicas, sino también las del campo electromagnético. Concretando, ningún observador inercial encerrado en un vagón sin contacto visual con el exterior debe ser capaz detectar si se está moviendo o no. Si lo detecta, solo podrá hacerlo porque siente los efectos de alguna aceleración y entonces ya no es un observador inercial. Esta idea de la independencia de la velocidad de la luz respecto a la fuente emisora y a los observadores, ya fuera en reposo o en movimiento uniforme, resolvía el problema. El observador del tren no podía usar el truco de la luz dentro del vagón para detectar si se estaba moviendo. Pero a la vez, esto obligaba a reformular el principio clásico de relatividad galileana y además tenía consecuencias asombrosas para la física newtoniana, pues las viejas concepciones de tiempo absoluto y reposo absoluto se venían abajo. Para explicarlo, Einstein propuso algunos experimentos mentales, uno de los cuales, el del tren de espejos paralelos, voy a usar aquí para analizar las consecuencias

---

[67] Entiéndase suma con el signo correspondiente, si los sentidos son opuestos se sumarían, si son coincidentes, se restarían.

matemáticas que se derivan de aceptar los siguientes tres postulados de la teoría de la relatividad especial de Einstein:

1-Todas las leyes físicas son válidas y equivalentes en todos los sistemas inerciales

2-La velocidad de las ondas electromagnéticas es constante e independiente respecto a la fuente emisora y al movimiento del observador

3-Se acepta que el espacio es isótropo y homogéneo, o sea las leyes de la física valen aquí y en el otro lado del universo, y funcionan igual en cualquier dirección del espacio; mientras que del tiempo, que va a ser tratado como una dimensión más, no podemos hacer una afirmación tan rotunda y nos tenemos que conformar con afirmar la homogeneidad, es decir, las leyes de la física son las mismas ahora que en cualquier otro momento de la historia, pero hay que admitir la anisotropía, o sea, no es lo mismo la dirección hacia el futuro que hacia el pasado, en el sentido que marca el principio de causalidad: a saber: las causas siempre precederán a los efectos. Esto equivale a decir que hay una dirección privilegiada de la dimensión temporal que apunta desde el presente hacia el futuro.

Transformación de Lorentz

Einstein desarrolló los detalles físicos de su teoría especial de la relatividad apoyándose, principal pero no exclusivamente, en los trabajos previos[68] de Henri Poincaré* y de Hendrik Lorentz. Consideremos un vehículo muy simple formado por dos espejos paralelos separados una distancia d. El vehículo se mueve a

[68] https://es.wikipedia.org/wiki/Historia_de_la_relatividad_especial

lo largo de una línea recta a velocidad v. Consideremos también un observador estático y otro a bordo del vehículo. Examinemos dos instantes de este movimiento: el inicial y uno genérico al cabo de un tiempo t, según lo mide el observador estático y supongamos que el fenómeno que marca esos instantes es la emisión de un rayo de luz, a su velocidad habitualmente notada como c, desde el espejo inferior hasta el espejo superior. Podríamos dibujar un esquema de la situación y de la forma en la que la ven ambos observadores, que quedaría así:

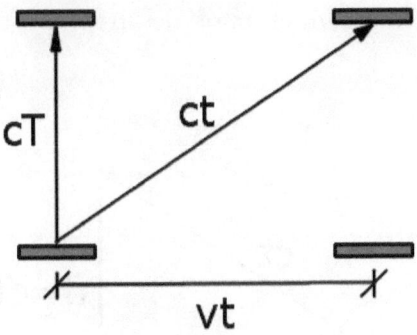

Lo que ve el observador estático situado en el andén es que el tren recorre un espacio horizontal de valor vt, mientras que el rayo de luz recorre una trayectoria en ángulo que es la hipotenusa de un triángulo de valor ct. Por el contrario, el observador que va dentro del vagón contempla una situación en la que el rayo de luz sale del espejo inferior y llega al superior en trayectoria perfectamente vertical, sin ángulo. El planteamiento gráfico del problema pone en evidencia que:

$$ct \neq cT$$

Y si admitimos el principio de Einstein de que la constancia de la velocidad de la luz es una ley física en pie de igualdad con el resto de las leyes físicas para sistemas inerciales, no queda más remedio que admitir también que:

$$t \neq T$$

¡Sorprendente! El tiempo medido por el reloj del observador del andén t, es diferente del que ha medido el reloj del observador que va dentro del vagón T. Considerando el triángulo rectángulo que se forma y aplicando el teorema de Pitágoras, podremos sacar conclusiones válidas sobre la diferente forma en la que esos dos relojes miden el tiempo transcurrido. Por simplicidad a la hora de operar, y recordando que d era la distancia fija a la que están situados los dos espejos que configuran el reloj del tren, o sea $d=cT$, resulta:

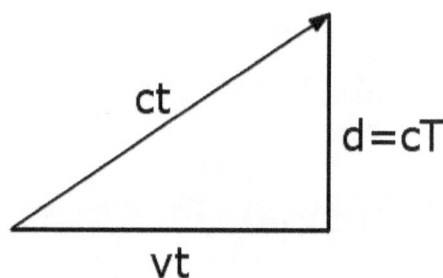

Aplicamos el teorema de Pitágoras:

$$(ct)^2=(vt)^2+d^2$$

Ordenamos y sacamos factor común:

$$t^2(c^2-v^2)=d^2$$

Despejamos:

$$t=\sqrt{\frac{d^2}{(c^2-v^2)}}$$

Luego el tiempo medido por el observador del andén es:

$$t=\frac{d}{\sqrt{(c^2-v^2)}}$$

Mientras que el tiempo medido por el observador del tren es simplemente:

$$T=\frac{d}{c}$$

Si calculamos la relación entre ambos tiempos tenemos:

$$\frac{T}{t}=\frac{\dfrac{d}{c}}{\dfrac{d}{\sqrt{c^2-v^2}}}$$

Es decir:

$$\frac{T}{t}=\frac{\sqrt{(c^2-v^2)}}{c}$$

Para operar más cómodamente, diremos:

$$\frac{T}{t}=\frac{\sqrt{(c^2-v^2)}}{\sqrt{c^2}} \quad \text{Y así:} \quad \frac{T}{t}=\sqrt{1-\frac{v^2}{c^2}}$$

Si notamos con la letra griega gamma γ al cociente entre el tiempo medido por el observador del andén (estático) y el medido por el observador montado en el tren (tiempo propio):

$$\gamma=\frac{t}{T}$$

Y sustituimos en la ecuación anterior, tendremos:

$$\gamma=\frac{1}{\sqrt{1-\dfrac{v^2}{c^2}}}$$

Y ahora podemos dibujar una gráfica que nos representará la variación de este parámetro respecto a la velocidad del tren. Está claro que cuando el tren esté parado $v=0$ y, por tanto $\gamma=1$. También es obvio que cuando $v=c$, el valor de γ se dispara al infinito, puesto que:

$$\gamma = \frac{1}{\sqrt{1-\frac{c^2}{c^2}}} \quad \gamma = \frac{1}{0} \to \infty$$

Y he aquí una muestra de los valores intermedios tabulados:

v	γ
0	1
0,1c	1,005
0.5c	1,154
0.75c	1,511
0,90c	2,294
0.99c	7,088
0,999c	22,366
0,9999c	70,712
0,99999c	707,106
c	∞

Podemos ver que la evolución del parámetro γ, que es la relación entre el tiempo visto desde el andén y el tiempo visto desde dentro del tren, es muy peculiar. Cuando la velocidad del tren es baja comparada con la de la luz, el efecto apenas se nota, pero cuando esta velocidad v crece y se acerca al valor c, el efecto va cobrando importancia, hasta provocar diferencias enormes entre los tiempos observados por ambos relojes. Si representamos gráficamente esta variación tendríamos algo parecido a la siguiente figura:

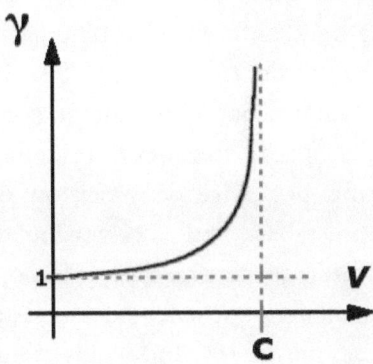

Este parámetro γ es el que relaciona los valores del transcurso del tiempo y de las medidas espaciales que experimenta cada uno de los observadores respecto al otro o, en otras palabras, nos da la medida de la contracción espacio-temporal que sufre el sistema de referencia móvil respecto al fijo. Hemos hecho un desarrollo muy simple de lo que, a nivel general, se podría llamar transformación de Lorentz[69].

Ralentización del transcurso temporal para los objetos en movimiento

Conforme la velocidad del tren vaya creciendo, el transcurso del tiempo que mide el observador del tren se ralentizará respecto al que ha quedado estático en el andén. Este efecto apenas se notará a velocidades del tren bajas, pero sería importantísimo a velocidades próximas a la de la luz. La forma habitual de expresar esta circunstancia es que el tiempo experimentado por el observador en movimiento se ralentiza

---

[69] Se puede comprobar que la antes vista transformación de Galileo no es más que un caso particular de la de Lorentz, con $c=\infty$

respecto al que mide el observador estático, y lo hace en razón a la expresión que hemos calculado para el parámetro γ : mientras pasa un minuto en el tren, pasarán varios en el andén.

La teoría de la relatividad introdujo un problema cuya resolución sigue pendiente. Es el problema de las limitaciones del lenguaje al hablar del tiempo, que llena de confusión todas las discusiones. Leemos que el tiempo se contrae para unos, se dilata para otros, pasa más deprisa o más despacio, y el embrollo aumenta por falta de precisión de un léxico que, simplemente, no estaba dotado del vocabulario necesario para tratar con un mundo relativista. Para evitarlo, y aunque no está claro, ni mucho menos, que tales cosas existan materialmente, voy a establecer partir de ahora los siguientes convenios temporales, que procuraré respetar escrupulosamente a partir de este capítulo:

El **nido de águilas**. En contra de lo que propone la teoría de la relatividad, definiremos esta ubicación como privilegiada, en el sentido de que los resultados de nuestros experimentos considerarán que el observador situado en el nido de águilas del espacio interestelar está estático, en reposo. Ese será nuestro observador estático de referencia. Esto es mentira. No hay nada estático de forma absoluta en el universo. Se trata simplemente de un convenio para facilitar la intuición de los resultados relativistas, al forzarnos a compararlos siempre con el mismo estado de referencia, y para poder entendernos cuando hable de los conceptos que vienen ahora.

El **transcurso**. Llamaré así a algo que puede escandalizar a muchos, que es la *velocidad de paso del tiempo* del observador móvil respecto a la del observador situado en el nido de águilas cuyo transcurso será 1, por convenio: 1 segundo por segundo o 1 año por año. No se debería hablar de velocidad de paso del tiempo, porque eso implica que el tiempo fluye, y la relatividad desacredita esta afirmación. Pero lo cierto es que una forma de ver el resultado final de los efectos relativistas del movimiento, es que, partiendo de un mismo evento inicial y llegando a un mismo evento final, el tiempo para el observador móvil pasa más despacio que para el fijo. Por tanto si introduzco este dato como concepto relativo y lo llamo *transcurso*, nos será útil para entendernos mejor. El transcurso para el observador en movimiento será siempre menor que para el observador estático del nido de águilas. Así, nos encontraremos con 0,5 años por año del nido de águilas, que notaré como *0,5 años/año n.a.* Insisto: hay que dejar bien claro que la teoría de la relatividad no soporta esta idea de que el tiempo fluya, sino más bien al contrario. Pero intuitivamente el *transcurso* nos sirve para comprender este aspecto tan novedoso del aplastamiento de la dimensión temporal, entendiendo que es un fenómeno relativo y local, referido al denominado tiempo propio del observador móvil, que nosotros compararemos con el del nido de águilas.

La **duración**. Si consideramos un ciclo completo en cualquier experimento relativista, como el experimento del vagón que venimos describiendo, y nos preguntamos por su *duración*, de principio a fin, comprenderemos que, efectivamente, esta pregunta tendrá dos respuestas. Si el vagón parte desde el nido de águilas, realiza un viaje a alta velocidad y vuelve al nido de águilas, la duración medida por el reloj del vagón no será la misma que la medida por el reloj del nido de águilas. La duración para el observador en movimiento, dentro del vagón, será la acumulación de su tiempo propio entre los instantes de partida y de llegada. Como entre esos instantes, su *transcurso* ha sido menor que el transcurso del observador que quedó en el nido de águilas, la duración para el observador del vagón habrá sido menor que la duración para el observador del nido de águilas. En el encuentro final tras la vuelta, ambos coincidirán en el mismo evento espacio-temporal, pero habrán recorrido trayectorias espacio-temporales, muy diferentes.

El lector ya habrá comprendido que el nido de águilas me sirve para *absolutizar* de manera artificial todo lo que realmente son conceptos temporales relativos, referidos al observador. Con este truco que, insisto, no responde a la realidad profunda del universo relativista, espero que el lector no familiarizado con el tema capte mejor los conceptos de deformación relativa de la dimensión temporal y confío en que la artimaña sirva para aclarar ideas cuando la comprensión se nuble. A partir de ahora cuando hablemos de *transcurso propio*, nos referiremos al transcurso del tiempo en el sistema de referencia del observador móvil, relativo al transcurso en el nido de águilas. Cuando hablemos de *duración*, sin más, nos referiremos a la duración experimentada en el nido de águilas, y cuando hablemos de *duración propia* nos referiremos a la experimentada por el observador móvil. Todos nuestros experimentos mentales y problemas relativistas de movimiento comenzarán en el nido de águilas y tendrán como data de inicio el instante cero.

Contracción espacial de los objetos en movimiento

Pero si hemos anunciado repetidamente que una de las consecuencias de las teorías de Einstein era la fusión de espacio y tiempo en una sola entidad al que se denomina espacio-tiempo, no nos debería extrañar que este efecto de aplastamiento no ocurra solamente a la dimensión temporal de esta nueva entidad, sino a toda la entidad en su conjunto. El espacio también se aplasta[70] ante un objeto en movimiento, y lo hace en la misma razón del parámetro γ. En efecto: volviendo al gráfico del comienzo del tema, vemos que el espacio medido por el observador del andén es vt, mientras que el que mide el observador que va montado en el tren es

---

70 En definitiva, la contracción ocurre en toda la nueva entidad denominada espacio-tiempo, que también podría haberse llamado tiempo-espacio.

vT. La relación entre ambos es, precisamente, el parámetro γ :

$$\frac{vt}{vT}=\frac{t}{T}=\gamma$$

Pero pasemos ya a la práctica y veamos mediante un ejemplo las consecuencias de todas estas conclusiones relativistas. Nuestro vagón va a convertirse en una nave espacial de altas prestaciones que hace un viaje de ida y vuelta desde el nido de águilas hasta la estrella Sirio, situada a *9 años-luz*. La nave viaja al 90% de la velocidad de la luz y se quiere saber el tiempo que tardará en hacer el viaje de ida y vuelta, o sea, la *duración*, que ya sabemos que será la que mide un observador que se queda en el nido de águilas esperando, y la *duración propia*, medida por el reloj del observador de la nave. Desde el punto de vista del observador estático que se queda en el nido de águilas, el problema es el de un vehículo que recorre la distancia *9alz* a la velocidad *0,9c*. Este observador simplemente medirá el tiempo dado por el cociente entre la distancia salvada y la velocidad a la que se ha recorrido. Para el viaje de ida su reloj marcaría:

$$t=\frac{s}{v}=\frac{9\,años*c}{0,9\,c}=10\,años$$

Y otros tantos para el viaje de vuelta, nos darían un total de 20 años, que son los que mediría el observador estático que se ha quedado en el nido de águilas. El observador que ha viajado dentro de la nave ha experimentado la contracción del espacio-tiempo. La distancia que ha tenido que recorrer en cada uno de los trayectos de ida y vuelta no es de *9alz*, sino:

$$\frac{9}{\gamma}=\frac{9}{\sqrt{1-\frac{(0,9c)^2}{c^2}}}=\frac{9}{2,294}=3,923\,alz$$

Que a una velocidad de *0,9c* le llevará una *duración propia* de:

$$\frac{3,923}{0,9c} = 4,359 \, años$$

Por tanto, la solución a nuestro problema en términos de duraciones, transcursos y distancias recorridas es la siguiente:

Duración	
Nido de águilas	10*2=20 años
Nave (duración propia)	4,359*2=8,718 años

Los *transcursos* han sido los siguientes:

Transcurso	
Nido de águilas	1 año/año (referencia)
Nave (transcurso propio)	8,718/20=0,4359 años/año n.a.

Y las distancias recorridas que ha medido cada observador son:

Distancia	
Nido de águilas	9*2=18 alz
Nave (distancia propia)	3,923*2=7,846 alz

La experiencia del pasajero de la nave espacial, le dice que ha estado viajando solo *8,718 años* pero al regresar se encuentra que en el nido de águilas han pasado *20 años*, por lo que el observador móvil podría decir, de forma harto imprecisa, claro, que ha viajado *al futuro*. La realidad es que ha viajado al futuro del observador del nido de águilas, no al suyo propio y está claro que esta forma de hablar es demasiado relajada en relatividad. Es mejor decir que los eventos marcados por **a**: la partida de la nave y **b**: el regreso de la nave al nido de águilas son los mismos para los dos observadores, pero la nave ha recorrido una trayectoria espacio-temporal muy diferente a la del nido de águilas entre esos dos eventos, una trayectoria que le ha supuesto un *transcurso* y una *duración propia* menores. Si se piensa en términos de espacio-tiempo como un todo, la explicación es que la geometría completa, incluyendo el tiempo, entre ambos eventos, se contrae para el observador móvil, y lo hace en la dirección del movimiento, de forma que la distancia a recorrer se reduce y la duración también.

Factor de curvatura espacio-temporal

Considerando todo lo anterior, y considerando también su carácter de número adimensional, no sería inapropiado llamar *factor de curvatura* al parámetro γ, en el sentido de que nos indica cuanto se *aplasta* el tejido del espacio-tiempo para el observador móvil, entendiendo que esa curvatura es un colapso del continuo espacio-temporal en el sentido del movimiento. Sin embargo este factor de curvatura γ, al que puede que se refieran en algunas películas de ciencia-ficción cuando dicen que van a hacer un viaje a *warp 4*, o a *warp 9*, se llama oficialmente *factor de Lorentz*, y nos revela que ese tipo de viajes, si fueran posibles, tendrían consecuencias indeseables para los grandes desplazamientos interestelares.

Si hablamos solo en términos teóricos de la geometría espacio-temporal de la teoría de la relatividad, es decir sin tener en cuenta por ahora la imposibilidad de acelerar masas a tamañas velocidades, resulta que en los viajes muy rápidos a las estrellas a velocidades próximas a *c*, la estructura del continuo se aplasta ante nosotros. Pero ese aplastamiento, o curvatura, o deformación, o colapso también incluye a la dimensión del continuo que llamamos tiempo y terminamos llegando, no exactamente a nuestro destino espacial, sino a su futuro remotísimo lo cual, puede ser desastroso para cualquier reunión de negocios, o para cualquier cita romántica con una alienígena de piel verde y cabello rojizo.

Pero el gran problema de fondo que la relatividad plantea a la práctica de los viajes espaciales interestelares a gran velocidad no es solo que este inevitable desplazamiento al futuro estropee la posibilidad de citas amorosas y almuerzos de trabajo. Es que la propia masa del objeto en movimiento crece con el mismo factor de Lorentz γ, de modo que el incremento de inercia hace que se vuelva sencillamente imposible alcanzar velocidades significativamente parecidas a la de la luz para un objeto con masa, aunque se trate de una simple miga de pan. De hecho, este fenómeno real del aumento de la masa con la velocidad según el parámetro γ, se puede ver como una reacción del propio continuo espacio-temporal contra la ganancia de velocidad, o también, como si la masa ganada fuera responsable de la curvatura o aplastamiento local del tejido. Al tratar el tema de la teoría de la relatividad general, veremos que todo lo que hemos hablado hasta ahora sobre geometría no es más que un mero adelanto.

El viaje a velocidad sublumínica, o sea con elevado factor de Lorentz "γ", conlleva contracción del espacio y del tiempo. Tu duración será breve respecto a la de tu novia del nido de águilas, pero llegarás al destino en su futuro remotísimo.

La paradoja de los gemelos

El cálculo del ejemplo anterior nos arrojó un total de 8,718 años para la trayectoria de ida y vuelta del observador móvil, frente a los 20 años del observador estático del nido de águilas. Este ejemplo sirve para ilustrar bien lo que en los libros de divulgación científica se suele denominar la *paradoja de los gemelos*, que se plantea cuando consideramos que, al estar ambos observadores en pie de igualdad y al ser los dos sistemas inerciales, el observador móvil también puede reivindicar que el que se está moviendo no es él, sino el resto del universo, nido de águilas incluido, y que por tanto el *transcurso* que debería haber disminuido y el continuo que se debería haber aplastado no es el suyo, sino el del nido de águilas.

Einstein resolvió esta paradoja alegando que la clave era distinguir cuál de los dos estaba dotado de movimiento real. Si el observador móvil quiere volver a encontrarse con su hermano estático, la realidad es que tendrá que frenar y dar la vuelta, es decir, tendrá que someter su nave a fuerzas que harán que su sistema de referencia decelere y deje de ser inercial, y por tanto los principios de la relatividad especial ya no aplicarán. Y será durante esas acciones de las fuerzas de frenado y cambio de dirección[71] cuando se produzca el desajuste de los relojes. Por tanto no es la mera velocidad la que causa desajuste de relojes y colapsos espacio-temporales, sino las aceleraciones y frenadas que hay que emplear para alcanzarla. La contracción espacio-temporal no es, en última instancia, cosa de velocidades, sino de aceleraciones, y por consiguiente, de las masas que sufren esas aceleraciones. El hermano viajero, el que ha tenido que acelerar linealmente para ganar velocidad, acelerar tangencialmente para girar y cambiar el sentido de su

---

[71] En seguida veremos como en su teoría general de la relatividad, Einstein demostró que, para un observador convenientemente aislado en un ascensor, como antes lo estaba nuestro viajero del tren, las fuerzas de aceleración son indistinguibles de las fuerzas de gravedad.

marcha y frenar a la vuelta para detenerse, es el que ha sufrido los efectos relativistas de disminución del transcurso propio y por tanto es el que permanece más joven. Es evidente la dificultad que supondría preparar este experimento con seres humanos, pero en los aceleradores de partículas ya se ha comprobado experimentalmente que, en efecto, la vida de las partículas subatómicas que se aceleran a velocidades próximas a la de la luz, se incrementa respecto a lo esperable desde el nido de águilas del observador externo que está manipulando el acelerador. Y esto es solo una más de las evidencias que respaldan las asombrosas consecuencias que resultan de suponer válidos los axiomas de la teoría de la relatividad de Einstein.

Relatividad de la simultaneidad

Además de fundir el espacio y el tiempo en esta nueva entidad denominada espacio-tiempo, y de asignarle una cierta *deformabilidad (o rigidez)* a su estructura íntima, quizás la consecuencia más importante de la teoría de la relatividad especial, y la que da origen a su nombre, es el desvanecimiento del concepto newtoniano de simultaneidad absoluta universal. La simultaneidad, con los límites que impone el principio de causa y efecto, pasa a ser una cosa relativa a los observadores de los que estemos hablando. Dos eventos pueden ser simultáneos para el observador en el tren, o en la nave, y sin embargo no serlo para el observador estático que se ha quedado en el andén, o en el nido de águilas.

Para ilustrar este nuevo concepto abandonemos el nido de águilas y volvamos al ejemplo típico del vagón que se está moviendo a velocidad constante a lo largo de una vía de tren. Ahora, justo en el centro geométrico del vagón, tenemos una fuente emisora de luz que, en un instante determinado, emite dos pulsos simultáneos[72], cada uno dirigido en un sentido del vagón.

Desde el sistema de referencia interno al vagón, la llegada de los rayos emitidos de forma simultánea desde el centro, a los extremos del vehículo, A y B, es también simultánea.

Si admitimos la constancia y la independencia de la velocidad de la luz, según postula la teoría de la relatividad, y consideramos que, al surgir los dos rayos del mismo punto no hay duda de que la emisión es simultánea, entonces para un observador situado dentro del vagón, la llegada de los rayos de luz a los detectores situados en los puntos A y B será también simultánea. Pero es igualmente claro que para un observador situado en posición estática en el andén, el extremo A del vagón se habrá acercado al rayo de luz que se aproxima a él, mientras que el B se habrá alejado del suyo. Por tanto para este observador estático que mira desde el andén, la llegada de esos rayos de luz a los puntos A y B, rayos que fueron emitidos en el mismo instante desde la fuente de origen, no será simultánea. Para el observador parado en el andén el punto A será alcanzado antes que el B.

---

72 Podemos afirmar con rotundidad que son simultáneos para cualquier observador inercial, pues parten del mismo punto espacial en el mismo instante.

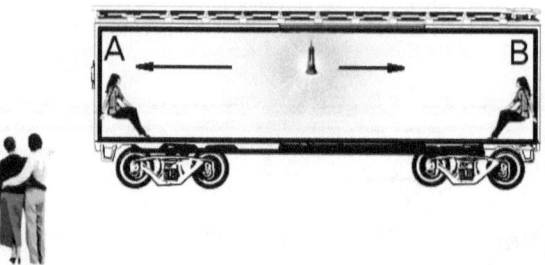

De acuerdo al criterio de esta amorosa pareja situada en el andén, el rayo de luz que va hacia A llega antes que el que va hacia B.

Esta *relatividad de la simultaneidad* trae como consecuencia que puede haber observadores que discrepen en la coincidencia de ciertos eventos, o sea, lo que para uno es simultáneo, para el otro tiene una clara secuencia antes-después. Pero no hay que olvidar que se trata de una relatividad que está siempre limitada por el principio de causa y efecto, es decir, si dos eventos A y B tienen una relación causa efecto directa, por ejemplo A es la causa de B, entonces A siempre será anterior a B para cualquier observador. Y la forma en la que se define la relación causa-efecto en términos relativísticos es que si no hay tiempo suficiente para que un rayo de luz viaje desde el evento A hasta el evento B, es decir, si no hay forma de que el evento A pueda ejercer ninguna influencia en el B, entonces estos dos eventos no pueden estar conectados por una relación causa-efecto, y como consecuencia, sí que sería posible encontrar observadores para los que la relación de orden en el tiempo entre esos eventos estuviera alterada, sin que esto suponga ninguna merma en la consistencia de la teoría. Eso sí, dos eventos que ocurran, idealmente, en la misma ubicación serán siempre simultáneos para todos los observadores, por ejemplo, la emisión de los dos rayos que parten del mismo centro del vagón citado.

Esta discusión acerca de la relatividad de la simultaneidad ilustra muy bien la diferencia radical que puede suponer la situación del observador al describir un fenómeno físico. Recordemos que Einstein había postulado que las leyes de la física, entre las que él había añadido la constancia de la velocidad de la luz, eran las mismas para todos los observadores situados en sistemas inerciales. La intuición nos dice, desde un nivel muy profundo, que en esas condiciones parece totalmente lógico que dos eventos que son simultáneos para un cierto observador inercial que se está moviendo, también lo sean para otro observador inercial que está parado. Pero como acabamos de ver esto no es así. Para ser más exactos, el juicio sobre la simultaneidad de dos eventos solo será universalmente el mismo si los eventos ocurren en la misma localización espacial, pero en el caso de eventos en ubicaciones distintas, y siempre que se respete la relación de causalidad, podremos encontrar observadores en condiciones de movimiento tales que su apreciación de la simultaneidad difiera de la nuestra. En resumen: el concepto de simultaneidad para eventos *deslocalizados*, o sea no yuxtapuestos, también se relativiza de acuerdo al observador.

Conservación de la energía en física relativista

Los resultados anteriores tienen, por encima de todas las demás, una honda implicación en lo que se refiere a la estructura no aparente del espacio y del tiempo. Aunque ya la hemos comentado antes, conviene insistir en ella: el espacio y el tiempo no son entidades independientes. No está por un lado el espacio de tres dimensiones E^3, y por otro lado el tiempo de una dimensión T^1, sino que ambos se encuentran ligados formando un todo al que se podría denominar espacio-tiempo ET^{3+1}, si bien debe quedar claro que esta manera de ver el tiempo como una dimensión más no la equipara al resto de las dimensiones espaciales. Transformamos tiempos en distancias a través de la velocidad de la luz, para poder representarlo gráficamente, pero pintar el tiempo relativista en una gráfica es un engaño, pues el tiempo no se mide con reglas, sino con relojes. La primera pregunta que surge ante este nuevo concepto es si el principio de conservación de la energía, que es el más importante de la física pre-relativista, sigue teniendo sentido en el marco de un ET^{3+1}. La respuesta es que sí, pero hay algunas consideraciones de importancia que hacer al respecto y la primera de ellas se refiere a la métrica de del continuo espacio-temporal, o sea, a la forma de medir las distancias, cantidades cuyo carácter invariante respecto al sistema de referencia las hace muy útiles en cualquier estudio. Nos interesa saber si la distancia medida entre eventos es también un invariante en esta entidad llamada ET^{3+1}. Atendiendo, como siempre, a la simplicidad y claridad de las expresiones matemáticas que vamos a usar, para construir el razonamiento que nos llevará finalmente a la expresión del principio de conservación de la energía en física relativista, obviaremos dos de las tres dimensiones espaciales y, pese a lo antes dicho, representaremos el tiempo en la dimensión vertical de un plano, sin olvidar nunca que se trata solo de un artificio que no nos debe llevar a pensar que la dimensión temporal queda convenientemente plasmada en una recta. Nuestro ente sería algo así como un ET^{1+1}, en el que una dimensión es espacial y otra temporal, pero las conclusiones serían válidas para el caso de dos dimensiones espaciales adicionales. Supongamos que ocurren dos eventos en este espacio-tiempo y veamos cómo podemos medir la *distancia espacio-temporal* que los separa, distancia a la que llamaremos *intervalo*, y que, como es lógico, será diferente a la distancia espacial clásica.

Distancia clásica e intervalo espacio-temporal

Si consideramos dos puntos A y B, en un espacio clásico de dos dimensiones, y medimos la distancia ordinaria entre ellos según dos sistemas de referencia distintos, a los que llamaremos *(x,t)* y *(x', t')*, considerando que el segundo se mueve con velocidad *v* respecto al primero, llegaremos a la conclusión de que esa magnitud no cambia, es un invariante respecto a cualquier sistema de referencia que se nos pueda ocurrir, incluso si cambiamos de coordenadas rectangulares a polares.

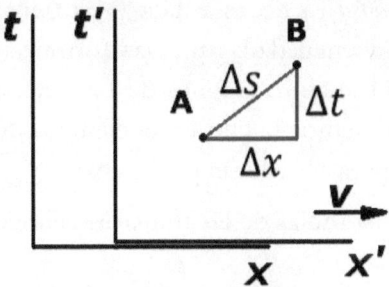

La invariancia de la distancia entre esos dos puntos: A y B, se podría expresar diciendo que:

$$\Delta s = \Delta s'$$

Y como la geometría euclidea es válida, podemos recurrir al teorema de Pitágoras para escribir:

$$\Delta x^2 + \Delta (ct)^2 = \Delta \dot{x}^2 + \Delta (c\dot{t})^2$$

Donde estamos transformando los tiempos del eje vertical a distancias sin más que multiplicar por la velocidad de la luz, *c*. Entonces, según las hipótesis de la física clásica, la relación entre las coordenadas de cada uno de estos dos sistemas será la que viene dada por lo que antes denominábamos *principio de relatividad galileana*.

$$x'=x+vt\ ;\ t'=t$$

Y si sustituimos la relación anterior entre coordenadas en estas ecuaciones, veremos que, en efecto, la expresión $\Delta x^2+\Delta(ct)^2$, que correspondería al cuadrado de la distancia clásica, es un invariante respecto a las transformaciones *galileanas*.

Pero si admitimos las hipótesis de Einstein[73] y pasamos de física clásica a relativista, debemos recordar que el espacio-tiempo se aplastaba ante el movimiento de una masa, por tanto la geometría *euclidea* ya no es válida y las transformaciones de coordenadas no vienen dadas por las fórmulas galileanas, sino por las llamadas transformaciones de Lorentz, que se basan en el desarrollo que hemos hecho en el ejemplo del vagón con un reloj de espejos para obtener el parámetro γ .

Estas son las fórmulas de las transformaciones de Lorentz:

$$x'=\frac{x-vt}{\sqrt{1-\frac{v^2}{c^2}}}\ ;\ t'=\frac{t-x\left(\frac{v}{c^2}\right)}{\sqrt{1-\frac{v^2}{c^2}}}$$

Y es bastante sencillo comprobar que aquí la expresión $\Delta x^2+\Delta(ct)^2$ ha dejado de ser un invariante y que sin embargo la cantidad dada por la expresión:

$$\Delta x^2-\Delta(ct)^2$$

Sí es un invariante de esta nueva transformación.

---

73 Aquí conviene insistir en que no estamos solo admitiendo la validez de las leyes físicas en todos los sistemas inerciales y la constancia de la velocidad de la luz, sino también la homogeneidad del espacio y del tiempo y la isotropía del espacio.

Estamos obviando dos de las tres dimensiones espaciales, pero el razonamiento nos vale para definir este nuevo invariante al que ya anunciamos antes que íbamos a llamar *intervalo*:

$$\Delta s^2 = \Delta(ct)^2 - \Delta x^2$$

Si algo debe quedar claro respecto a este nuevo concepto de *intervalo* es que nos da una idea más cercana a la realidad absoluta de lo que significa distancia en nuestro continuo espacio-temporal. El tiempo siempre está incluido en esta nueva *distancia*, pues cuando observamos un objeto separado de nosotros, nunca lo vemos como es en el mismo instante en el que miramos, sino como era cuando la luz que emite o refleja partió de él. Hablar de distancia espacio-temporal implica hablar de separación, no entre dos lugares, sino entre dos eventos, es decir, los lugares y sus instantes de ocurrencia. En definitiva, lo propio en relatividad no es hablar de distancia entre eventos, sino de la trayectoria espacio-temporal que los separa.

Cantidad de movimiento relativista

Pero estábamos hablando de conservación de la energía, y es que no parece apropiado abandonar la relatividad especial sin obtener, por alguno de los métodos posibles[74], la que quizás es la ecuación más famosa de toda la física: $E = mc^2$. Así pues, procedamos. Aplicaremos el principio de la conservación de la energía al movimiento teórico de una partícula ideal en este nuevo ente ET^{1+1}, que es nuestra versión reducida, pero válida en términos de deducciones matemáticas, del espacio-tiempo relativista total ET^{3+1}. En física clásica, se llama *cantidad de movimiento*, o también *momento lineal*, de una partícula o de una masa, al producto que resulta de multiplicar el valor de la masa

---

[74] Hay varios métodos, pero yo voy a usar este porque es el que considero más mecánico, más en línea con el espíritu del libro.

por su velocidad. Es una cantidad que tiene carácter energético, es decir, si no hay intervención de fuerzas exteriores, se conserva entre dos estados distintos de un mismo sistema aislado. De hecho, cuando intervienen fuerzas exteriores, la conservación de esta cantidad de movimiento se transforma en la segunda ley de Newton. Si llamamos p a la cantidad de movimiento, m a la masa de la partícula, v a la velocidad y F a la fuerza, en física clásica expresamos:

$$p=mv$$

Pero si derivamos respecto al tiempo:

$$\frac{dp}{dt}=m\frac{dv}{dt}$$

Y como:

$$\frac{dv}{dt}=a$$

Resulta:

$$\frac{dp}{dt}=ma$$

O sea, la fuerza es la derivada temporal de la cantidad de movimiento, que es otra forma de enunciar la segunda ley de Newton: $F=ma$. La relación entre fuerza aplicada a una partícula y la aceleración que sufre es lo que habitualmente denominamos *masa*, cantidad que en física clásica se considera unidad fundamental y permanece constante[75].

$$\frac{F}{a}=m$$

Hay que olvidarnos de concepciones artificiosas o imágenes mentales de andar por casa que podamos tener de la masa,

---

[75] Hágase la excepción del estudio de los sistemas de masa variable, como la propulsión de los cohetes. Pero incluso en ellos la masa intrínseca a una cantidad de materia dada tampoco varía, solo que a la masa combustible se le permite salir del sistema global a alta velocidad para que la masa cohete gane impulso.

particularmente de esa que nos dice que la masa es la cantidad de materia y ya está. En relatividad hay que pensar en la masa de forma aséptica, simplemente como una medida de la inercia de la partícula o del sólido, o sea, del ratio entre la fuerza que se le aplica y la aceleración que sufre. A partir de ahora, la masa ya no es una cantidad invariante, sino algo que cambia con la velocidad, y de hecho cuando la velocidad de su movimiento sea grande y comparable a *c*, el cambio, gobernado por el factor de Lorenzt, será alarmante.

Diremos, entonces, que el ratio *fuerza/aceleración* nos dará lo que llamamos *masa inercial* de la partícula, o también *masa relativista*, o simplemente *masa*. En física clásica no tiene ningún sentido apostillar con el epíteto *inercial* a la masa, pues es una constante, pero en física relativista nos servirá para distinguirla de lo que denominaremos masa en reposo, notada habitualmente como m_0 y que representa al mismo ratio fuerza/aceleración, pero medido en reposo, o a velocidades despreciables respecto a *c*, y que será constante: la vieja masa newtoniana.

Si se plantean las ecuaciones del movimiento relativista de una partícula a lo largo de una trayectoria general de tipo curvo, y se desglosa la fuerza que actúa en sus componentes tangencial y normal, y se tienen en cuenta las transformaciones de coordenadas que aplican, que son las de Lorentz, se llega a la expresión de la ecuación relativista del movimiento: el equivalente relativista a la segunda ley de Newton, es decir, la fuerza es la derivada temporal de la cantidad de movimiento, que resulta ser:

$$\frac{d}{dt}\left[m_0 \frac{v}{\sqrt{1-\frac{v^2}{c^2}}}\right]=F$$

Expresión que podemos considerar como una versión generalizada de la segunda ley de Newton, pues a velocidades bajas, esa raíz cuadrada del denominador se vuelve simplemente 1, y nos encontramos con que la expresión se transforma en la misma vieja segunda ley para la masa en reposo, a la que antes me había referido como vieja masa newtoniana:

$$\frac{d}{dt}[m_0 v] = F$$

Y como $m_0 = cte$:

$$\frac{dv}{dt}m_0 = F$$

O sea:

$$F = m_0 a$$

Pero ahora nos interesa el análisis a velocidades altas, comparables a c, y entonces tenemos que partir de las expresiones generalizadas:

$$\frac{dp}{dt} = F$$

Y:

$$p = mv$$

Insistamos en que la *masa relativista* (a partir de ahora, la llamaremos simplemente masa m, que distinguiremos de la masa en reposo m_0) ahora ya no es cantidad de materia, sino solo una medida de la inercia de la partícula y que, en general, no es constante, sino que varía con la velocidad. Su relación con la masa en reposo es:

$$m = \frac{m_0}{\sqrt{1 - \frac{v^2}{c^2}}}$$

Tomemos, por tanto, la ecuación relativista del movimiento, o sea, la fuerza es la derivada temporal de la cantidad de movimiento, y analicémosla[76]:

$$\frac{d}{dt}[m_0 \frac{v}{\sqrt{1-\frac{v^2}{c^2}}}] = F$$

Multiplicamos ambos miembros por v:

$$v\frac{d}{dt}[m_0 \frac{v}{\sqrt{1-\frac{v^2}{c^2}}}] = Fv$$

Diferenciando el lado izquierdo de la ecuación, tenemos[77]:

$$m_0 v (\frac{1}{2} \frac{v}{(1-\frac{v^2}{c^2})^{\frac{3}{2}}} \frac{d}{dt}(\frac{v^2}{c^2}) + \frac{1}{\sqrt{1-\frac{v^2}{c^2}}} \frac{dv}{dt}) = Fv$$

Desarrollamos:

$$\frac{m_0}{(1-\frac{v^2}{c^2})^{\frac{3}{2}}} [\frac{1}{2} v^2 \frac{d}{dt}(\frac{v^2}{c^2}) + (1-\frac{v^2}{c^2})(v\frac{dv}{dt})] = Fv$$

Operamos:

$$\frac{1}{2} \frac{m_0}{(1-\frac{v^2}{c^2})^{\frac{3}{2}}} \frac{d}{dt}(\frac{v^2}{c^2})[v^2 + (1-\frac{v^2}{c^2})c^2] = Fv$$

Agrupamos términos:

---

[76] Seguiré el método de A.N. Mateev, en Mechanics and The Theory of Relativity, Ed. Mir Publishers. Moscow 1989.

[77] Quizás el lector necesite repasar las reglas básicas de diferenciación para entender el detalle del razonamiento.

$$\frac{1}{2}\frac{m_0 c^2}{(1-\frac{v^2}{c^2})^{\frac{3}{2}}}\frac{d}{dt}(\frac{v^2}{c^2})=Fv$$

Integrando:

$$\frac{d}{dt}(\frac{m_0 c^2}{\sqrt{1-\frac{v^2}{c^2}}})=Fv$$

Si ahora consideramos que estamos estudiando el movimiento general de una partícula relativista, según podemos representar en el siguiente gráfico:

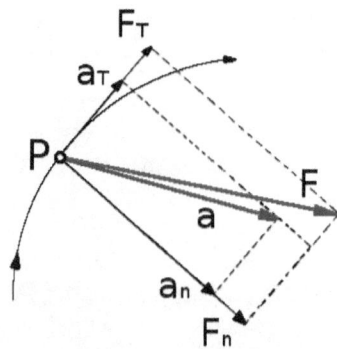

Si la trayectoria es la curva r, la velocidad de la partícula P es:

$$v=\frac{dr}{dt}$$

Y sustituyendo en la expresión anterior:

$$\frac{d}{dt}(\frac{m_0 c^2}{\sqrt{1-\frac{v^2}{c^2}}})=F\frac{dr}{dt}$$

O sea:

$$d\left(\frac{m_0 c^2}{\sqrt{1-\frac{v^2}{c^2}}}\right) = F\,dr$$

El producto fuerza por desplazamiento $F\,dr$ tiene unidades de trabajo. Cuando una fuerza efectúa un trabajo sobre esta partícula relativista, la cantidad que cambia no es la energía cinética, según expresaría la mecánica clásica como:

$$d\left(m_0 \frac{v^2}{2}\right) = F\,dr$$

Sino que ahora el equivalente relativista a esa energía cinética es:

$$\frac{m_0 c^2}{\sqrt{1-\frac{v^2}{c^2}}}$$

Si está partícula está sometida también a la acción de un campo de energía potencial, se puede comprobar que el equivalente a la expresión del principio de conservación de la energía de la mecánica clásica:

$$\frac{m_0 v^2}{2} + E_p = const$$

Dónde E_p es la energía potencial correspondiente, se expresa ahora como:

$$\frac{m_0 c^2}{\sqrt{1-\frac{v^2}{c^2}}} + E_p = const$$

Y esta es la fórmula que expresa la conservación de la energía en el caso relativista. La energía potencial tiene un significado exactamente igual al de la mecánica clásica, mientras que la cantidad:

$$E = \frac{m_0 c^2}{\sqrt{1 - \frac{v^2}{c^2}}}$$

Se llama *energía total* de la partícula.

Relación masa energía

Si recordamos que habíamos establecido que la masa relativista, o simplemente masa, era:

$$m = \frac{m_0}{\sqrt{1 - \frac{v^2}{c^2}}}$$

Es evidente que si sustituimos esta expresión en la anterior, podemos expresar la *energía total de la partícula* que obtuvimos como:

$$E = mc^2$$

Que es la ecuación más famosa de la física, a la que nos habíamos propuesto llegar de forma razonada.

También es evidente que si la partícula está en reposo $v=0$, y entonces resulta que:

$$E = m_0 c^2$$

Cantidad a la que se llama *energía en reposo de la partícula* y que representa su valor mínimo energético.

Relatividad general

Tras la formulación de la teoría especial de la relatividad, que como hemos visto aplica solamente a los cuerpos con movimiento a velocidad constante, es decir, sin aceleración, Einstein se puso manos a la obra con la teoría general de la relatividad, o sea, con la descripción completa del mundo físico de las fuerzas y las aceleraciones, y en particular con la forma en la que trabaja la atracción gravitatoria. Probablemente no se imaginaba que iba a tardar diez años en ser capaz de dar una descripción matemática apropiada del fenómeno, y todo eso a pesar de que contó durante ese tiempo con la ayuda de colegas y profesores universitarios que eran los mejores matemáticos de su tiempo. Los desarrollos en geometría diferencial y álgebra tensorial hacen que la comprensión cabal del proceso de deducción de las ecuaciones de campo de Einstein solo esté al alcance de los que han aprendido matemáticas superiores. Afortunadamente, no es tan difícil interpretar el significado físico de estas ecuaciones, como veremos a continuación, pero no sin antes aclarar las dos ideas básicas de partida que llevaron a Einstein a concebir la nueva realidad denominada espacio-tiempo y a proponer un cambio tan radical en la concepción mecánica del universo que había dominado hasta su época, que era la de Newton.

Idea 1: principio de Equivalencia

El fenómeno que llamamos *gravedad* en los problemas de mecánica newtoniana es, en realidad, una aceleración de la gravedad, es decir, tiene unidades de aceleración[78]. Sin embargo esto se tenía por una consecuencia de la formulación newtoniana y a nadie se le había ocurrido concebir que la

---

78 Para la Tierra, a nivel de su superficie, vale aproximadamente 9,81 m/s^2

naturaleza íntima de un fenómeno inexplicado[79] como la gravedad fuera *aceleratoria*. Pero Einstein porfiaba por encontrar una prueba de que, a nivel profundo, la gravedad es una aceleración como las demás. Para entendernos: si estamos encerrados en un vagón completamente opaco al exterior y de repente sentimos una fuerza repentina que nos hace desplazarnos hacia atrás, eso puede ser debido a dos causas. La más probable es que una locomotora, u otra máquina o animal de tracción similar esté tirando del vagón hacia adelante.

Pero hay otra causa que podría estar dando lugar a este fenómeno; mucho más improbable, pero igual de eficaz[80]. Si una mano lo suficientemente poderosa colocara junto a la parte trasera de nuestro vagón, un planeta cuyo tirón gravitatorio en superficie[81] fuera equivalente a la fuerza de la locomotora, el efecto que el pasajero del vagón sentiría sería una fuerza repentina que tiraría de él hacia atrás, y que lo haría exactamente con la misma magnitud que lo hacía el dispositivo de tracción anterior.

---

[79] El propio Newton había reconocido que pese a ser capaz de formular la ley con tanta precisión, él no era capaz de explicar por qué se producía la gravedad.

[80] Al menos a nivel de experimento mental, que era como a Einstein le gustaba proceder para poner a prueba a sus intuiciones.

[81] Ignoraremos el efecto de la diferencia de gravedad entre la parte trasera y la delantera del vagón, efecto que se conoce como fuerzas de marea y que sería despreciable.

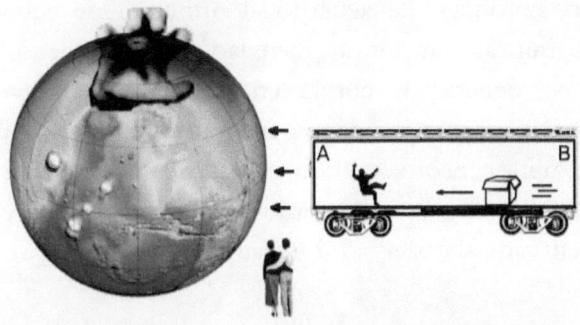

Einstein concluyó, de forma correcta hasta donde hoy todavía podemos decir, que no existe experimento en el mundo que el pasajero del vagón pueda hacer desde dentro, que le permita distinguir en cual de las dos situaciones descritas se encuentra. Por tanto una aceleración de valor g, es equivalente, con todas las consecuencias, a una gravedad de valor g. Se cumple entonces que las inercias de un mismo cuerpo ante ambos fenómenos, o sea, la masa gravitatoria y la masa inercial, valen lo mismo. La gravedad y la aceleración convencional según la entendemos en los términos más prosaicos son fenómenos equivalentes. Esta idea fue elevada por Einstein a la categoría de principio axiomático. Se conoce como principio de equivalencia y aunque a primera vista parece bastante inocuo, tiene consecuencias revolucionarias en la física relativista, pues introduce el concepto de espacio-tiempo curvo.

Idea 2: la luz se curva en presencia de gravedad

Esta segunda idea, más que como principio, se puede considerar como una consecuencia conjunta de la teoría especial de la relatividad y del recién formulado principio de equivalencia. A través de su experimento mental de los ascensores y el rayo de luz, Einstein intuyó que si la luz se curvaba para un observador situado en un sistema de referencia acelerado, entonces, de acuerdo al principio de equivalencia, que dice que aceleración y gravedad son lo mismo, esa luz también se debería de curvar en presencia de gravedad. Si dibujamos la trayectoria de un rayo de luz lanzado desde el lateral de un ascensor sometido a una aceleración vertical hacia arriba de valor "g", deduciremos que, efectivamente, la luz aparece curvada al observador situado dentro de ese ascensor.

La luz en un marco de referencia acelerado

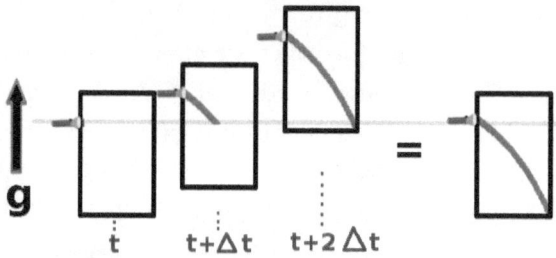

Si esto le ocurre a la luz en un marco de referencia acelerado con valor "g", por principio de equivalencia también le debería ocurrir a la luz en un marco gravitatorio de valor "g". Eso sí, de momento lo único que hemos hecho es pintar sobre el papel, y como los ingenieros gustan de decir, el papel lo aguanta todo. Verdaderamente no existe fuerza en el mundo capaz de acelerar un ascensor con la fuerza suficiente para que efectos parecidos a los del gráfico anterior se puedan detectar. Por tanto lo único que nos queda es comprobar si existe forma de detectar ese curvado de la luz directamente en un campo gravitatorio. Einstein predijo que ese efecto se debería de notar para un caso en particular de la luz de una estrella que en su viaje hasta la Tierra pasara cerca del Sol. El eclipse de sol del año 1919 fue una ocasión para comprobar la predicción. Los resultados fueron satisfactorios y se volvieron a confirmar en un nuevo eclipse durante septiembre de 1922. La luz de una estrella que se encontraba detrás del Sol, y que lógicamente no se debería ver en términos de geometría euclidea clásica, se observaba claramente a un lado. O al menos se observaba con la suficiente claridad como para que toda la comunidad científica diera la razón a Einstein. El sabio alemán ya era una personalidad pública desde 1905, pero sus teorías no gozaban de un apoyo unánime. Tras estos resultados se hizo famoso universalmente de la noche a la mañana.

La gravedad del sol curva la luz de la estrella

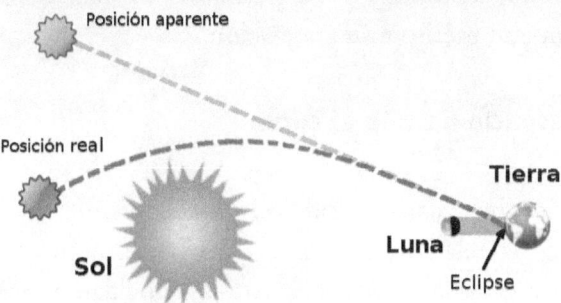

Las implicaciones de esta comprobación experimental para la mecánica clásica newtoniana eran revolucionarias y, sin duda, al conocer los resultados Einstein debió de sentir un estremecimiento aún mayor que el que le proporcionó su genial intuición de la relatividad especial, cuando ante una comunidad científica desconcertada por los resultados del experimento de Michelson y Morley, él expresó: *Yo tengo una teoría que no necesita al éter*. Y es que hasta 1919 se pensaba que la gravedad era un fenómeno descrito con total precisión por la ley de la gravitación universal de Newton, cuya fórmula expresa que la fuerza de atracción gravitatoria que sufren dos masas, de valores M y m respectivamente, es:

$$F = G \frac{Mm}{r^2}$$

Si aplicamos esta fórmula al caso de un fotón que pase junto al sol, como la masa de esa partícula es cero, *m=0*, resulta que:

$$F = G\frac{M \cdot 0}{r^2} = 0$$

Luego de acuerdo a Newton, la fuerza de atracción entre el sol y el fotón debería de ser cero y la trayectoria del fotón no se debería de combar. Sin embargo lo hace, lo cual significaba que la ley de Newton no era correcta en estos casos. Einstein había demostrado que Newton no había proporcionado una descripción completa de la realidad. Era verdad que se trataba de casos muy extremos y de partículas de luz, pero eso no quitaba ningún mérito a su aportación.

El espacio-tiempo es curvo

Si ahora recordamos todo el razonamiento de la teoría especial de la relatividad que nos llevó a la conclusión de la contracción espacial y temporal con la velocidad, y por tanto a una cierta unión entre espacio y tiempo, y hacemos el mismo tipo de argumentación para el ascensor que acelera con magnitud "g", mientras un reloj de fotones emite pulsos de luz desde el suelo hasta el techo, llegaremos a la misma conclusión de dilatación temporal para el sujeto que va montado en el marco de referencia acelerado respecto a un observador externo. Si además tenemos en cuenta que en un gráfico convencional en el que representamos al tiempo en horizontal y al espacio, que supondremos unidimensional por simplicidad, en vertical, resulta que las líneas rectas representan movimientos de velocidad constante, sin aceleración, mientras que las líneas curvas representan movimientos acelerados.

Si la gravedad, por el principio de equivalencia, es, en esencia, una aceleración, podemos invertir la equivalencia y concluir que el espacio tiempo con presencia de gravedad también debe de ser curvo en su esencia. Como la gravedad está causada por masas, esto implica que el espacio tiempo que contiene masas debe tener estructura curva. Las líneas más cortas entre sus puntos, o eventos, para hablar con exactitud, no serán rectas, sino curvas, cuyo factor de curvatura concreto dependerá de la gravedad local debida a la aglomeración de masa en la zona. Alternativamente, podemos dar la vuelta al razonamiento y pensar que es la propia gravedad la que proviene de la curvatura del continuo espacio-temporal. Y con esto introducimos la expresión de la ecuación de campo de Einstein.

$$R_{\mu\upsilon} - \frac{1}{2} g_{\mu\upsilon} R - g_{\mu\upsilon} \Lambda = \frac{8\pi G}{c^4} T_{\mu\upsilon}$$

La ecuación está expresada en forma tensorial y los subíndices μ y υ pueden adoptar cuatro valores, uno para el tiempo y tres para el espacio, lo cual nos da un total de dieciseis ecuaciones, que se reducen a diez por simetría. Pero lo que nos interesa de esta formulación es que expresa que su parte izquierda, que representa la curvatura del espacio-tiempo es igual a su parte derecha, que representa la presencia de masa-energía. La interpretación tradicional que se suele hacer es que la masa-energía le dice al continuo espacio temporal como tiene que curvarse y éste le dice a la masa-energía como tiene que moverse. La constante cosmológica, representada por la letra griega lambda mayúscula, que el propio Einstein introdujo en sus ecuaciones para reflejar la supuesta estaticidad del universo, y quitó después de que se descubriera la expansión cosmológica, ha sido reintroducida en nuestros días para dar cuenta de la aceleración en la expansión cosmológica, que hoy se achaca a la denominada energía oscura. Esto es lo que representa el resto de los términos de la expresión:

$R_{\mu\upsilon}$; Tensor de Ricci

$g_{\mu\upsilon}$; Tensor que determina la curvatura, o la estructura del espacio-tiempo

R ; Escalar de curvatura

Λ ; Constante cosmológica

$T_{\mu\upsilon}$; Tensor energía-momento. Representa la materia y la energía presentes en el espacio-tiempo.

G ; Constante de la gravitación universal de Newton

c ; Velocidad de las ondas electromagnéticas.

La ecuación de campo de Einstein expresa la igualdad entre la geometría del espacio-tiempo y la distribución de materia y energía, que es lo mismo que decir que la geometría del tejido espacio-temporal viene marcada por la presencia de masa/energía.

Aclararemos que el nuevo concepto de espacio-tiempo que enmarca y aloja toda la teoría de la relatividad no es una aportación original de Einstein, sino de Hermann Minkowsky*, un matemático que se dio cuenta de que lo que Einstein postulaba en la relatividad espacial, tenía mejor encaje en las entidades matemáticas que él estaba estudiando, y en concreto en una que resultara de la fusión del espacio de tres dimensiones E^3 y del tiempo unidimensional T^1, en una única entidad agregada: el espacio-tiempo cuatridimensional ET^{3+1}. Las palabras con las que Minkowsky acompañó su propuesta, han pasado a la historia y bien merecen reproducirse aquí de forma literal:

> *El espacio y el tiempo por separado están destinados a desvanecerse entre las sombras y tan sólo una unión de ambos puede representar la realidad.*

Pero Minkowsky, a su vez, aprovechó los desarrollos previos que el matemático Bernard Riemann* había hecho varias décadas antes sobre espacios curvos o no euclideos: espacios en los que, por dar una definición rápida, los ángulos de un triángulo no suman 180 grados. En fin, una de las frases atribuidas a Einstein es que el  tiempo conforme lo percibimos, como *flujo* que marcha continuamente desde el presente hacia el futuro mientras aniquila al pasado, es una ilusión. Y entiendo que Einstein quería decir que esta ilusión viene impuesta por los límites de nuestra percepción. Pero no hay que deducir de esto que Einstein quería decir que el tiempo no existe. Al contrario. Si algo demuestra la formulación física de la teoría de la relatividad es que hay una cuarta dimensión del universo que habitamos y que esa dimensión existe inequívocamente. Aunque quizás debería tener un nombre distinto, a esa dimensión la hemos llamado tiempo, por herencia del concepto intuitivo de duración que aplicamos a nuestras vidas desde que el mundo es mundo y porque, en definitiva, el tiempo común percibido por el ser humano se trata como un aspecto *fluyente* de esa dimensión. La relatividad demuestra que, aunque a las escalas normales de nuestra experiencia vital no lo parece, esa dimensión está imbricada de forma inseparable con las otras tres, a las que llamamos espacio.

Escepticismo anti-relativista

La teoría de la relatividad, en sus dos versiones: especial y general, ha sido sometida a muchos ataques y hay quienes rechazan recalcitrantemente sus postulados y sus extrañas consecuencias[82], como la dilatación espacio-temporal y el límite de la velocidad de la luz, pero a día de hoy continúa cuadrando con las observaciones de laboratorio con una precisión admirable. Se han realizado experimentos exitosos de medida de la dilatación del tiempo comparando relojes en movimiento y en reposo. Se han observado supernovas explosionando con duración mayor a la teórica, debido a la ralentización del transcurso local que supone la dilatación del tiempo dada por la enorme gravedad de la estrella matriz. Las centrales nucleares que hoy nos suministran una buena parte de la electricidad doméstica y las bombas nucleares que tan triste e innecesariamente se arrojaron sobre Hiroshima y Nagasaki son consecuencia de la teoría de la relatividad. Los sistemas de posicionamiento global, que todos llevamos integrados en el teléfono móvil, y de los que hoy dependen para su gestión empresas de construcción, ingeniería, paquetería, topografía y logística, todos ellos se basan en la relatividad. Muchas tecnologías médicas de radiación, resonancia y tomografía se basan en la relatividad. Es curioso que, frente a toda esta abrumadora plétora de usos prácticos y cotidianos, una de las principales quejas de los escépticos relativistas es, paradójicamente, que la teoría de la relatividad: *es un cuento, no tiene ninguna utilidad y pone límites al desarrollo humano.*

El último recurso de los más indocumentados suele ser el ataque personal contra Einstein. Hay que insistir en que, aunque ahora todos los méritos de la teoría de la relatividad especial parecen acumularse en el haber de Einstein, sus trabajos no habrían podido desarrollarse sin las referencias previas de Riemann, Minkowsky, Poincaré, Lorentz, y muchos otros. El efecto de la dilatación temporal para altas velocidades tampoco es un pensamiento original de Einstein, sino que ya había sido propuesto por el físico Joseph Larmor como una

---

[82] https://en.wikipedia.org/wiki/Criticism_of_the_theory_of_relativity#A_Hundred_authors_against_Einstein

consecuencia del movimiento de los electrones a velocidades subluminicas[83]. Y respecto a la contracción espacial, también había sido postulada previamente por George Fitzgerald, como una posible explicación a los resultados del experimento de Michelson y Morley. Si es cierto que las contribuciones de estos y otros científicos que no cito fueron imprescindibles para que Einstein desarrollara su trabajo, tampoco es menos cierto que los medios de masas, ya en su época, se volcaron en un colosal trabajo de propaganda a favor de la figura del genio despistado que había trabajado solo. Nada más lejos de la realidad. Para cualquier periodista no versado en ciencia, lo más fácil es relatar la historia del científico solitario, con perfil de incomprendido. Ese material es fácilmente transformable en relato emocional, que es el que vende. Lo más difícil, y lo que casi nadie hace, es entrar a valorar las contribuciones de aquellos en los que ese científico se ha apoyado.

La historia del científico solitario vende más y se redacta con menos esfuerzo de investigación periodística. La mente popular siempre prefiere la idea simplificada.

Newton reconoció que se había subido a hombros de gigantes; Einstein quizás no lo dijo explícitamente, pero tampoco se arrogó nunca ningún mérito en exclusiva, y dio

---

83 https://es.wikipedia.org/wiki/Joseph_Larmor

muestras en todo momento de una enorme humildad. Digan lo que digan los escépticos, el logro de Einstein es inmenso, no solo en su vertiente intelectual, sino también en la humana. Hace falta temple para recorrer un camino incierto como el que él emprendió, dedicando años y años a un proyecto en el que pocos creían, ayudando a crear al paso unas matemáticas que no existían, avanzando a tientas en la oscuridad con la única guía de su voluntad y su intuición, superando momentos en los que parecía que no iba a conseguir nada, salvo una vida desperdiciada. Pero sea como fuere, ni eso, ni su supuesto sionismo, ni su corta participación en el proyecto Manhattan, ni su agitada vida personal, son excusas para descalificar su trabajo científico.

La idea de Einstein que ha calado en la mente popular es la del científico despistado pero de intelecto enorme, un héroe que desbroza en solitario la senda del conocimiento. En 1999 la revista *Time* realizó una encuesta entre millones de lectores sobre la persona más importante del siglo XX. El ganador fue Einstein, y él es quién aparece en la portada, pero el artículo interior, escrito por Stephen Hawking, no ignora las contribuciones de sus predecesores. Cuando los nazis se hicieron con el poder en Alemania, Einstein abandonó el país y renunció a la nacionalidad germana. El nuevo gobierno nacional-socialista confiscó su casa en las afueras de Berlín y completó así la campaña contra lo que ellos denominaban la *ciencia judía*. La campaña, por cierto, incluía un libro-panfleto titulado: *Cien autores contra Einstein*. Cuando se enteró, la respuesta del exiliado fue:

> *¿Y por qué hacían falta cien? Si de verdad yo estoy equivocado, con uno solo bastaría para demostrarlo.*

Decepción relativista

Pero dejando aparte la peripecia personal de Einstein, hay que reconocer que, al mismo tiempo que nos enseña que el transcurso puede ralentizarse con el movimiento, o mejor dicho con la gravedad que resulta de la presencia de masa, ya sea de por sí propio o del aumento causado por la velocidad, la teoría de la relatividad nos deja también un poso de cierta amargura pues, después del esfuerzo intelectual que supone la comprensión de sus postulados, sigue sin darnos ninguna pista clara sobre el significado profundo de esa relación entre tiempo y masa.

La imagen global que la relatividad nos deja del tiempo como dimensión, es la que a veces se denomina el *universo-bloque*. Todo existe de una vez, incluido el tiempo en su completitud, pero no como un presente que fluye, sino como una dimensión más que, de la misma forma que el espacio está ahí *siempre* y permite que no todo esté yuxtapuesto, el tiempo está ahí *siempre* y permite que no todo ocurra simultáneamente, si bien es una dimensión diferente a las espaciales, pues es anisótropa. El flujo del tiempo no tiene cabida en la relatividad, y lo único que se puede decir, aunque no por razones físicas sino evolutivas, es que quizás se trata de una ilusión de la percepción humana. El pasado parece residir solo en la memoria y el futuro parece no haber sido experimentado aún. Esta visión de las cosas tampoco deja satisfechos a muchos, que proponen varias paradojas que podrían contradecirla. Por ejemplo se puede argüir que si el universo-bloque fuera cierto, entonces debería haber civilizaciones lo bastante avanzadas en el futuro como para haber inventado el viaje en el tiempo y ya estarían visitándonos. Si cuando todo el espacio está ahí, dicen algunos, yo puedo ir donde quiera, cuando todo el tiempo esté ahí, también podré ir al momento que quiera. Pero no quiero adelantar conclusiones. Ya trataremos ampliamente sobre los viajes en el tiempo para la última parte del libro. Ahora cabe analizar las variantes de este hipotético *universo-bloque* relativista.

El universo-bloque

Existen tres posturas diferentes de este universo-bloque, posturas que vamos a presentar a continuación por orden de integración-con o adaptación-a, los postulados relativistas:

Postura robusta: El universo-bloque lo comprende todo, pasado, presente y futuro. Todo está ahí *siempre* en este universo estático que, en principio, haciendo los matices que haya que hacer, debería ser de tamaño fijo[84] cuando se contempla desde la totalidad de los tiempos. Si no lo vemos así es por las limitaciones perceptivas que impone el modo en el que nuestros sentidos experimentan la realidad de la existencia. Esta postura casa completamente con la relatividad, pero la inclusión del futuro dentro el bloque no permite un encaje perfecto con la cosmología moderna, como veremos en el siguiente capítulo y, desde luego, no cuadra en absoluto con nuestra noción de libre albedrío. Si se mira este concepto del universo-bloque robusto con los ojos de la mitología antigua, no cuesta mucho identificar en él a la imparable fuerza del destino, el ente divino que gobierna las vidas de los hombres y cuyos designios ni los mismos dioses pueden evitar, pues no hay nada más inútil que la lucha contra lo que está dispuesto en los cielos desde la noche de los tiempos. Si el futuro siempre ha estado ahí, y ocurre que no somos capaces de verlo por los límites de nuestra percepción, el libre albedrío se va al traste. Pero al menos nos explicamos por qué los romanos tenían un temor reverencial a las profecías de las sibilas, y podemos sentir empatía con Edipo

---

[84] Siempre que sea finito, claro, porque si es infinito, las reflexiones sobre su posible variación de tamaño no tienen ningún sentido.

y con los troyanos, y comprender la futilidad de su lucha por evitar lo que el destino les tenía deparado.

Postura fuerte: El universo-bloque comprende pasado y presente, pero no el futuro. Este es un universo que se va agrandando paulatinamente. Esta postura tiene un encaje más complicado con la relatividad, pues si el flujo del tiempo es una ilusión ya que todo el tiempo está *siempre* ahí, no se explica que el pasado esté en el bloque pero el futuro no. Debería estar todo o en caso contrario, habría que aceptar de alguna manera la existencia de un cierto flujo del tiempo, lo cual habría hecho rabiar a Einstein. Sin embargo el encaje con la cosmología, en particular con el aspecto de la expansión del universo, es mucho mejor y el campo del futuro queda libre para permitir el libre albedrío.

Postura débil: El universo-bloque existe todo a la vez, pero solo en su variedad de tiempo presente que se va materializando y desvaneciendo sin cesar. El pasado ya no existe y el futuro todavía no existe. Esta postura es la que tiene el encaje más difícil de todas en el marco relativista y, quizás, lo correcto es decir que no encaja en nada, sino que se corresponde más con la visión *platónico-newtoniana* del tiempo absoluto y es, en el fondo, una fotocopia del viejo *presentismo*.

Agujeros negros: el fin del tiempo

Hablemos ahora de algunas de las consecuencias teóricas más importantes de la teoría general de la relatividad: los agujeros negros. A mediados de la década de 1960, Roger Penrose estudió los conos de luz en relatividad general y, teniendo en cuenta que la gravedad siempre es una fuerza atractiva, demostró que hay estrellas que pueden colapsar bajo su propio peso y quedar atrapadas en una región singular de tamaño despreciable a la que John Wheeler bautizó como agujero negro[85]. El agujero negro es, en definitiva, una versión localmente extrema del espacio-curvo de Einstein que describíamos antes con el ejemplo del fotón que pasa junto al Sol; es una deformación o hundimiento 4-dimensional tan exagerado del tejido espacio-temporal que no es que la luz se curve al pasar a su lado, sino que se cae dentro. Si eres un objeto con masa, por ejemplo la nave de nuestro problema de relatividad, y te aproximas a las cercanías de un agujero negro, tu *transcurso propio* va bajando gradualmente, respecto al nido de águilas, y justo en la distancia que se conoce como radio de Schwartzchild, también llamado *horizonte de sucesos*, se hace cero. ¿Qué quiere decir que tu transcurso se hace cero respecto al nido de águilas? Volvamos al ejemplo del movimiento rectilíneo de un tren con reloj de espejos incorporado con el que empezamos la discusión sobre relatividad especial. La particularidad es que ahora el tren es una nave a la que vemos acercarse peligrosamente a una agujero negro: tan peligrosamente que al final alcanza el horizonte de sucesos. Sabemos que la equivalencia entre el transcurso en el nido de águilas, *t*, y el transcurso propio local del observador móvil en la nave, *T*, era:

$$\frac{T}{t}=\sqrt{1-\frac{v^2}{c^2}}$$

Y sabemos que en este caso, el tiempo propio en la nave deja de pasar, es decir, su transcurso se hace cero: *T=0*. Según la ecuación anterior, eso solo puede pasar si:

$$\sqrt{1-\frac{v^2}{c^2}}=0$$

Es decir:

$$v^2=c^2$$

---

[85] La teoría del todo, por Stephen Hawking. Pag. 47.

Lo que implica que, a todos los efectos, desde el momento en el que la nave entra en el radio de Schwartzchild, y desde el punto de vista del nido de águilas, es como si se estuviera desplazando a la velocidad de la luz. Sabemos que, efectivamente, para partículas sin masa como los fotones, que se desplazan a la velocidad de la luz, su *transcurso* es cero, pero también hemos dicho que un objeto con masa no se puede acelerar a velocidades cercanas a las de la luz, porque su masa aumentaría tanto que no tendríamos energía para mantener la aceleración. En este caso es diferente, porque lo que ha provocado que la nave se encuentre en un estado equivalente a viajar a la velocidad *c*, es la presencia del agujero negro, al que aquella se ha aproximado en demasía. Las implicaciones de un *transcurso* cero para ese objeto con masa son graves. Nadie ha sido, ni podrá ser nunca, testigo de lo que pasa dentro de un agujero negro, y menos contarlo, pero si estar dentro equivale a estar moviéndose a *c*, es de suponer que solo la radiación puede subsistir allí, con lo cual la nave se transformaría inmediatamente en radiación.

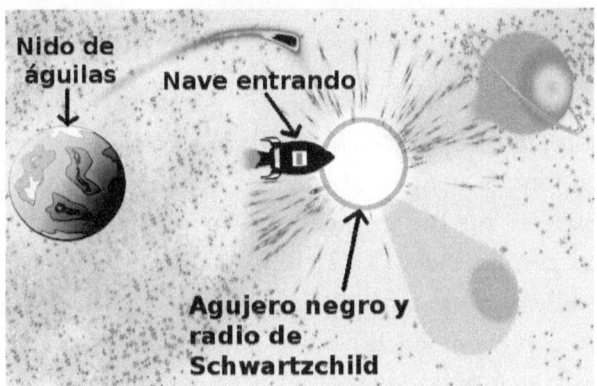

La nave de nuestro ejemplo abandonó el nido de águilas y está entrando en el radio de influencia del agujero negro. Si lo cruza es como si viajara a velocidad c. Ya nunca podrá emprender el camino de retorno.

El futuro ha dejado de existir para la nave que entra en el horizonte de sucesos de un agujero negro, no solo porque quizás se convierta en radiación, sino porque el espacio-tiempo está completamente desplomado, hasta el punto de que allí se da el evento que supone el fin local del tejido. A falta de una explicación mejor, este experimento mental ilustra que los agujeros negros son verdaderas fronteras del espacio-tiempo, ubicaciones en las que, si has llegado a ellas, tu transcurso es cero: no puede haber ningún evento, en ninguna parte del espacio-tiempo que se ubique en una relación de después respecto a ti. Y por eso, para cualquier tiempo t de un observador exterior situado en un emplazamiento equivalente al del nido de águilas, se cumple:

$$\frac{T}{t}=0$$

Es decir, bien puede haber pasado toda la historia del universo y ser t=13.700 millones de años, que la única solución a esta ecuación es que el *transcurso* en la nave, T seguirá siendo cero. Ahora bien, si admitimos un cosmos finito, aunque sea ilimitado, no parece muy problemático pensar que estamos en un borde del local del espacio, pero ¿es problemático estar en un borde local del tiempo? Pues sí, porque el tiempo es una dimensión anisótropa, y solo se puede recorrer en un sentido: hacia el futuro. Si se te ha acabado, es que ya no hay más, es que has llegado al fin de los tiempos. Pero aún quedan algunas preguntas con enjundia, por ejemplo: ¿Y si resulta que, después de todo, el espacio-tiempo se cierra sobre sí mismo y el final se toca con el principio? Como dije antes, nadie puede presumir de saber lo que pasa dentro de un agujero negro, más allá de experimentos mentales basados en las fórmulas de la teoría de la relatividad. Se supone que la respuesta oficial es que has llegado al final del tiempo pero, como veremos en el capítulo sobre teorías especulativas, no se puede descartar que ese final se parezca mucho al principio.

El área exterior al radio de Schwartzchild tiene coordenadas espaciales concretas, y dentro de ella, lo que se sospecha es que no hay más tiempo, ni de hecho, más espacio. Y hablando de principios y fines, lo cierto es que el colapso dimensional da unas condiciones geométricas teóricas que algunos[86] dicen que podrían, en cierta forma, equipararse con las que se atribuyen al universo en el evento del *Big Bang*, y si pensamos que toda la materia que ha engullido el agujero negro va a estar comprimida en un espacio infinitesimal, no es extraño que muchos reclamen que los agujeros negros podrían ser el punto de partida de nuevos universos bebé; universos que, en estas condiciones, quedarían completamente separados, sin posible conexión temporal ni espacial con el universo matriz. Pero hay que insistir en que ni hoy sabemos, ni parece probable que nunca sepamos lo que hay en el interior de un agujero negro, y en qué consiste en detalle ese colapso del tejido 4-dimensional.

Desde la época del descubrimiento de Penrose, se ha desarrollado toda una disciplina física sobre los agujeros negros, llegando a descubrirse cosas tan extrañas como que incluso estos entes que lo devoran todo tienen entropía, y que aquellos que provengan de un fenómeno natural como el colapso estelar, se auto disolverán en el futuro lejano debido a la radiación de Hawking: un fenómeno de origen cuántico, real, según indica la teoría, y según parece aceptar la comunidad científica, pero tan débil que es, en la práctica astronómica, indetectable, lo que hace a muchos dudar de la interpretación de los agujeros negros en su globalidad. El escéptico se pregunta, y no sin fundamento: ¿Qué sentido tiene andar postulando entidades no localizables directamente, y especular sobre la posibilidad de que esas entidades inobservables tengan

---

[86] Roger Penrose, como contaré más en detalle en el capítulo sobre teorías especulativas.

propiedades indetectables? También se está desarrollando toda una cosmología de los agujeros negros, con hipótesis como el *principio holográfico*, que propone que toda la información física de un sistema está en la superficie de dos dimensiones que lo rodea, lo que, en el caso de los agujeros negros implicaría que, en las superficies de Schwartzchild del agregado de todos los agujeros negros del universo estaría la información sobre todo el universo.

La existencia o no de agujeros negros todavía es un punto controvertido. Es imposible detectar directamente un agujero negro, pues ni la luz escapa a sus garras, pero es posible inferir su existencia a través de sus efectos en los cuerpos circundantes. El primer candidato que se propuso, allá por los años 1970, fue la estrella de neutrones Cygnus X1, y desde entonces se han propuesto muchos más, entre los cuales se están observando fenómenos sorprendentes[87]. Se cree, por ejemplo, que en el centro de nuestra galaxia existe un agujero negro masivo. Pero no deja de haber quien propone otras hipótesis[88] para explicar los fenómenos observados que hoy se consideran como pruebas indirectas de la existencia de agujeros negros.

Geometría de los conos de luz

Aceptar la propuesta del *universo-bloque* relativista implica considerar que el tiempo es una más de las cuatro dimensiones del continuo que forma el tejido de la realidad, algo diferente a las espaciales, como ya hemos visto, dada su anisotropía, pero que ya no se puede, o al menos ya no se debe, en sentido estricto, separar de ellas y estudiar de forma aislada. En esta hipótesis, considerada en su versión robusta, el flujo del tiempo

---

[87] http://www.jpl.nasa.gov/news/news.php?feature=4753

[88] http://fqxi.org/community/forum/topic/2268

no es más que una ilusión de nuestra percepción. La controversia histórica se decide, a fecha de hoy, mucho más a favor de Aristóteles y Leibniz que de Platón y Newton. El tiempo relativista es igual de relativo que el espacio. Las ubicaciones espaciales relativas entre objetos están definidas por una relación de separación tipo distancia, que puede ser arriba/abajo, derecha/izquierda o delante/detrás, o en último caso de yuxtaposición, y su magnitud se mide con una cinta métrica o dispositivo equivalente. Las ubicaciones temporales o *dataciones* relativas entre eventos están definidas por una relación de *cronoseparación* tipo duración antes/después, o en último caso de simultaneidad, relación cuya medida no se puede precisar con una cinta métrica, pero sí con un reloj, a través del cual contaremos y agregaremos ciclos cósmicos, o ciclos atómicos o eventos de ciertos procesos gravitatorios o energéticos. Y entonces: ¿cómo es el detalle de la geometría íntima de esta nueva entidad llamada espacio-tiempo de la que, por el momento, apenas hemos dicho que es curva debido a la presencia de masa-energía? He aquí la definición de espacio-tiempo que se da en un documental de la cadena de televisión norteamericana PBS[89]:

> *Espacio-tiempo hace referencia a lo que quiera que sea la realidad externa que yace bajo nuestra experiencia colectiva de separación espacial entre cosas y separación temporal entre eventos.*

Si miramos al fondo de un proceso definido por dos eventos de inicio y fin en el espacio-tiempo relativista, lo que se está midiendo no es la distancia por un lado y la duración por otro, sino la composición de ambos, que resulta en lo que se llama el intervalo espacio-temporal entre dos eventos. El *antes/después* de la dimensión temporal no es muy distinto del *arriba/abajo*, del *delante/detrás* o del *izquierda/derecha*, de las dimensiones espaciales. En todos los casos son cosas relativas, que dependiendo de la posición del observador pueden variar. Pero

---

[89] http://www.pbs.org/

el intervalo no varía. La particularidad de la relación antes/después viene dada por el principio de causa y efecto: si un evento está entre las causas que influyen en que otro ocurra, siempre tendrá una relación relativa de antes respecto a él. En ese caso, dada la geometría de los conos de luz; será imposible encontrar un observador para el que esa relación se invierta. Y aquí hemos llegado al elemento que nos va a permitir ese análisis de la estructura íntima que buscábamos: el cono de luz.

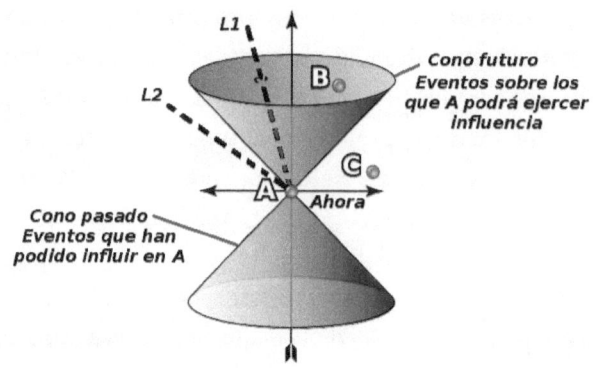

La figura anterior muestra la geometría hiperbólica espacio-temporal asociada al evento A, es decir, su cono de luz. Las posibles trayectorias de una partícula ubicada en el evento A que esté dotada de masa, como *L1*, caen dentro del cono de luz futuro y se llaman trayectorias *de tipo tiempo*. Las trayectorias exteriores al cono de luz, como la *L2*, son imposibles, porque nada viaja más rápido que la luz. En la superficie límite, o sea en la superficie exterior del cono, discurren aquellas partículas sin masa que viajan siempre a la velocidad de la luz, o sea los fotones, siguiendo trayectorias denominadas *de tipo luz*, o también *trayectorias puras de tipo espacio* porque su duración medida en tiempo propio, su *transcurso*, es siempre cero. Se mueven en el espacio, pero no en el tiempo. Dentro del cono de luz del evento A está comprendido el conjunto de eventos que pueden recibir una señal desde A, el conjunto de eventos de los que A puede ser causa coadyuvante, mientras que justo en su superficie está el conjunto particular de eventos que están conectados con A por una línea de tipo espacio puro, o sea que tienen intervalo cero respecto a él y se ajustan al límite de la relación causal. En esa superficie se cumple que el intervalo entre dos eventos cualesquiera es siempre cero:

$$\Delta s^2 = \Delta r^2 - c^2 \Delta t^2 = 0$$

¿Intervalo cero es como distancia cero? ¿Quiere eso decir que esos eventos están cerca de A? En cierta forma sí, siempre que nos pareciéramos mucho a un fotón, para el cual el tiempo propio siempre es cero y todo está ahí instantáneamente. Pero si fuéramos criaturas con masa, estuviéramos en A y quisiéramos aprovecharnos de esta supuesta "cercanía" de todos los eventos de la superficie del cono, tendríamos que ser capaces de desarrollar un *factor de Lorentz* γ adecuadamente alto, lo cual es imposible para partículas con masa, ya que al ganar velocidad también se gana masa. Dentro de la superficie del cono futuro quedan todos los eventos en los que A podrá tener influencia causal. Por eso la estructura de conos de luz nos informa adecuadamente sobre el principio de causalidad en la geometría relativista. El evento A nunca podrá tener alguna influencia causal sobre el evento C, puesto que se encuentra a una distancia espacial tal, que desplazarse desde A hasta C llevaría más tiempo que el que lleva a la luz.

En el ejemplo que poníamos en el apartado anterior describíamos un viaje de ida y vuelta a la estrella Sirio realizado por una nave que se desplaza a velocidad *0,9c* y calculábamos que su viaje suponía una *duración propia* (medida en tiempo propio la nave) de 8,718 años y una *duración* (medida en tiempo del nido de águilas) de 20 años. Este aparente desacuerdo entre puntos de vista se resuelve considerando que el nuevo invariante entre estos dos sistemas de referencia: la nave y el nido de águilas, no es la distancia por un lado y el tiempo por otro, sino esa nueva *distancia-tiempo* a la que Einstein llamó *intervalo*. Veamos como se calcula con los datos de este mismo ejemplo.

Llamaremos *(x,t)* a las coordenadas referidas al nido y *(x', t')* a las referidas al sistema móvil de la nave. Queremos calcular el intervalo espacio-temporal entre los eventos E_1, salida de la nave y E_2, vuelta de la nave. Las coordenadas del evento E_1 según el nido de águilas son:

$$E_1(x;t)=(0;0)$$

Y ahora, para transformar estas coordenadas al sistema móvil aplicamos las fórmulas relativistas de la transformación de Lorentz, claro, no las clásicas de Galileo.

$$x'=\gamma(x+vt)$$

$$t'=\gamma\left(t+x\frac{v}{c^2}\right)$$

Obviamente:

$$E_1(x';t')=(0;0)$$

Respecto al evento E_2: como el observador del nido ve el recorrido de 9+9 años luz y mide en su reloj 10+10 años, tenemos:

$$E_2(x;t)=(18;20)$$

Y transformando estas coordenadas el sistema de referencia móvil:

$$x'=\gamma(18+0,9*20)=\gamma\,36$$

$$t'=\gamma\left(20+\frac{18*0,9}{c^2}\right)$$

Como las unidades están en años y años-luz, *c=1*, y entonces:

$$t' = \gamma(36,2)$$

Y como teníamos un valor de:

$$\gamma = 2,294$$

Resulta:

$E_2(x',t') = (82,5896; 83,04895)$

Ahora que ya tenemos las coordenadas de los dos eventos en los dos sistemas:

$E_1(x;t) = (0;0)$

$E_1(x';t') = (0;0)$

y:

$E_2(x;t) = (18;20)$

$E_2(x',t') = (82,5896; 83,04895)$

Podemos calcular los respectivos intervalos. Primero en el sistema del nido de águilas:

$$\Delta S^2 = \Delta x^2 - (c\Delta t)^2$$

$$\Delta S^2 = 18^2 - (20)^2 = -76$$

Y luego en el móvil:

$$\Delta S'^2 = \Delta x'^2 - (c\Delta t')^2$$

$$\Delta S^2 = 82,5896^2 - 83,04895^2 = -76$$

Cuando un objeto aumenta su velocidad relativa respecto a un observador estático no solo se distancia de él en las dimensiones del espacio, sino también en la del tiempo: es decir llega al mismo futuro con menos *duración propia*, puesto que menor ha sido su *transcurso propio*. El resultado aparente es que emplea menos tiempo propio en llegar al mismo instante postrero que el que emplea un observador estático. Pero la realidad subyacente es que se ha desplazado hacia ese evento a través de una estructura de cuatro dimensiones recorriendo una trayectoria espacio-temporal más *corta* que el observador estático, porque esa estructura se ha aplastado ante la presencia de su imponente velocidad, o mejor dicho, del incremento de masa equivalente según el factor de Lorentz.

Un problema completo de relatividad

Veamos un ejemplo completo para cerrar el capítulo de relatividad con un examen detallado de sus efectos. Consideremos una carrera entre dos naves espaciales que salen del planeta A y se dirigen al planeta B, que se encuentra a 1 año-luz de distancia. La nave N1 está viajando a *0,995c*, justo el valor en el que el parámetro $\gamma=10$. La nave N2 lleva una velocidad apreciable[90] *0,001c*, pero todavía convencional, es decir muy por debajo de *c*. Su factor de curvatura es $\gamma=1,0000005$. Consideraremos que el evento de salida corresponderá al tiempo cero t_0, en el que llega una señal luminosa que fue emitida antes por B, y que, en ese momento sincronizado e inequívoco, comienza el viaje de las dos naves, al mismo tiempo que se emite también una señal luminosa desde A hasta B que informa sobre el comienzo de la carrera. En B tenemos un observador que tiene que anotar en coordenadas de su tiempo local todos los datos de llegada: los del pulso de luz, los de las naves y el tiempo que ha medido el reloj interno de cada nave. Estudiaremos lo que ocurre a cada uno de los tres viajeros desde su propio punto de vista, y desde el de un observador estático en B, que en este caso será nuestro nido de águilas. Y empezamos con la señal luminosa. La luz viaja a velocidad c, por tanto el coeficiente de contracción espacio-temporal que le corresponde, como ya habíamos visto antes, es:

---

90 El valor 0,001c=300 km/s es diez veces más rápido que la sonda espacial más rápida que ha fabricado el hombre, en trayectoria de descenso para estrellarse contra un planeta: por ejemplo la sonda Galileo en el planeta Júpiter.

$$\gamma = \frac{1}{\sqrt{1-\frac{c^2}{c^2}}} = \frac{1}{0} \to \infty$$

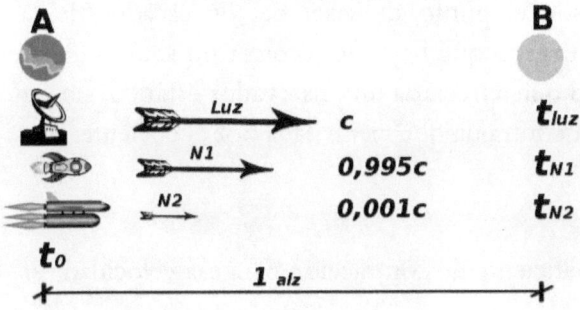

Lo cual quiere decir que desde el punto de vista del propio rayo de luz, la distancia que ha recorrido será la distancia ordinaria *1alz*, dividida por el coeficiente γ, es decir:

$$\frac{1}{\gamma} = \frac{1}{\infty} \to 0$$

¡Según el punto de vista de la propia luz, ella nunca se tiene que mover ni un milímetro! Su espacio-tiempo está completamente aplastado y por tanto, tampoco tiene sentido decir que tarda algún tiempo entre dos eventos, puesto que desde su óptica todos los eventos son el mismo. Su *transcurso* es siempre cero. Si hay algo que cause nerviosismo en la teoría de la relatividad es esto, pues aunque la transformación de Lorentz funcione a nivel matemático, la interpretación física de este hecho se apoya en la geometría hiperbólica de los conos de luz, pero es complicada incluso para las mentes más agudas.

Sin embargo, desde la perspectiva del observador que está esperando en B, las cosas se ven de otra forma muy distinta. Él había emitido un pulso de luz que después de recorrer el espacio y llegar a A para marcar el tiempo t_0 y activar todo el mecanismo del problema, recibe como respuesta exactamente dos años después de su salida. Como observador estático, B concluye acertadamente que el pulso ha empleado un año en el viaje de ida y otro en el viaje de vuelta.

Pasemos ahora a la nave N2, que viaja a *0,001c* y recordemos que, desde el punto de vista del observador de la nave, el espacio-tiempo que hay que recorrer no será exactamente *1alz*, que es lo que apreciaría un observador estático, sino que es una distancia contraída que viene dada por el cociente:

$$\frac{1}{\gamma}$$

El coeficiente de contracción para esa velocidad es:

$$\gamma=\frac{1}{\sqrt{1-\frac{(0,001c)^2}{c^2}}}=1,0000005$$

Lo cual implica que la nave N2 recorrerá una trayectoria levemente aplastada de:

$$\frac{1}{1,0000005}=0,9999995\,alz$$

Y completará el viaje en un tiempo propio de:

$$\frac{0,9999995\,alz}{0,001\,c}=999,9995\,años$$

Pero el observador de B no aprecia ninguna de estas contracciones, por lo que registrará la llegada de la nave 2 después de esperar con ejemplar paciencia durante:

$$\frac{1\,alz}{0,001c}=1000\,años$$

Mientras que si aplicamos el mismo razonamiento a la nave N1, encontramos que:

$$y = \cfrac{1}{\sqrt{1-\cfrac{(0{,}995\,c)^2}{c^2}}} = 10$$

Lo cual implica que recorrerá una trayectoria muy contraída de:

$$\frac{1}{10} = 0{,}1\,alz$$

Y completará el viaje en:

$$\frac{0{,}1\,alz}{0{,}995\,c} = 0{,}1005025\,años = 36{,}6\,días$$

Sin embargo el observador estático en B no aprecia ninguna contracción en la trayectoria de esta nave. Simplemente la ve recorrer *1 alz* a una velocidad de *0,995c*, por lo que registrará su llegada tras:

$$\frac{1\,alz}{0{,}995\,c} = 1{,}005025\,años = 366{,}83\,días$$

Al cabo de 1000 años, B diría que los tres elementos han recorrido la misma distancia espacial, pero si le preguntamos por sus trayectorias en el espacio-tiempo, tendría que reconocer que estas han sido muy distintas. El evento de partida es el mismo para todas ellas, pero el de llegada es muy diferente. La luz llegó en un año, la nave N1, solo un poco después, pero la nave N2 se demoró un milenio. La nave N2 es la más lenta, y aunque he forzado la aparición del séptimo decimal para que se pueda apreciar el efecto relativista, éste es casi despreciable. Si tabulamos los resultados para compararlos, y recordamos que nuestro nido de águilas era B, tendremos lo siguiente:

v	γ	T	d_P	t_p	t_B
Velocidad	Curvatura	Transcurso en años por añoB	Distancia propia	Duración propia	Data final
B	0	1	1	0	1	1
Luz	c	∞	0	0	0	1
Nave1	0.995c	10	0,0995	0,1	0,1	1,005
Nave2	0.001c	1,0000005	0,9999995	0,9999995	999,9995	1000

El observador en B tendrá que esperar mil años para ver la nave llegar, y a los tripulantes les habrá transcurrido un tiempo propio de 999 años, 364 días y 19 horas. Por contraste, la nave N1 viaja a una porción apreciable de la velocidad de la luz. Con esa enorme rapidez, su viaje, visto desde B, durará solo un año y dos días, pero el efecto relativista para los tripulantes será notable, como demuestra el hecho de que el reloj interno de la nave marcará solo 0,1 años, es decir, la *duración propia* de su viaje ha sido poco más de un mes. Si fuéramos capaces de aumentar todavía más la velocidad[91] de la nave 1, nos encontraríamos en situaciones cada vez más *relativistas*. El continuo espacio-temporal se aplastaría cada vez más, de forma que el viaje sería cada vez más corto en distancia espacial y en tiempo propio. Llegando a valores infinitesimalmente cercanos a *c*, nos encontraríamos con situaciones en las que para el personal de la nave apenas han pasado unos minutos de viaje, aunque para el observador situado en B, el tiempo transcurrido sería 1 año y algunos minutos. En el límite, viajando exactamente a *c*, tendríamos la misma experiencia que la luz y llegaríamos

---

91 Nunca lo seríamos, pues el aumento relativista de la masa en reposo con la velocidad viene también regulado por el parámetro γ, y sería imposible acelerar cualquier pequeña masa, cuyo valor de masa en reposo sea distinto de cero, a velocidades sublumínicas.

instantáneamente a B, según *duración propia* igual a cero[92], aunque para el observador que nos está esperando allí habríamos tardado exactamente un año.

La relatividad nos sugiere que pensemos solo en puros términos de geometría espacio-temporal, conos de luz e intervalos entre eventos. El tiempo está mezclado de forma inextricable con las otras dimensiones espaciales y la nave rápida no solo se desplaza en el espacio, sino que no puede evitar, ni podría aunque quisiera, desplazarse también hacia adelante en el tiempo, según el parámetro de contracción γ, que sale de la transformación de Lorentz. No es que el tiempo pase más lento para la nave más rápida, es que el espacio-tiempo se aplasta irremediablemente en la dirección de su movimiento y se ha de recorrer menos longitud para desplazarnos a ese más allá y menos tiempo para llegar a ese más tarde. Desde el punto de vista de los tripulantes de la nave N2, sus 36,6 días de viaje se han convertido en algo más de un año del observador en B. Por eso, solo hablando de una forma grosera e inexacta, se podría decir que han viajado al futuro, algo que, si nos ponemos en ese plan, todos estamos haciendo continuamente todo el rato por el mero hecho de existir en esta *temporeidad*.

Un asunto de masas, no de velocidades

Cuando explicamos la paradoja de los gemelos en algún apartado anterior vimos que, en realidad, no es el hecho aislado de llevar una velocidad muy grande lo hace surgir los efectos relativistas. Las alteraciones en la geometría espacio temporal que dan lugar a los efectos relativistas ocurren solo cuando se

---

[92] ¡Al fin una buena noticia!. Si consigues moverte a la velocidad de la luz, todos tus desplazamientos cuentan tiempo propio igual a cero. No tan buena. Si llegaras a alcanzar c, tu situación se parecería mucho a la caída en un agujero negro. El transcurso cero significa que el tiempo se te habría acabado para siempre.

dan la aceleración y la deceleración que han sido imprescindibles para alcanzar esa velocidad. Se trata, por tanto, de una geometría marcada por aceleraciones no por velocidades. Pero de acuerdo al principio de equivalencia de Einstein, el movimiento acelerado siempre puede, *mutatis mutandi,* hacerse equivalente a la acción debida a la presencia de un campo gravitatorio creado por una determinada masa, que en nuestro ejemplo del movimiento de un sólido no sería otra que la masa-energía equivalente que resulta de aplicar el factor de Lorentz a la masa en reposo.

Por tanto, de acuerdo a este razonamiento y a las ecuaciones de campo de Einstein, la geometría espacio-temporal del universo-bloque de la teoría de la relatividad es, en última instancia, un asunto de masas y de gravedad, no de velocidades. Es la presencia de campos de aceleración gravitatoria o equivalentes, la que deforma o aplasta el espacio-tiempo, que es una estructura a contemplar como un todo. Allá donde el campo gravitatorio es muy fuerte porque la presencia de masa-energía es grande, las líneas del espacio-tiempo se apelotonan y se aplastan. Pero el observador interno o móvil que está experimentando los efectos relativistas no tiene manera de medirlos. A él le parecerá que su tiempo propio *transcurre* normalmente porque su forma de medirlo es hacer comparaciones con los ciclos de sus relojes locales: oscilaciones de péndulos construidos en el campo gravitatorio de su planeta, oscilaciones de átomos de material atrapado en ese mismo marco, todos ellos sometidos también a la misma contracción espacio-temporal. Cuando la masa crece hasta ciertos valores, la teoría nos dice que se llegan a formar estructuras conocidas como agujeros negros. En ellas, el continuo espacio-temporal puede incluso llegar a desplomarse, a acabarse, a desaparecer en lo que puede considerarse un fin local del tejido.

Cosmología: las edades del universo

> *Equipado con sus cinco sentidos, el hombre explora el universo. Y a esa aventura la llama ciencia.*
>
> *Edwin Hubble*.*

Universo en expansión: la ley de Hubble

La cosmología moderna se ha desprendido de cualquier tipo de hipótesis mística o teológica, como muchas de las que hemos comentado en capítulos anteriores, y se basa enteramente en datos observacionales. Esto incluye a la teoría del *Big Bang* que pese a tener muchos aspectos y detalles en discusión, es generalmente aceptada como la explicación válida para el origen del universo. La ley de Hubble también se deriva de observaciones empíricas y es un hecho que se puede comprobar cuando se aplica el instrumental astronómico adecuado a la observación de galaxias lejanas. A principios del siglo XX todavía permanecía vigente un viejo enigma no resuelto por la física newtoniana, a saber: si la fuerza de la gravedad era prevalente en el universo, ¿como se explicaba que toda la materia no hubiera colapsado ya hacia su centro de masas? Esta era la cuestión que Richard Bentley había planteado, todavía en vida del buen Sir Isaac, y a la que éste solo había logrado dar una respuesta incompleta e incomprobable. Si el universo era finito, dijo Newton, entonces se produciría el colapso, pero si era infinito, los efectos se compensarían y el sistema se mantendría estable. Ergo, el universo debía de ser infinito. Por la década de 1920, cuando Edwin Hubble empezó a realizar observaciones sistemáticas del espectro luminoso de muchas nebulosas lejanas, este concepto todavía era prevalente. El universo debía de ser infinito y lo que se entendía entonces por nebulosas no eran agrupaciones de estrellas separadas de la Vía Lactea, sino quizás el estadio previo a una estrella, pero todas ellas dentro de un único universo isla que era la galaxia: por entonces la única galaxia.

Para estimar las distancias a esas nebulosas, Hubble supuso que si estas eran grandes y brillantes, estaban cerca y si aparecían pequeñas y apagadas, estaban lejos. Con los datos recopilados sobre desplazamientos al rojo de los espectros observados y esa estimación de la distancia, fue capaz de ver que esas nebulosas eran agrupaciones de estrellas que formaban otras galaxias separadas y que los datos encajaban en un gráfico como el siguiente:

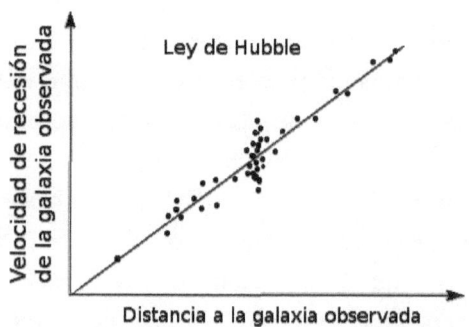

Es decir, cuanto más lejana estaba la galaxia, más desplazado hacia el rojo aparecía su espectro. La conclusión era que ese desplazamiento hacia el rojo solo podía deberse a un incremento de la velocidad de separación entre esa galaxia y la nuestra[93]. El misterio newtoniano parecía quedar explicado sin

---

[93] Puede interpretarse como un efecto Doppler de las ondas luminosas.

necesidad de recurrir a un universo infinito. La gravedad se compensaba con una expansión del universo. Los datos de las observaciones astronómicas más recientes confirman que este fenómeno solo se observa en las grandes distancias del universo, y por ejemplo, no se detecta al mirar a nuestras galaxias más próximas, como Andrómeda o las Nubes de Magallanes, lo que implica que, a escala local, la gravedad sigue siendo la fuerza más importante. De los datos de su gráfico de distancias y velocidades, Hubble concluyó que hay una relación lineal directa entre la velocidad con la que se separan dos galaxias y su distancia relativa en un momento dado. Expresado en términos matemáticos:

$$V = H * D$$

Donde V es la velocidad de separación entre dos galaxias cualesquiera, D es la distancia relativa entre ellas en un momento determinado y H es la constante de proporcionalidad, llamada constante de Hubble, que en el gráfico anterior representaría a la pendiente de la recta que resulta del ajuste lineal de los puntos.

Pero la clave de esta teoría es que cuando se dice que el universo está en expansión no se ha de entender que dos galaxias distantes se están alejando entre sí porque se están moviendo relativamente entre ellas respecto al fondo absolutamente estático del espacio, sino porque el factor de escala del tejido de cosmos está cambiando, o sea, porque el espacio en sí mismo se está agrandando. Si pensamos en un universo lineal E^1, nos serviría la metáfora de la goma que se está estirando, en E^2 podríamos pensar en un globo que se está hinchando. A partir de aquí ya no tenemos capacidad para visualizar el efecto en planos de más de dos dimensiones, pero podemos imaginarnos la equivalencia.

Deducción matemática de la ley de Hubble

La expresión obtenida por Hubble de forma experimental también se puede deducir a partir de postulados teóricos muy simples. Seguiré el método que explica el profesor Leonard Susskind en sus clases de la universidad de Stanford, que se pueden ver por internet[94]. Imaginemos un universo con una dimensión espacial y otra temporal, es decir un E^{1+1} y llamemos *"a"* al factor de escala que se está agrandado. Admitiremos que *"a"* puede cambiar con el tiempo, pero no cambia de un sitio a otro del espacio, o sea el factor de escala en un momento dado es el mismo en todos los puntos del cosmos. Supondremos que el universo es homogéneo, es decir, que las propiedades intrínsecas del espacio en un momento dado "*t*", se describen de la misma forma en todos sus puntos, aunque esta descripción también pueda variar con el tiempo. Denotaremos con la letra *"x"* a esa coordenada espacial:

En un espacio de este tipo, la distancia *d* entre dos puntos cualesquiera se puede expresar como:

$$D = a\Delta x$$

Si consideramos, por ejemplo, dos galaxias lejanas, y tenemos en cuenta que *a* es función del tiempo, tenemos:

$$D = a_{(t)}\Delta x$$

---

94 https://youtu.be/32wIKaLkvc4

Derivando respecto al tiempo[95] y considerando que Δx es constante en el tiempo:

$$\dot{D}=\frac{d}{dt}\left(a_{(t)}\Delta x\right)$$

O sea:

$$\dot{D}=\dot{a}\Delta x$$

Multiplicando y dividiendo por a en el segundo término:

$$\dot{D}=\dot{a}\Delta x\frac{a}{a}$$

Reagrupando:

$$\dot{D}=\frac{\dot{a}}{a}a\Delta x$$

Pero como precisamente:

$$D=a\Delta x$$

Resulta que:

$$\dot{D}=\frac{\dot{a}}{a}D$$

Es decir, en este universo la velocidad de recesión entre dos galaxias cualesquiera separadas una distancia D, se puede expresar unívocamente en función de esa distancia, puesto hemos convenido que tanto a, como su derivada temporal, $\dot{a}$ son fijas en un momento dado para cualquier punto del espacio. El parámetro $\dot{a}/a$, o sea, la variación temporal del factor de escala respecto al propio factor de escala, es constante y es precisamente lo que se conoce como *constante de Hubble*, abreviadamente H:

$$H=\frac{\dot{a}}{a}$$

---

95 El punto sobre la variable denota derivada respecto al tiempo.

Y ahora estamos en condiciones de expresar la denominada ley de Hubble en su forma más habitual:

$$V = H D$$

Y de enunciarla así:

La velocidad relativa entre dos galaxias cualesquiera en un universo homogéneo en expansión es proporcional a su distancia de separación. El factor de proporción, o parámetro (al no ser constante en el tiempo, algunos prefieren el término parámetro) de proporción es H, *denominado constante de Hubble.*

La constante de Hubble, *H,* cambia con el tiempo, pero no con el espacio; no tiene por qué ser la misma ahora que era en la época de los dinosaurios, pero para un momento dado del tiempo es la misma en todo el universo. Para obtener el valor de esta constante, se ha realizado el análisis de una muestra grande de galaxias que están muy alejadas de la Tierra, tanto como para que sus movimientos peculiares, es decir los debidos a la atracción gravitatoria local sean despreciables. A fecha de hoy, la mejor estimación del valor actual de la constante de Hubble proviene de los datos del satélite WMAP, que tras un análisis detallado de la estructura del fondo de radiación de microondas, ha llegado a la cifra de[96] $71 \pm 4 \, km/s/Mpc$.

Consecuencias de la ley de Hubble

De acuerdo a la ley de Hubble, cuanto más separadas están dos galaxias, con más velocidad relativa se están alejando una de la otra. Pero recordando otra vez que es el propio espacio el que se está agrandando, si pensamos en el universo ideal tipo línea E^{1+1} en el que estuvieran estas dos galaxias, no debemos pensar que la expansión tiene un centro, ni nada parecido, sino

---

96 Mpc representa megapársecs. El parsec es una unidad de medida astronómica que equivale a 3,26 años-luz. Los cálculos iniciales de Hubble para la constante contenían un factor de error de 10, lo que le hizo subestimar la edad del universo en ese mismo factor.

que la propia línea está creciendo en todas partes por igual. Esta idea es la que se puede extrapolar a universos de mayores dimensiones, por ejemplo al nuestro E^{3+1}.

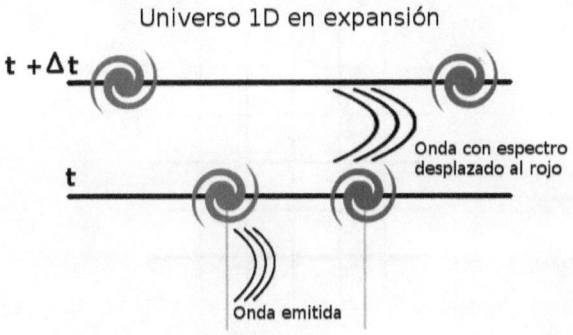

Universo 1D en expansión

Imaginemos ahora que estas dos galaxias se están enviando mensajes a través de ondas electromagnéticas, o simplemente se están observando respectivamente con telescopios. Por efecto doppler, la imagen, o el mensaje, o el paquete de ondas electromagnéticas enviado llegará desplazado al rojo a ambas galaxias receptoras. Cuanto más desplazado al rojo esté el espectro que llega a nosotros, con más velocidad se estará alejando esa galaxia y, según la ley de Hubble, más lejos estará.

Espacios de más de una dimensión

Además de enunciarlo, convendría demostrar que la ley de Hubble así obtenida para un espacio E^{1+1} es válida en espacios de dimensiones superiores, al menos en el E^{2+1}, manteniendo la hipótesis de homogeneidad, es decir el espacio se describe igual en cualquiera de sus puntos, y también la de isotropía, o sea el espacio tiene las mismas propiedades en todas las direcciones.

En dos dimensiones el razonamiento es parecido, pero hay que incorporar el teorema de Pitágoras para medir la distancia.

Si seguimos llamando **a** al factor de escala, entonces la distancia entre dos galaxias cualesquiera de este universo será:

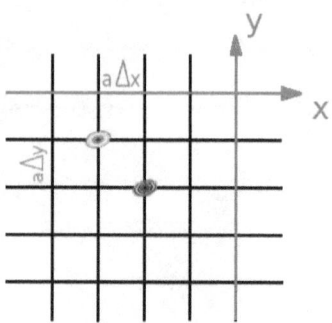

$$D=\sqrt{(a\Delta x)^2+(a\Delta y)^2}=a\sqrt{\Delta x^2+\Delta y^2}$$

Si derivamos respecto al tiempo para calcular su velocidad, tendremos:

$$V=\dot{D}=\dot{a}\sqrt{\Delta x^2+\Delta y^2}$$

Y ahora empleamos el mismo truco que antes, multiplicar y dividir por **a**:

$$V=\frac{\dot{a}*a}{a}*\sqrt{\Delta x^2+\Delta y^2}$$

Agrupamos:

$$V=\frac{\dot{a}}{a}*a*\sqrt{\Delta x^2+\Delta y^2}$$

Es decir:

$$V=\frac{\dot{a}}{a}*D$$

Y en definitiva:

$$V=H\,D$$

Hemos obtenido otra vez la ley de Hubble para un universo E^{2+1} que además es perfectamente extrapolable al universo real E^{3+1}. La ley de Hubble no implica que nuestra posición en la Tierra sea privilegiada, sino que desde cualquier parte del universo, el resto se observa expandiéndose según esa ley.

Ejercicio de aplicación de la ley de Hubble

Una de las consecuencias de que el espacio se esté expandiendo, es que la velocidad relativa de esta expansión no está sujeta al límite de la velocidad de la luz, ya que este límite solo aplica a las masas que tienen movimiento relativo respecto al continuo, no a al propio tejido del continuo. Un ejercicio de aplicación de esta idea podría ser el siguiente: ahora que conocemos el valor estimado de la constante de Hubble, averigüemos cuál es el tamaño del universo observable, es decir, a que distancia está la frontera de una cierta región del universo, tal que las radiaciones electromagnéticas de una galaxia que se encuentra allí dejarán de llegarnos por causa de que su velocidad de recesión respecto a nosotros se haya hecho justo la de la luz.

Solución:

La frontera del universo observable estará a una distancia tal que la velocidad de recesión de esa zona respecto a nosotros sea justo la de la luz. Vamos a la ecuación de Hubble:

$$V = H\,D \quad ; \text{Despejando:} \quad D = \frac{V}{H}$$

Sustituyendo y tomando valores aproximados:

$$v = c = 300.000\ km/s$$
$$H = 71 \pm 4\ km/s/Mpc$$

Resulta:

$$D = \frac{300\,000\,\frac{km}{s}}{71 \pm 4\,\frac{km/s}{Mpc}}$$

Y operando:

$$D \cong entre\,4.000\,y\,4.477\,Mpc$$

Que con la equivalencia $\quad 1\,pc \cong 3,26\,alz\quad$, nos da:

$$D = entre\,13.040\,y\,14.597\,Millones\,de\,años\,luz$$

El valor medio de esta cifra es *13.818* y se parece bastante a la edad estimada del universo observable, lo cual, en principio, puede parecer demasiada coincidencia. ¿Cabría haber esperado un valor muy diferente del obtenido?. Esa frontera del universo observable, que tendría forma de esfera con centro en el observador, se conoce con el nombre de *esfera de Hubble* respecto a un punto dado. Una esfera de Hubble de, digamos *50.000* millones de años luz, implicaría que nos está llegando la luz de unas regiones desde las que no ha tenido tiempo de llegar y por tanto querría decir que en algún momento del pasado, o bien la velocidad de la luz ha sido varias veces superior a la que es hoy, o bien el factor de escala de Hubble ha crecido mucho más deprisa que hoy. Una esfera de *5.000* millones de años luz implicaría lo contrario. El límite del universo visible está precisamente en el valor de la edad del universo expresado en años luz de distancia y eso quiere decir que la estimación del valor de la constante de Hubble es fiable[97]. La cosmología oficial propone que la magnitud de la velocidad de la luz, a veces referida como rapidez de la luz, es un dato fundamental e inalterable del universo que habitamos, mientras que la constante de Hubble, al igual que el factor de

---

[97] Un poco más adelante tendremos que matizar el concepto de tamaño del universo observable electromagnéticamente y conoceremos más sobre la historia del factor de escala de Hubble.

escala de la expansión, ha tenido variaciones a lo largo de la historia del universo. Existen ciertas posturas alternativas muy marginales. Tal es el enfoque denominado: teoría de la velocidad de la luz variable, más conocido por sus siglas en inglés VSL (Variable Speed of Light). El problema con esta y otras teorías alternativas es que plantean casi tantos, o incluso más inconvenientes que los que resuelven[98]. Pero volviendo al asunto de este capítulo, que es la cosmología, aunque a través de la ley de Hubble hayamos obtenido un valor aceptable de la edad del universo, eso no significa que el tamaño correspondiente sea el equivalente en años luz. Veremos en breve que, al no tener en cuenta la historia del factor de escala del universo, es decir al suponer que la constante de Hubble ha sido siempre la que es hoy, la cifra tomada como tamaño del universo observable no es correcta. Este límite teórico que acabamos de calcular, o sea, la esfera imaginaria fuera de la cual no hay información en forma de radiación electromagnética que pueda alcanzar el punto del observador, se conoce también como *horizonte cósmico* de ese observador.

Geometría y métrica del espacio-tiempo

Uno de los conceptos matemáticos más importantes en el estudio de la geometría espacial es el de métrica, o sea, la forma en la que se miden las distancias entre puntos de ese espacio. Pensemos otra vez en la línea, el universo E^{1+1}. Si mantenemos la denominación *a* para el factor de escala, *s* para la distancia, y llamamos *dx* a la separación infinitesimal entre dos puntos cualesquiera, diremos que la métrica de ese espacio está definida por la ecuación diferencial:

$$ds = a\, dx$$

Si elevamos al cuadrado en ambos miembros queda:

---

[98] https://en.wikipedia.org/wiki/Variable_speed_of_light

$$ds^2 = a^2 dx^2$$

En esta expresión, llamaremos tensor métrico de este espacio al valor a^2. La notación habitual para este tensor, que se convierte en un auténtico tensor-matriz cuando añadamos también el tiempo y estemos hablando de espacio-tiempo, sería, en este caso $g_{xx} = [a^2]$. Podemos pensar en él como en una matriz 1x1. Si ahora incorporamos el concepto de que el factor de escala cambia con el tiempo, entonces la métrica de este espacio también cambiará con el tiempo y puede, por ejemplo, reflejar la idea de un universo en expansión, como aparenta ser el universo en el que vivimos.

Espacio-tiempo y tiempo propio

Volvamos a nuestro espacio E^{1+1}. Si consideramos la trayectoria de una galaxia entre dos puntos cercanos, a la que llamaremos su línea del universo, podemos representarla gráficamente de la siguiente manera:

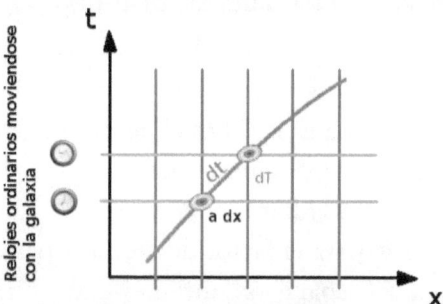

Llamaremos T al tiempo propio de esa galaxia, es decir, el tiempo medido desde dentro de ella, que nos sirve como referencia. Aplicando el teorema de Pitágoras, observamos que:

$$dT^2 = dt^2 - a^2 dx^2$$

Si el universo fuera estático, el factor de escala sería cero, y por tanto $dT^2 = dt^2$. Pero en un universo en expansión, el tiempo propio dT, se ve afectado por el factor de escala y por la distancia relativa al objeto con el que nos estemos comparando.

Métrica del espacio-tiempo

A partir de ahora dejaremos de hablar de espacio y pasaremos a hablar de espacio-tiempo, pues en la ecuación anterior nos viene dada la métrica de ese espacio-tiempo. El tensor que antes introducíamos como g_{xx}, ya no puede ser expresado simplemente como $g_{xx} = [a^2]$, sino que ahora, poniendo la ecuación anterior en forma matricial, tenemos:

$$dT^2 = \begin{bmatrix} 1 & 0 \\ 0 & a^2 \end{bmatrix} \begin{bmatrix} dt \\ dx^2 \end{bmatrix}$$

Y por tanto debemos decir que:

$$g_{xx} = \begin{bmatrix} 1 & 0 \\ 0 & a^2 \end{bmatrix}$$

Recordemos que el factor de escala a puede variar con el tiempo, lo cual permite la expansión o contracción del universo, pero es el mismo en todo el espacio en un momento dado. Pues bien, esta descripción básica del espacio-tiempo, con esta métrica que hemos despejado, no es otra que la de la teoría general de la relatividad, que si en lugar de en un espacio E^{1+1} estuviera en un E^{3+1}, podríamos expresar así:

$$dT^2 = dt^2 - a^2(dx^2 + dy^2 + dz^2)$$

Ecuación en la que la métrica del espacio-tiempo está representada por el siguiente tensor:

$$g_{xx} = \begin{bmatrix} 1 & 0 & 0 & 0 \\ 0 & a^2 & 0 & 0 \\ 0 & 0 & a^2 & 0 \\ 0 & 0 & 0 & a^2 \end{bmatrix}$$

Que efectivamente es la métrica correspondiente a una entidad matemática a la que llamamos espacio-tiempo, que es homogéneo (**a** puede variar con el tiempo, pero no con x, y o z) e isótropo (a se comporta igual en cualquiera de las tres direcciones del espacio) y que representa a un universo en expansión[99] en el que la componente espacial de la métrica crece con el tiempo a la razón que marca el factor de escala **a**.

Universo cerrado y limitado

Llegados a este punto es interesante pensar si la ley de Hubble y las anteriores reflexiones sobre métrica espacial nos aportan alguna información sobre la forma general del universo, sobre todo respecto a las dos grandes cuestiones, interrelacionadas quizás, que deberían caracterizarlo a gran escala y que son clave en nuestra investigación sobre el tiempo, pues nos recuerdan las grandes controversias históricas sobre sus características:

- La dicotomía cerrado/abierto
- La dicotomía finito/infinito

En un universo cerrado y finito parece más adecuada la concepción del tiempo relativo, mientras que en un universo abierto e infinito la concepción absoluta se corresponde mejor. Para reflexionar sobre los conceptos de universo cerrado o abierto, que pueden mezclarse y confundirse en cierta manera

---

[99] Si fuera un universo en contracción nos daría lo mismo a nivel de formulación teórica, solo que el factor de escala decrecería con el tiempo. Lo que ocurre es que la evidencia observacional (desplazamiento al rojo de la luz de galaxias lejanas) nos revela expansión, no contracción.

con los de limitado e ilimitado, volveremos a nuestro ejemplo más simple de universo lineal E^{1+1}. Si pensamos en él como una línea indefinidamente larga, estamos en el caso de un universo abierto e ilimitado. Por el contrario, si pensamos en un segmento con bordes, tenemos un universo cerrado y limitado. Sin embargo no debemos olvidar que "cerrado" no quiere decir necesariamente limitado, pues si el segmento anterior se transformara en una circunferencia tendríamos el caso de un universo cerrado y finito, pero sin límites[100].

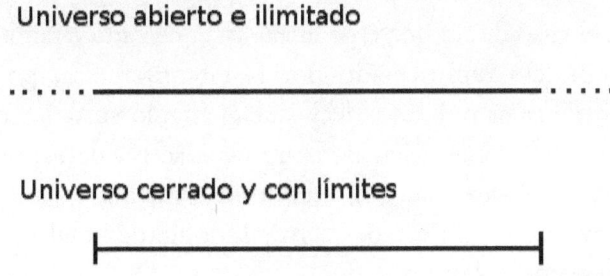

Universo limitado: problemas en los bordes

Si nuestro universo real E^{3+1} fuera limitado, por ejemplo el equivalente dimensional del segmento, del cuadrado y del cubo, lo que se conoce como hipercubo, entonces el principio de homogeneidad se vería comprometido cerca de las esquinas. Si fuera el volumen interior a una esfera de tres dimensiones, también nos ocurriría lo mismo en la superficie limitadora. En general, los modelos de universos limitados comprometen los principios de homogeneidad e isotropía en esas zonas de borde, por lo que es difícil aplicarles las teorías cosmológicas.

---

100 Sería posible imaginarnos geometrías teóricas más complicadas o que incorporasen propiedades especiales. Un universo 2D tipo cinta de Möebius sería cerrado e ilimitado, aunque finito, pero tendría la sorprendente propiedad de que con cada vuelta que le damos nos situamos en lados diferentes.

El principio cosmológico

Por eso se acepta como base de la cosmología moderna el llamado principio cosmológico, que se puede enunciar así:

A escalas suficientemente grandes[101], el universo es homogéneo, o sea, las cualidades del espacio son las mismas en todas partes, y además es también isótropo, o sea, no hay direcciones <u>espaciales</u> preferentes.

Métrica de un universo cerrado e ilimitado

Para el caso de un universo lineal E^{1+1}, cerrado e ilimitado, o sea, el modelo representado por la circunferencia, podemos usar coordenadas polares y decir que el ángulo entre los puntos 1 y 2 es $\Delta\theta$ y la distancia entre ellos se puede expresar en radianes, de forma que, si admitimos que se trata de una circunferencia pura de radio r, la longitud total se puede expresar como $2\pi r$.

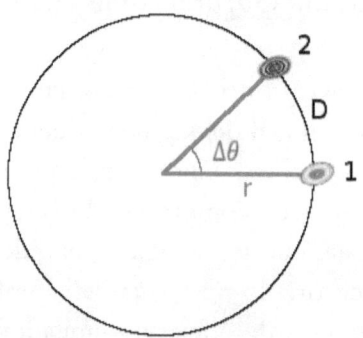

---

101 Podemos pensar en muchos años-luz, pero actualmente se toma como medida mínima a la que es válido el principio cosmológico la denominada Fin de la grandeza: unos 300 millones de años luz.

Vamos a construir la métrica de este universo, la forma de medir distancias según una expresión matemática. Si consideramos que esos dos puntos se acercan a una distancia infinitesimal, y dibujamos el triángulo que resulta de esa aproximación, nos encontramos con la siguiente figura:

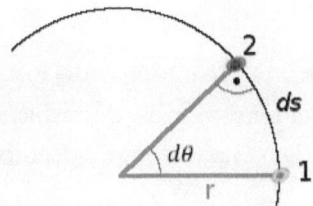

El diferencial de arco *ds*, es una magnitud también infinitesimal, y tan pequeña que, en el límite, los ángulos que forma con ambos radios serán rectos, por eso he puesto la marca del punto negro dentro del arco de uno de ellos, para significar que el triángulo con el que estamos trabajando puede verse, en realidad, como el siguiente:

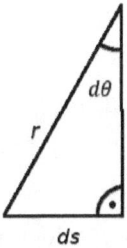

Del que por simple trigonometría podemos deducir:

$$ds = r\,sen(d\,\theta)$$

Pero teniendo en cuenta que para ángulos muy pequeños, el seno del ángulo equivale al valor del propio ángulo puesto en radianes, la expresión se nos simplifica a:

$$ds = r\, d\theta$$

Elevando al cuadrado en ambos lados de la ecuación, tenemos:

$$ds^2 = r^2\, d\theta^2$$

Y si llamamos *a*, al radio, en lugar de *r*, y consideramos que puede cambiar con el tiempo, para describir apropiadamente lo que sería un universo en expansión, tendremos:

$$ds^2 = a_{(t)}^{\,2}\, d\theta^2$$

Si ahora dibujásemos el gráfico que tiene en cuenta la situación temporal, con los dos relojes que marcan dos instantes de la expansión del universo y considerásemos el tiempo propio, comprobaríamos que la geometría resultante es equivalente a la de la malla que vimos en el gráfico dibujado hace tres o cuatro páginas, sin más que tener en cuenta que el eje *x* sería la línea de la circunferencia. Llegaríamos así a la misma expresión para la métrica de este espacio cerrado y sin límites.

$$dT^2 = dt^2 - a_{(t)}^{2}\, d\theta^2$$

Donde el único aspecto diferente es que la expresión maneja ángulos en lugar de distancias, pero el razonamiento y los conceptos son los mismos.

Para visualizar la posible evolución temporal de un universo de este tipo, en el que el factor de escala *a*, es creciente, desde un momento cualquiera en el tiempo hacia el futuro, no tendríamos más que pintar algo como lo que se ve en el siguiente gráfico:

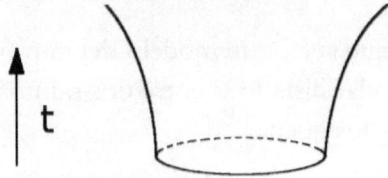

O quizás se nos podría ocurrir un comportamiento algo más errático para el parámetro $a_{(t)}$, como por ejemplo:

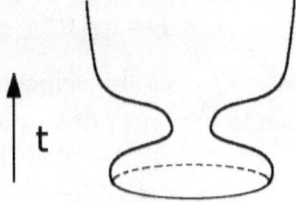

Si pensamos en que debió de haber un *momento inicial*, las cosas se empiezan a complicar en la formulación de ecuaciones, pero gráficamente podríamos suponer que este universo tuvo un comienzo en un círculo de tamaño infinitesimalmente pequeño en el que *a=0*:

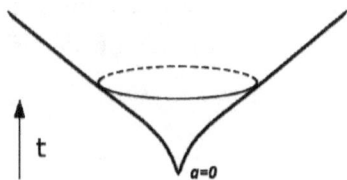

Y este podría ser uno de los ejemplos gráficos más sencillos de la evolución de un universo cerrado e ilimitado cuyo factor de escala cambia con el tiempo.

Universo en expansión, cerrado e ilimitado

Observemos que si en este modelo del universo tomamos la fórmula para calcular distancias entre dos puntos separados por un ángulo $\Delta\theta$ nos queda:

$$D = a\Delta\theta$$

Si la derivamos respecto al tiempo, recordando, eso sí, que el factor de escala depende del tiempo, pero el ángulo en sí mismo no, y por tanto no se ve afectado en esta ecuación, tenemos:

$$\dot{D} = \dot{a}\Delta\theta$$

Considerando que $\dot{D}$ es la velocidad, o sea V, y multiplicando y dividiendo otra vez por a, queda:

$$V = \dot{a}\Delta\theta\frac{a}{a}$$

Y reagrupando:

$$V = \frac{\dot{a}}{a}\Delta\theta\, a$$

Estamos ante una expresión que sería equivalente a la ley de Hubble en este universo de fabricación propia con el que venimos trabajando, y en el que la constante de Hubble sería, de nuevo, el crecimiento del factor de escala respecto a sí mismo:

$$H = \frac{\dot{a}}{a}$$

Y el factor $a\Delta\theta$, con el ángulo expresado en radianes, es la medida de la distancia de separación entre puntos, D, con la que partíamos. Luego, efectivamente, un modelo de universo lineal, cerrado y sin bordes, en el que el factor de escala a, cambia con el tiempo, es perfectamente consistente con la existencia de una ley de Hubble, que nos dice que la velocidad con la que se separan dos puntos cualesquiera de ese universo es proporcional a la distancia que los separa, con una razón de proporcionalidad, llamada parámetro de Hubble[102], que viene dada por la variación temporal del factor de escala respecto a sí mismo. Pues bien, dado que la ley de Hubble surge como una propiedad matemática de este modelo de universo teórico E^{1+1}, cerrado pero ilimitado, y en expansión, y dado que también hemos comprobado que lo será en otro que tenga dos dimensiones espaciales más; si a esto le añadimos que la ley de Hubble es un dato corroborado por las observaciones astronómicas de nuestro universo E^{3+1}, no es descabellado pensar que éste sea cerrado, sin bordes[103] y esté en expansión.

El carácter de este universo en expansión, cerrado y sin bordes que hemos estudiado matemáticamente, junto a la constancia de la velocidad de la luz, implica que si miramos a galaxias distantes, estamos mirando al pasado del universo y que cuanto más lejos, más al pasado miramos y, como era de esperar, en el pasado todo se encuentra más cerca de todo. Esta es una de las sólidas bases empíricas para la teoría del *Big Bang*, pero frente a la creencia común, no hay datos observacionales que permitan llevar esta suposición hasta el límite y deducir que en el pasado hubo un instante en el que todo el contenido del universo, y el espacio-tiempo mismo estuvieron contraídos en un punto geométrico sin dimensiones. Recordemos que es el propio espacio-tiempo el que se está expandiendo y que lo único que podemos decir es que si fuéramos capaces de mirar hasta el origen prístino de esa expansión, llegaríamos a una singularidad, un estado en el que dejan de ser válidas las leyes de la física tal y como las conocemos. La observación referente

---

[102] Recordemos que habíamos dicho que el término "constante" podía ser confuso, pues su valor cambia con el tiempo, aunque es el mismo en todo el universo en un instante dado. Por eso muchos prefieren el término "parámetro" de Hubble.

[103] Uso la palabra bordes, evitando aquí el vocablo "límites", no sea que alguien vaya a entender que "sin límites" equivale a ilimitado y esto a infinito. No. El modelo circular usado no tiene bordes y es ilimitado, pero no es necesariamente infinito.

al dato más antiguo posible es la de la radiación del fondo de microondas que, como veremos en seguida, no corresponde exactamente al momento del *Big Bang*, sino a un instante postrero.

Curvatura del espacio-tiempo

Aprovecharemos la profusa reflexión geométrica sobre estos universos ideales E^{1+1} de tipo circunferencia para aclarar visualmente el concepto cosmológico de *curvatura espacio-temporal*. En el sentido *einsteniano*, ya habíamos dicho que la teoría de la relatividad general propone un espacio-tiempo que es localmente curvo, debido a la presencia zonal de diferentes valores de masa-energía (estrellas, planetas, nebulosas, materia oscura, etc). Esta masa-energía genera gravedad que, por principio de equivalencia es idéntica a una aceleración, cuya representación gráfica en unos ejes espacio-tiempo es curva, no recta. Entonces ¿aporta la cosmología algún matiz a esta conclusión relativista de que el espacio es localmente curvo? El matiz viene dado por la diferencia de objetivos. La cosmología se pregunta por el universo a gran escala. La curvatura local debida a la presencia de masa-energía es indiscutible, pero la relatividad general no responde a la pregunta sobre la curvatura en sentido amplio del tejido espacio-temporal considerado como un todo. Si tuviera que recurrir a una imagen gráfica, usaría la del papel de embalar con burbujas, que podría representar a una especie de E^{2+1}. Las burbujas representan la curvatura local, y nadie discute que están ahí. Pero ahora nos preguntamos si el pliego que las contiene forma un plano extendido, o un cilindro, o un cono, o una esfera, o quizás otra figura geométrica más compleja como una cinta de Möebius.

Nos estamos preguntando, en definitiva, y volviendo al caso simple del E^{1+1}, por la curvatura de la forma cuádrica que resulta de representar la evolución temporal de ese espacio: el cucurucho de formas curiosas que habíamos dibujado antes. Si esa forma geométrica es desplegable al corte de tijera y, así cercenada, se puede aplanar sin pliegues o arrugas, entonces diremos que el espacio-tiempo correspondiente es de curvatura nula, o que es plano. Si no la podemos aplanar, diremos que tiene curvatura espacio-temporal no nula. Todos los ejemplos gráficos que hemos visto con anterioridad tienen curvatura espacio-temporal no nula, o sea, si los cortásemos con unas tijeras y los dejáramos reposar en un plano, quedarían pliegues. Pero en este tipo de gráficos hemos de fijarnos bien que los planos de corte horizontal, que son los que representan al espacio, sí que son líneas circulares, pues se podrían cortar y extender como rectas. En ese sentido se puede decir que tienen curvatura espacial nula, pero no que tengan curvatura espacio-temporal nula. Es el tiempo, que está representado por el eje vertical, el que introduce la curvatura de la forma cuádrica considerada como un todo geométrico, que es la forma correcta de ver el espacio-tiempo.

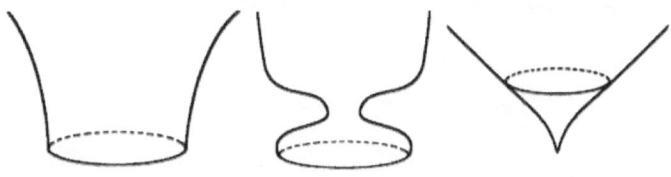

¿Podemos pensar en alguna variante de estos espacio-tiempos 1D que también tenga curvatura espacio-temporal nula, es decir, que sea completamente plano al considerarse como cuádrica? El ejemplo que se representa en la figura siguiente corresponde a un espacio-tiempo cilíndrico que cumple con esa condición: tiene curvatura nula. Si cortásemos la hoja con tijeras la podríamos extender en un plano sin ningún pliegue ni arruga.

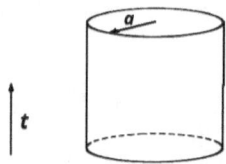

La característica peculiar de este espacio-tiempo plano es que el factor de escala es constante, y por tanto la ley de Hubble no sería aplicable, puesto que $\dot{a}=0$ y por tanto $H=0$, y no habría expansión. Es evidente que este modelo cilíndrico, tan encantadoramente sencillo, no se parece a la realidad expansiva de nuestro universo real, sino a la del estado estacionario en el que creían la mayoría de los cosmólogos y físicos a principios del siglo XX[104]. Pero hay una variante de espacio-tiempo plano que, siendo relativamente sencilla, es también compatible con la expansión del universo y con la existencia de una ley de Hubble. Se trata del espacio-tiempo cónico.

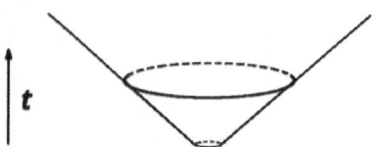

La particularidad de este espacio-tiempo cónico es que el factor de escala crece linealmente con el tiempo. Si llamamos k a ese factor de proporcionalidad, podemos expresarlo así:

$$a=kt$$

Por tanto $\dot{a}=t$, y el parámetro de Hubble se convierte en una auténtica constante:

---
[104] Incluido el propio Einstein.

$$H=\frac{\dot{a}}{a}=\frac{t}{kt}=\frac{1}{k}$$

La ley de Hubble de este espacio-tiempo cónico de curvatura plana sería:

$$V=\frac{1}{k}D$$

Es decir, se mantiene el postulado de que la velocidad con la que dos puntos, o galaxias, se separan en este universo es proporcional a su distancia recíproca, pero ahora la proporcionalidad es la misma en todos los puntos del universo y a lo largo de toda su historia. Por muy tentador que resulte adherirse a este modelo, la realidad observacional de la cosmología actual parece apuntar a una curvatura espacial plana o casi plana, pero no a una curvatura espacio-temporal plana, puesto que la historia del factor de escala, como veremos seguidamente, parece distar mucho de ser lineal. En fin, que las evidencias observacionales tampoco apuntan a que vivamos en un espacio-tiempo del tipo del modelo cónico.

Ecuaciones FRW

Cosmología newtoniana

Después de deducir la ley de Hubble, de analizar sus implicaciones, y de aceptar los datos observacionales de la cosmología actual, hemos llegado a la conclusión de que probablemente vivimos en un universo en expansión que además es, con gran probabilidad, un universo cerrado aunque sin límites o bordes. Sin embargo la ley de Hubble no llega a suministrarnos ninguna información cierta acerca de las características topológicas de ese universo y en particular, no nos confirma fehacientemente si el espacio por sí solo, o considerado como continuo espacio-temporal tiene curvatura plana o no. Y este es un punto muy importante.

Con el ejemplo del universo circunferencia E^{1+1}, vimos de forma gráfica que este detalle de la curvatura del universo completo como continuo espacio-temporal dependía directamente de la evolución histórica del factor de escala, de modo que solo si su crecimiento era nulo (cilindro) o constante (cono) la curvatura resultante era nula. El modelo de crecimiento nulo debe ser rechazado, pues contradice a la evidencia observacional de la propia ley de Hubble, según la cual la expansión es real. El modelo cónico es más atractivo, pero ya adelantamos que aunque los datos observacionales apuntan a una curvatura espacial nula o casi nula, la evolución histórica del factor de escala no ha sido, ni mucho menos, constante, por lo que la curvatura espacio-temporal no parece ser nula. En nuestro afán por sacar alguna información más sobre la topología del universo, es necesario ahora familiarizarnos con las ecuaciones de Freedman-Robertson-Walker, a las que en adelante denominaremos ecuaciones FRW. Lo verdaderamente curioso de estas ecuaciones es que, aunque se trata de las expresiones que dan la solución a las ecuaciones de campo de la teoría de la relatividad general de Einstein, se pueden deducir también de los postulados de la mecánica newtoniana, sin necesidad de álgebra tensorial. Consideremos un universo newtoniano, con espacio homogéneo e isótropo. Se trata de un universo ideal repleto de galaxias, en una de las cuales nos encontramos nosotros como observadores. En términos de las leyes físicas, cualquier observador situado en cualquiera de las galaxias de este universo se podría suponer en pie de igualdad con otro.

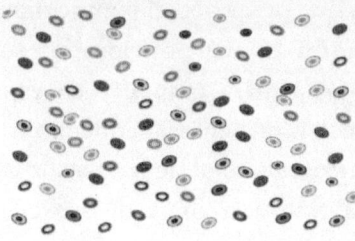

La gravitación es la fuerza que gobierna este universo a escala macroscópica y, considerada en abstracto, esa fuerza tiende a juntar todas las galaxias en una gran masa central. Ya vimos que Newton se había dado cuenta de esta circunstancia, y que Richard Bentley le había pedido las aclaraciones oportunas, a lo que el sabio inglés había respondido que esto solo ocurriría si se considerara un número finito de estrellas[105] en una región limitada del espacio, por lo que había concluido que, seguramente, el universo debía de ser infinito. En ese universo newtoniano al que nos referíamos antes, consideremos ahora una cierta masa de valor M y otra de valor m, que antes estaba contenida en M, pero que ha sido expulsada de ella por la actuación de una fuerza cuyo origen no nos importa. En un cierto instante posterior a la expulsión, la masa m se encontrará a una distancia D de la masa M, y además se estará alejando de ella a una velocidad v.

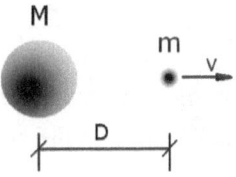

---

[105] Las reflexiones de Newton sobre las estrellas ya implican una cierta equivalencia de clase entre ellas y el sol. Descartes ya había dicho: "el sol se puede contar como una más de las estrellas fijas", pero será casi dos siglos más tarde cuando esto se confirme a través del análisis espectral por el padre Angelo Secchi.

Las ecuaciones que describen el comportamiento del sistema de las dos masas son las del principio de conservación de la energía. Tenemos una masa grande y en reposo que crea un campo gravitacional y una masa pequeña en movimiento que siente su tirón. La energía total de la masa m que, por cierto, no depende del tiempo, será la suma de sus energías potencial y cinética:

$$E_m = E_p + E_c$$

En donde tenemos primero la energía potencial creada por el campo gravitatorio de la masa grande M:

$$E_p = \frac{-mM}{D} G$$

La energía potencial tiene signo negativo, opuesto al de la energía cinética y G será el valor de la constante gravitatoria correspondiente a ese campo gravitacional.

Por otro lado, la energía cinética será:

$$E_c = \frac{1}{2} m v^2$$

Aplicando el principio de conservación de la energía, tendremos que la energía total del sistema se mantiene constante en un valor que llamaremos K, es decir:

$$\frac{1}{2} m v^2 - \frac{mM}{D} G = K$$

Observemos que a partir de la descripción de un fenómeno físico muy simple y de la aplicación del principio de conservación de la energía, hemos llegado a una expresión que ahora nos va a permitir un estudio gráfico del fenómeno. El valor de K puede ser negativo, cero o positivo. Si pensamos en la dinámica del fenómeno, que podemos concretar, como se hace habitualmente, en el lanzamiento de un cohete (m) respecto a la masa de la Tierra (M), y representamos la evolución temporal de la distancia D, entre esas dos masas, y consideramos los posibles valores de K, podemos dibujar la siguiente gráfica:

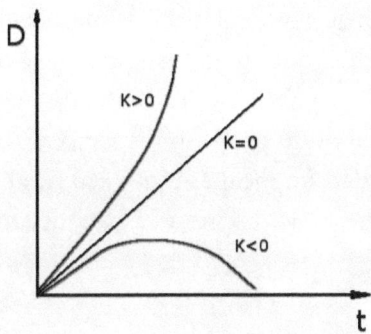

Para los casos en los que $K<0$ la energía potencial prevalecerá y la masa pequeña terminará cayendo otra vez a la masa grande. Por el contrario, para los casos $K>0$ es la energía cinética la que prevalecerá y la masa m terminará escapando del campo gravitatorio de M. La recta de $K=0$ representa el equilibrio, o sea, el valor justo de la velocidad de escape, que podemos calcular despejando de la ecuación anterior:

$$\frac{1}{2}mv^2 - \frac{mM}{D}G = 0$$

O sea:

$$\frac{1}{2}mv^2 = \frac{mM}{D}G$$

De donde:

$$v^2 = 2\frac{M}{D}G$$

Y, por supuesto:

$$v = \sqrt{2\frac{M}{D}G}$$

Que es lo que se conoce como *velocidad de escape*. El fenómeno simple que hemos estudiado, nos sirve para hacer una analogía con la ley de Hubble aplicada al universo en su conjunto y concluir que, para cualquier galaxia considerada, y para todas en su conjunto respecto a cada una de las demás, si la velocidad inicial de su recesión respecto al resto es mayor que una cierta velocidad de escape, esta galaxia, al igual que hace la masa m respecto a M continuará su alejamiento de forma indefinida.

El teorema de Birkhoff

Si tenemos una cantidad de materia distribuida de forma esférica en un espacio isótropo y homogéneo, entonces la fuerza gravitatoria que toda esa materia (representada en el gráfico siguiente por el conjunto de masas P_j), ejerce sobre una partícula situada en su exterior, m, es equivalente a la de toda esa masa concentrada en el centro de la esfera.

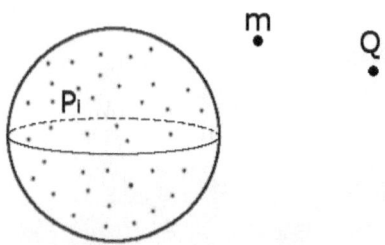

Usando solo consideraciones geométricas, Newton ya se había dado cuenta de que si hay alguna otra masa presente en las cercanías pero más alejada de m, como por ejemplo Q en el gráfico anterior, esa otra masa no contribuye al tirón gravitatorio del conjunto de masas P_i sobre m.

Consideremos ahora que todas estas masas teóricas son galaxias de un universo en expansión distribuidas de forma uniforme, y en particular, nos centraremos en una situación en la que m es una galaxia que está situada justo en el borde de esa esfera teórica. La representación gráfica de la nueva situación será la siguiente:

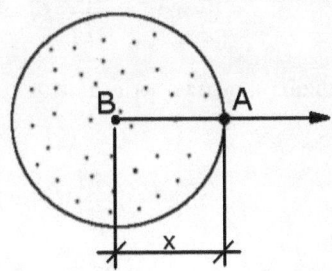

El punto A marca la situación de la galaxia que representa a la masa m, mientras que B marca el centro de masas de la esfera. Si pensamos en términos de la fuerza gravitatoria que hace todo el conjunto de masas de la esfera sobre la galaxia situada en A, la podemos suponer concentrada en el centro de masas B, y el resto de posibles masas ajenas al sistema no cuenta a estos efectos.

Hemos designado como x a la coordenada que nos servirá para el estudio del cambio del factor de escala en este universo que supondremos en expansión. El resto de valores a tener en cuenta en el desarrollo que sigue son estos:

- M: *masa total dentro de la esfera*
- v: *velocidad de la masa m*
- a: *factor de escala*
- D: *separación entre A y B*
- m: *masa de A*

- G: *constante gravitacional*
- K: *constante que representa a la energía total de m*

Con estas consideraciones escribamos otra vez la expresión que representa la energía total de la masa *m* en este sistema, que recordemos que era la suma de sus energías cinética y potencial, esta con su signo negativo, y apliquemos el principio de conservación de la energía, que nos dice que el valor total de la energía del sistema se debe mantener constante:

$$\frac{1}{2}mv^2 - \frac{mM}{D}G = K$$

Vamos a realizar algunas operaciones algebraicas en esta expresión:

$$2m(v^2 - 2\frac{M}{D}G) = 2K$$

$$(v^2 - 2\frac{M}{D}G = \frac{K}{m})$$

El valor K/m sigue siendo una constante, solo que ahora será la energía por unidad de masa de *m*. A partir de ahora en el desarrollo de las ecuaciones, nos referiremos a ella como *k*, con minúscula, recordando que, simplemente, es el mismo valor inicial de K, dividido por la masa que estamos considerando en movimiento. En esta nueva forma, *k* todavía sigue representando un valor de energía característico del sistema y constante con el tiempo. Por tanto:

$$v^2 - \frac{2M}{D}G = k$$

Si admitimos que en este modelo de universo newtoniano en el que estamos haciendo elucubraciones se cumple la ley de Hubble, dando por buenas todas las suposiciones referentes al factor de escala que cambia con el tiempo, tal y como las hemos hecho en las deducciones anteriores, concluiremos que un observador situado en B verá como A se aleja de él y podrá expresar la distancia entre ambos como:

$$D = xa$$

Derivando respecto al tiempo, y recordando otra vez que lo único que cambia con él, es el factor de escala **a**, pero no la propia coordenada x, tendremos:

$$\dot{D} = x\dot{a}$$

Pero $\dot{D}$ no es otra cosa que la velocidad v, por tanto:

$$v = x\dot{a}$$

Si tenemos también en cuenta que:

$$D = x\,a$$

Y consideramos igualmente que la masa M, es decir, el contenido de la esfera, es el producto del volumen[106] por la densidad, a la que designaremos con la letra griega ρ :

$$M = \frac{4}{3}\pi (xa)^3 \rho$$

Donde ρ es la densidad media, densidad que, al tratarse de un universo homogéneo será un valor que, como el factor de escala, es dependiente del tiempo, pero uniforme en el espacio, y donde el radio de la esfera es precisamente D.

Si ahora introducimos todos estos cambios en la expresión del principio de conservación de la energía que habíamos deducido antes, tenemos:

$$(x\dot{a})^2 - \frac{2G}{xa}\rho\left[\frac{4}{3}\pi(xa)^3\right] = k$$

Operando y simplificando dentro de la expresión, llegamos a que:

---

[106] El volumen de una esfera de radio R es: $4\pi R^3/3$

$$x^2\dot{a}^2 - 2G\rho\frac{4}{3}\pi a^2 x^2 = k$$

Sacando factor común en el término izquierdo:

$$x^2(\dot{a}^2 - 2G\rho\frac{4}{3}\pi a^2) = k$$

Recordemos que k representa un valor de energía por unidad de la masa móvil y que permanece constante en el tiempo. Pues bien, por homogeneidad de ambos miembros de la ecuación, si el de la izquierda es proporcional a x^2, recordando otra vez que la coordenada que estamos denominando x es constante en el tiempo, el de la derecha también debe serlo. Por eso podemos decir que debe existir un $\acute{k}$, tal que:

$$k = \acute{k} x^2$$

Es decir, $\acute{k}$ todavía sigue representando a una energía de la masa m, aunque ahora sea por unidad de masa y por unidad de superficie. Sustituyendo:

$$x^2\left(\dot{a}^2 - 2G\rho\frac{4}{3}\pi a^2\right) = \acute{k} x^2$$

Y de esta forma:

$$\dot{a}^2 - 2G\rho\frac{4}{3}\pi a^2 = \acute{k}$$

Como nuestro razonamiento no va a ser cuantitativo y lo único importante es no olvidar el carácter constante de $\acute{k}$, que ahora, al no depender tampoco de la coordenada x, será también constante en el espacio, si operamos los coeficientes dentro de la expresión, nos queda:

$$\dot{a}^2 - \frac{8}{3}G\rho\pi a^2 = \acute{k}$$

Esta expresión se presenta normalmente en otra forma, que resulta de dividir todos los términos por a² y de pasar el término con la constante gravitacional al otro lado:

$$\frac{\dot{a}^2}{a^2} = \frac{8\pi G}{3}\rho - \frac{k}{a^2}$$

Que es la que se conoce propiamente como ecuación de Freedman-Robertson-Walker, o FRW, y que ellos dedujeron de la teoría general de la relatividad de Einstein, pero que, como hemos visto, estaba perfectamente al alcance de Newton, solo que él nunca pudo llegar a ella porque no concebía un universo en expansión.

Si aplicamos a esta constante $\acute{k}$ los mismos razonamientos que hacíamos con la ecuación original del principio de conservación de la energía y el ejemplo del cohete que se lanza desde la Tierra, en este caso también nos encontraremos que sus valores pueden ser:

$\acute{k} > 0$ para un universo en expansión que nunca frenará. En este universo la energía de expansión es tan grande que llega el momento en el que la gravedad se vuelve irrelevante. En la analogía de un cohete que despega desde la Tierra, este sería el caso en el que su velocidad de arranque es mayor que la de escape y el cohete escapa a la gravedad terrestre.

$\acute{k} < 0$ para un universo en expansión que alcanzará su máximo en algún momento, pero en el que al final la gravedad predomina y hará que todo vuelva a juntarse. En la analogía del cohete, este es el caso en el que la velocidad inicial era menor que la de escape y el cohete cae de vuelta a la Tierra.

$\acute{k} = 0$ para un universo, o para un cohete, en la situación exacta de velocidad de escape. La energía de expansión y la energía potencial gravitatoria están en equilibrio y la situación de estancamiento expansivo o de caída no consumada, como se quiera ver, durará siempre.

Universo dominado por la materia

Veamos si estas ecuaciones FRW nos pueden aportar información interesante sobre nuestro universo: si es curvo o plano, si la expansión es de un tipo o de otro, etc. Para ello, pensemos ahora en el parámetro ρ, la densidad de energía[107] de un universo E^{3+1} en el que vamos a suponer que toda la masa M está contenida en un cubo de longitud de arista 1 unidad en cada coordenada del espacio, es decir, un cubo en el que consideramos que el lado es exactamente igual al factor de escala *a* en ese momento.

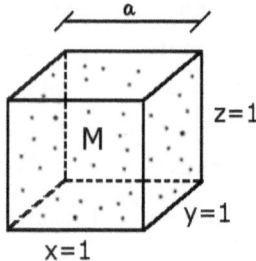

El cubo se expande pero la masa que contiene, es decir M, es la misma a lo largo del tiempo. Lo que cambia es la densidad, de forma que:

$$\rho = \frac{M}{a^3}$$

Observemos que, por el momento, estamos trabajando en un universo completamente newtoniano; no hemos introducido todavía ningún concepto relativista. Si introducimos este valor de la densidad en la ecuación FRW antes deducida, nos queda:

---

[107] En un universo dominado por la materia, esta energía es debida fundamentalmente a la materia ordinaria: átomos en reposo, aunque se muevan relativamente con la expansión y el crecimiento del factor de escala.

$$\frac{\dot{a}^2}{a^2}=\frac{8\pi G}{3}\frac{M}{a^3}-\frac{k}{a^2}$$

Analizaremos ahora esta versión de la ecuación FRW para el caso de un universo en el que $\dot{k}=0$, es decir, un universo que se está expandiendo justo en el límite de equilibrio entre las energías cinética de expansión y potencial de gravedad o contracción. Tendremos:

$$\frac{\dot{a}^2}{a^2}=\frac{8\pi G}{3}\frac{M}{a^3}$$

Es decir:

$$\left(\frac{\dot{a}}{a}\right)^2=\frac{8\pi G}{3}\frac{M}{a^3}$$

Ecuación diferencial para cuya resolución tantearemos con una función del tipo: $a=ct^p$

Una función exponencial donde el valor "c" no representa a la velocidad de la luz; es solo una constante, y el valor p es el exponente del tiempo. La derivada de esta función es:

$$\dot{a}=c\,p\,t^{p-1}$$

Y si sustituimos ambos valores en la ecuación diferencial anterior para ver si realmente es una buena solución, vemos que nos queda:

$$\left(\frac{c\,p\,t^{p-1}}{c\,t^p}\right)^2=\frac{8\pi G M}{3c^3 t^{3p}}$$

O sea:

$$\left(\frac{p}{t}\right)^2=\frac{8\pi G M}{3c^3 t^{3p}}$$

Ecuación que podemos comprobar que solo tiene solución para $p=2/3$. Así pues, un universo con $\dot{k}=0$, es decir, justo en el límite en el que la energía de expansión es la suficiente para el equilibrio, sería un universo en expansión, pero, en contra de lo que parecía esperable, esta expansión, o lo que es lo mismo, este aumento del factor de escala, no sería lineal[108], es decir, "*a*" no sería proporcional al tiempo "*t*", sino a $t^{2/3}$.

Para expresar más exactamente esa proporción podemos sustituir *p=2/3* en la expresión anterior, y nos queda:

$$\left(\frac{2/3}{t}\right)^2 = \frac{8\pi G M}{3c^3 t^{3p}}$$

Operando:

$$\left(\frac{2}{3t^2}\right)^2 = \frac{8\pi G M}{3c^3 t^2}$$

Podemos eliminar t^2 en ambos lados y despejar *c*:

$$c^3 = \frac{9*8}{4*3}\pi M G$$

Operando:

$$c = \sqrt[3]{6\pi M G}$$

Y ahora puedo retomar la expresión del factor de escala:

$$a = c t^p$$

Y sustituir el valor calculado de *c*, recordando también que *p=2/3*:

$$a = \sqrt[3]{6\pi M G}\, t^{2/3}$$

Que es, definitivamente, la única expresión válida para la evolución del factor de escala, o sea, la única solución a la ecuación FRW en el caso $k=0$. Si representamos gráficamente esta evolución del factor de escala obtenemos lo siguiente:

---

108 Recordemos que si el factor de escala no evoluciona de forma lineal, la curvatura del espacio-tiempo ya no será plana.

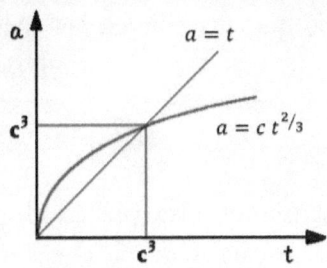

Desde *t=0*, que sería el comienzo del universo, hasta $t=c^3$, valor constante que implica a la masa del universo y a la constante gravitacional, resulta que el factor de escala crece, o lo que es lo mismo, el universo se expande, a un ritmo mayor que el propio tiempo, podríamos decir que se trata de una expansión moderadamente inflacionaria. Pero una vez alcanzado ese instante $t=c^3$, aunque la expansión sigue creciendo *ad aeternum*, lo hace a un ritmo decreciente y menor que el del tiempo. Observemos que, en este gráfico, estamos suponiendo que en el instante inicial *t=0*, el valor del factor de escala es *a=0*, lo que podría equivaler, aproximadamente, a la extraña configuración de la singularidad del *Big Bang*: tamaño cero y densidad infinita.

Este modelo que hemos examinado nos ofrece alguna otra información importante, por ejemplo, si repasamos las ecuaciones anteriores veremos que:

$$\frac{\dot{a}}{a} = \frac{p}{t} = \frac{2}{3t}$$

Pero recordemos que de la ley de Hubble:

$$\frac{\dot{a}}{a} = H$$

O sea, que si admitiéramos como buena la hipótesis de un universo de $\dot{k}=0$, podemos dar un valor exacto de la evolución del parámetro de Hubble con la edad del universo t, puesto que sin más que sustituir en las ecuaciones anteriores, obtenemos:

$$H=\frac{2}{3t}$$

Pues bien, si pensamos otra vez en el cubo ideal de lado igual al factor de escala con el que empezamos nuestro razonamiento, y consideramos que la realidad de la astronomía de precisión moderna es que todas las observaciones empíricas son consistentes con la hipótesis de un universo en el que $\dot{k}=0$, o al menos es tan próximo a cero que no se puede distinguir[109], concluimos que nuestro universo está en expansión creciente, pero con un factor exponencial menor que la unidad. La energía dominante dentro de ese cubo se debe más a la masa de las partículas que a la de la velocidad de expansión. Estamos en un universo con curvatura espacio-temporal no nula en el que, en principio, diremos que aparentemente prevalece la materia, por contraste con el universo inmediatamente posterior al *Big Bang*, en el que diremos que prevalece la energía, para lo cual debemos hablar ahora de fotones y radiación.

Universo dominado por la radiación

Fotones y energía de radiación

El universo actual está lleno de fotones y se estima que hay unos 10^9 fotones por cada átomo. Los fotones no tienen masa, pero sí tienen energía, aunque su magnitud no sea comparable a la energía que tiene, por ejemplo, un protón. Para calcular la energía de un fotón no podemos aplicar la fórmula de Einstein:

---

[109] Al menos lo eran hasta el descubrimiento de la expansión acelerada y la introducción del término energía oscura.

$E=mc^2$, pues insistimos en que los fotones no tienen masa, o más propiamente hablando, no tienen masa en reposo. No olvidemos que la teoría de la relatividad nos dice que masa y energía son, en el fondo, manifestaciones de la misma esencia, o quizás que la masa no es más que una propiedad que le atribuimos a la energía de un cuerpo cuando queremos saber cuánto cuesta acelerarlo. Surge entonces la pregunta: ¿De dónde viene la energía de los fotones?

En el universo primitivo inmediatamente posterior al *Big Bang*, la densidad de energía se encontraba fundamentalmente en forma de radiación. Consideremos un cubo ideal lleno de fotones, a los que representaremos con la letra griega[110] γ.

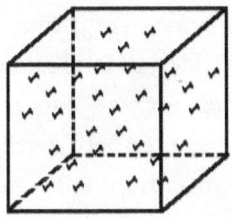

La energía de un fotón se puede expresar como: $E = h\vartheta$

Donde:

- *h: constante de Planck*
- ϑ: *es la frecuencia de la luz*

El fotón, en efecto, no tiene masa en reposo, pero eso no quiere decir que no tenga energía. Cada fotón tiene asociada una onda, o dicho de otra manera, el fotón es una más de las llamadas partículas elementales que exhiben la misteriosa dualidad onda-corpúsculo. Visto como onda, cada fotón se está

---

110 No tiene nada que ver con el factor de curvatura de la relatividad especial. No confundir, aunque la notación sea igual.

moviendo a la velocidad de la luz *c*, y tiene una longitud de onda λ, que de forma gráfica podemos representar así:

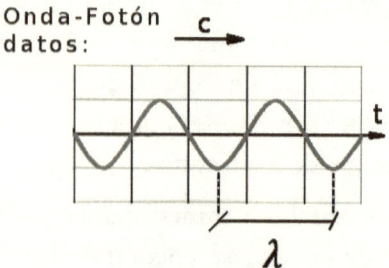

La frecuencia ϑ de la onda de este fotón será:

$$\vartheta = \frac{c}{\lambda}$$

¿Qué ocurre con las ondas en un universo en expansión, en un universo en el que el factor de escala crece? La respuesta es que no lo sabemos con certeza y no parece fácil diseñar un experimento que lo confirme, pero para el razonamiento que vamos a hacer ahora, supondremos lo que parece más sensato: que la longitud de onda del fotón se expanda proporcionalmente al factor de escala de la expansión del universo.

$$\lambda \quad a$$

Y en concreto, expresaremos esta proporcionalidad a través de una constante a la que, aunque en principio no se debe confundir con la anterior, también llamaremos *k*; es decir:

$$\lambda = k\,a$$

Dando esto por bueno, podremos expresar la energía de esa onda fotónica como:

$$E_\gamma = h\vartheta = h\frac{c}{\lambda} = h\frac{c}{k\,a}$$

Y si observamos cuidadosamente esta expresión:

$$E_\gamma = h\frac{c}{ka}$$

Veremos que nos dice que si aceptamos que la longitud de onda de un fotón en un universo en expansión, crece proporcionalmente al factor de escala, entonces la energía de ese fotón, decrecerá en proporción inversa a ese factor de escala. La energía total del agregado de fotones que se encuentran dentro de ese cubo ideal con el que empezábamos el razonamiento, se podría expresar como la suma de las energías de cada fotón individual. Digamos que si lo que hay es un cierto número "n" de fotones, entonces:

$$\sum_1^n E_\gamma = nh\frac{c}{ka}$$

Cantidad agregada que, como cada uno de sus sumandos, también disminuirá paulatinamente con el aumento del factor de escala. Si ahora pensamos no en la energía, sino en la densidad de energía en ese cubo, es decir, en la energía por unidad de volumen, a la que notaremos como ε ϵ, es evidente que para calcularla deberíamos dividir la expresión anterior por el volumen del cubo, y por tanto nos aparecerá un factor a^3 en el denominador de la expresión. Agrupando ya todas las constantes en una a la que llamaremos $\acute{k}$ y que tampoco hay que confundir con la del apartado previo, tenemos:

$$\sum_1^n \varepsilon_\gamma = nh\frac{c}{ka}\frac{1}{a^3} = \acute{k}\frac{1}{a^4}$$

Luego en el caso de la energía de radiación, esta energía disminuye con el factor de escala elevado al cubo, y la energía por unidad de volumen lo hace con el factor de escala elevado a la cuarta, o sea, mucho más rápidamente. Si ahora recuperamos la ecuación FRW y la aplicamos a los instantes iniciales del universo, cuando se supone que lo que dominaba era la energía de radiación, tendremos:

$$\frac{\dot{a}^2}{a^2}=\frac{8\pi G}{3}\rho-\frac{k}{a^2}$$

Y si ahora suponemos otra vez que la expansión de nuestro universo se está produciendo con *k=0*, o asimilable, nos queda:

$$\frac{\dot{a}^2}{a^2}=\frac{8\pi G}{3}\rho$$

El término de la derecha de esta versión de la ecuación FRW que hemos obtenido del estudio dinámico de masas mediante el teorema de Birkhoff, sirve para un universo en expansión dominado por la materia, y tiene dimensiones de densidad de energía. Si ahora consideramos un universo en expansión dominado, no por la materia, sino por la energía de radiación, que es lo que corresponde a la época primigenia del universo, una época en la que la masa todavía no tiene repercusión ni influye significativamente en la dinámica, deberemos sustituir esa expresión de la densidad de energía debida a la materia, por la que acabamos de obtener antes como densidad de energía debida a la radiación. De forma que nos queda:

$$\frac{\dot{a}^2}{a^2}=k\frac{1}{a^4}$$

Esta ecuación diferencial se resuelve con una función del tipo:

$$a=ct^{1/2}$$

O sea, que en un universo en expansión dominado por la energía de radiación, la expansión se produce a un ritmo de $t^{1/2}$, es decir, con la misma forma exponencial de valor menor que la unidad y, por tanto, con la misma tendencia que en el universo dominado por la materia, aunque algo más lenta, pues recordemos que la expansión en aquel caso se producía a un ritmo de $t^{2/3}$.

Después de todo este razonamiento, que aparte de habernos ilustrado sobre cómo ha podido ir cambiando el factor de escala durante las distintas épocas del universo, puede haber parecido algo estéril en algunas fases, estamos preparados para responder a algunas preguntas temporales importantes sobre hitos fundamentales en la edad del universo.

Superficie de la última dispersión

En la época inmediatamente posterior al *Big Bang*, el universo contenía fundamentalmente radiación y la expansión hacía disminuir la densidad de energía de esta radiación, de forma que la temperatura, que es una medida de la energía, también disminuía. Hoy sabemos que el universo es, sobre todo, hidrógeno y helio y por tanto, en aquellas épocas iniciales, estos gases debían encontrarse mucho más abundantes y calientes que hoy, o sea, a temperaturas muy altas, tan altas que causan su ionización. Y sabemos también que un gas ionizado es opaco, es decir, que es imposible que la luz u otras radiaciones electromagnéticas lo atraviesen, o lo que es lo mismo, es imposible ver en su interior con ninguno de los instrumentos de los que disponemos. Entonces, si el universo primigenio en el que dominaba la energía era opaco y ahora no lo es: ¿qué edad tenía cuando dejó de serlo? En otras palabras: ¿cuándo pasó el universo de estar dominado por la energía a estar dominado por la materia?

La temperatura de los fotones libres que se puede medir hoy de forma experimental, como por ejemplo en la radiación de fondo de microondas del universo, es, aproximadamente, de tres grados absolutos, o grados Kelvin, o sea $3°K$, o expresado en grados centígrados *-270°C*. Por otro lado, el sol es una buena muestra de una bola de gases hidrógeno y helio calientes e ionizados, y la temperatura de su superficie se puede estimar en *3000°K*, es decir, unas mil veces más caliente que la de los fotones libres. Esta es una buena referencia de cuales podrían haber sido las condiciones del universo en ese momento de desacople o transición que estamos estudiando.

Admitiendo que la temperatura T es una medida de la energía y sabiendo que, según hemos visto antes, la energía de los fotones decrece proporcionalmente al factor de escala, o sea:

$$T \approx \frac{1}{a}$$

Podemos concluir que la proporcionalidad entre el factor de escala de aquel universo primitivo y el del actual, es la misma que la del sus temperaturas, o energías, solo que en razón inversa. Es decir, si la temperatura de los fotones hoy es mil veces menor que la de entonces, el factor de escala hoy debe de ser mil veces mayor que el de entonces, entendiendo *"entonces"* por ese momento particular de transición de la historia del universo en el que la materia pasó a predominar sobre la energía. En definitiva:

$$a_{hoy} = 1000\, a_{transición}$$

Si nos situamos justo en el instante posterior a la transición y aprovechamos que antes dedujimos que en un universo dominado por la materia se cumple:

$$a = k t^{\frac{2}{3}}$$

Sustituyendo y eliminando k de ambos lados:

$$t_{hoy}^{\frac{2}{3}} = 1000\, t_{transición}^{\frac{2}{3}}$$

Y por tanto:

$$\frac{t_{hoy}^{\frac{2}{3}}}{1000}=t_{transición}^{\frac{2}{3}}$$

Si ahora usamos la información observacional del desplazamiento al rojo de las galaxias lejanas que ha permitido estimar la edad del universo en unos 13.700 millones de años y operamos de forma aproximada:

$$t_{transición}^{\frac{2}{3}}=13700^{2/3}\frac{1}{1000}$$

$$t_{transición}^{\frac{2}{3}}=5.725.503\frac{1}{1000}$$

$$t_{transición}^{\frac{2}{3}}=5.725$$

$$t_{transición}=\sqrt[3]{5.725^2}$$

$$t_{transición}=433.175\,años$$

Y así, hemos sido capaces de deducir que la transición entre el universo dominado por la energía de radiación y el actual, dominado por la materia, con las precisiones que haya lugar debido a los recientes descubrimientos sobre materia y energía oscuras, se produjo aproximadamente unos cuatrocientos treinta y tres mil años[111] (433.000) después del *Big Bang*. Antes de ese momento, el universo era opaco y estaba compuesto por átomos ionizados. Este es el momento que se conoce como periodo de desacople o de recombinación o también *superficie de la última dispersión*, y de ella proviene el famoso fondo de radiación de microondas, que constituye una de las evidencias más fuertes de las que soportan la teoría del *Big Bang*. Ningún instrumento astronómico puede observar más allá de este

---

111 Las estimaciones precisas del satélite WMAP arrojan un valor de 375 000 años para este instante del universo. Así pues, para haber un cálculo grosero con un modelo aproximado, no lo hemos hecho muy mal.

momento, pues el universo era opaco. A partir de entonces la temperatura disminuyó por debajo del valor de 3000°K y se empezaron a formar los primeros átomos de hidrógeno y helio. Paulatinamente el universo se fue enfriando hasta que la gravedad y la química formaron las estructuras que vemos hoy por todas partes.

Fondo de radiación de microondas del satélite WMAP. Crédito: NASA

Tamaño del universo observable

Ya que una de las conclusiones básicas de la teoría de la relatividad era la unión íntima del espacio y el tiempo, y ya que en este capítulo nos estamos ocupando de las edades cosmológicas, tiene todo el sentido preguntarnos también por el tamaño del universo. La primera y evidente aproximación a esta respuesta parece de cajón: si el universo nació en el *Big Bang* hace 13.700 millones de años, y partiendo de un tamaño inicial minúsculo se ha ido expandiendo igual por todas partes, su tamaño absoluto en la actualidad debe de corresponder al de una esfera de aproximadamente 13.700 años-luz de radio. Esta respuesta intuitiva necesita varias precisiones. En primer lugar, ya hemos explicado que es inadecuado aseverar que el *Big Bang* ocurrió cuando todo lo que hoy es cosmos estaba concentrado en un punto de dimensiones minúsculas. Hay mucha discusión teórica sobre esto, pero todo lo que podemos decir es que fue un evento global, o sea, que ocurrió en todos los puntos del universo, fuera cual fuera su tamaño, junto al hecho de que estaba mucho más caliente que hoy y que desde entonces se ha ido enfriando.

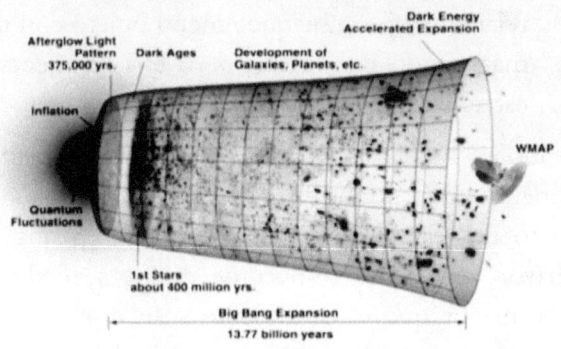

Gráfico que representa la evolución del universo desde el Big Bang con sus principales eventos. Crédito NASA WMAP

En segundo lugar, la velocidad de expansión del universo, o sea, la historia temporal del factor de escala, no ha sido constante, como ya hemos visto con dos modelos muy simples que nos han revelado que:

- La etapa inicial del universo, anterior a la recombinación, estuvo dominada por la radiación y las soluciones de la ecuación diferencial del modelo que lo representa sugieren que el factor de escala creció a razón de $t^{1/2}$, es decir, más rápido que el tiempo durante una época y luego más lento.

- La etapa siguiente está dominada por la materia y en este caso las ecuaciones arrojan un factor de escala que crece a razón de $t^{2/3}$, más deprisa que el anterior, pero todavía con el mismo tipo de curva de crecimiento respecto al tiempo.

- Hoy se acepta mayoritariamente, aunque esto también es objeto de gran controversia, que la etapa primigenia del universo estuvo dominada por el llamado periodo inflacionario, en el cual el factor de escala creció de forma desorbitada[112], mucho más rápido que la velocidad de la luz. Recordemos que la relatividad prohíbe que ningún objeto con masa viaje más rápido que la luz, pero eso no afecta al tejido espacio-temporal en sí mismo.

Teniendo en cuenta todo esto, y sobre todo considerando el peso inmenso del período inflacionario, se sigue que en términos totales el universo se ha agrandado a una velocidad media mayor que la del tiempo, de donde se deduce que su tamaño es mayor que el equivalente a su edad observacional transformada en años luz. Además, cuando decimos tamaño del universo, debemos puntualizar *del universo observable*, es decir, de las regiones del universo con las que podemos interactuar en el espectro electromagnético, porque de las del resto, si como todo parece indicar las hay, no podemos, ni nunca podremos saber nada, pues están más allá del horizonte cosmológico.

Por tanto, la clave para conocer las dimensiones del universo observable, o sea para determinar con más precisión el diámetro de la esfera imaginaria con centro en nuestra posición y borde en el límite observable electromagnéticamente, es decir que su luz ha tenido tiempo de alcanzarnos desde el comienzo de la expansión, es precisamente conocer la historia de la

---

112 Según los datos del satélite WMAP, con un factor de 2^{90} (se duplicó noventa veces) en solo unos microinstantes 10^{-34}s. La controvertida hipótesis de la inflación cósmica se aceptó como parte de la cosmología estándar y resuelve varios problemas que la teoría del Big Bang dejaba planteados.

http://map.gsfc.nasa.gov/site/faq.html.

evolución del factor de escala que es la que hemos intentado caracterizar en los apartados anteriores. La cifra con la que la cosmología actual está de acuerdo hoy es la de que esta esfera tiene un radio, no de 13.700 millones de años-luz, sino de 46.000 millones. A esa distancia que se mide desde la Tierra hasta el borde del universo observable, se la llama *distancia comóvil*. Por supuesto, esta definición de universo observable nos tiene a nosotros artificialmente en el centro e implica, en realidad, que cada región del universo tiene su propia esfera de universo observable, lo que nos deja sin ninguna idea sobre un posible tamaño absoluto del universo, tamaño que, si tiene un límite, se desconoce y, a no ser que la ciencia adelante en el futuro más que la ciencia-ficción más atrevida, se desconocerá siempre de forma radical. Sin embargo hay que recordar que la imposibilidad de comprobar por medio de observaciones, la existencia de límites, no implica que nuestro universo sea necesariamente infinito, sino que puede tratarse también de un universo cerrado del tipo esfera hiperdimensional, finito, pero sin límites.

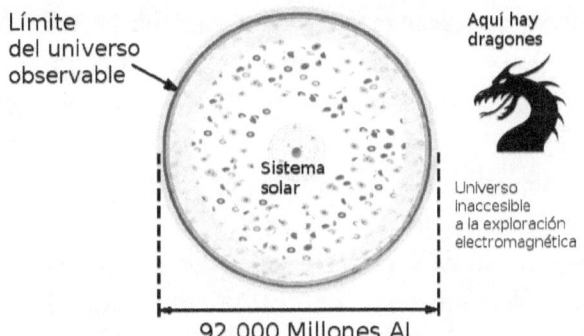

Al hablar de tamaño del universo observable conviene también apuntar datos de la estructura visible de este universo observable. A gran escala, el universo se ve como una aglomeración de enormes vacíos cósmicos, de un tamaño aproximado de 300 millones de años luz[113], entre los cuales se enredan filamentos que contienen las superestructuras cumulares que alojan a las galaxias. Esta es la escala en la cual se podría hablar con propiedad del cumplimiento del principio cosmológico, es decir, de la existencia de homogeneidad e isotropía en la estructura del universo.

Uno de los objetos astronómicos más distantes observados a fecha de hoy es el, así denominado GRB-090423. Se trata de una enorme explosión de rayos gamma, resultante de un colapso estelar que, de acuerdo al desplazamiento al rojo de su espectro, que era de 8,2 en la escala de Hubble[114], se ha fechado en unos 630 millones de años después del *Big Bang*. Como la edad del universo es de 13.700 millones de años, esto quiere decir que aquella estrella primitiva colapsó hace unos 13.070 millones de años, pero no que la distancia que nos separa de ese objeto hoy, es decir la *distancia propia* entre ese objeto y la Tierra, sea de 13.070 millones de años luz. La distancia propia entre nosotros y ese objeto, es decir, el trecho que se debería medir hoy de forma instantánea, si eso fuera posible, es el correspondiente a un desplazamiento al rojo como el mencionado, que alcanza los 30.000 millones de años luz. Otro asunto sería la distancia de emisión, nombre por el que se conoce a la distancia entre ambos objetos en el momento de la emisión de la luz. Sería estupendo poder calcularla directamente, solo que en aquellas épocas ni siquiera se había formado el sistema solar. No obstante, nada nos impide aplicar conocimientos básicos de proporcionalidad, para saber que, sí a una edad del universo de 13.700 millones de años, le corresponde una *distancia propia* de 30.000 millones de años luz, entonces a una edad del universo de 630 millones de años, le corresponderá una *distancia de emisión* de:

---

113 A este tamaño se le conoce en inglés como End of Greatness o fin de la grandeza.

114 https://en.wikipedia.org/wiki/Redshift

$$D_{p630} = \frac{650*30000}{13700} = 1.379,5\, alz$$

Podemos incluso dibujar un esquema simplificado de la situación correspondiente a estos dos eventos, lo que nos ayuda a comprender mejor los conceptos de tamaño del universo, distancia de viaje de la luz, distancia propia y distancia de emisión. Y si en lugar de tomar como referencia el evento GRB-090423 nos vamos hacia un evento anterior, por ejemplo al primero de todos, el Big Bang, entonces nos encontraremos que la distancia de emisión es cero, es decir, la distancia entre dos ubicaciones cualesquiera en esa época inicial era nula, y la distancia de viaje de la luz será la correspondiente a la edad del universo, pues se trata de una distancia que solo tiene componente temporal. El punto donde situaríamos la Tierra en la época del Big Bang es el mismo punto en el que estaría situado todo. La curvatura circular exacta con la que he dibujado el gráfico está puesta con intención meramente descriptiva; no pretende ser un reflejo preciso de la curvatura real del espacio-tiempo.

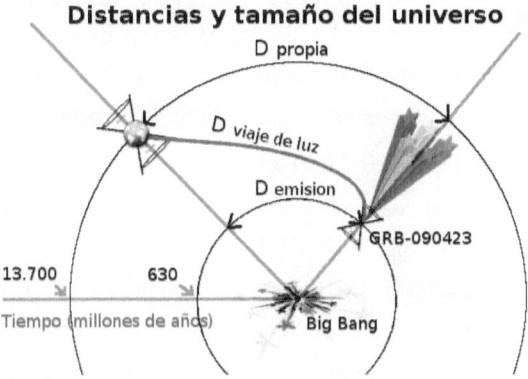

La luz del evento GRB-090423 viaja durante 13.070 millones de años hasta alcanzarnos, pero la distancia propia entre ese objeto y la Tierra es mucho mayor que la longitud de la trayectoria de ese rayo de luz, y también es mucho mayor que su distancia de emisión

Universo sin origen temporal: paradoja de Olbers

A mediados del siglo XVIII el mundo no se había recuperado aún de la resaca que habría traído el éxito de la teoría de la gravitación universal de Newton, cuando ya empezaron a verse algunas grietas en la sólida visión del cosmos que transmitía. El propio Newton había reconocido que pese a su exacta formulación de los efectos gravitatorios, no conocía cuales eran sus verdaderas causas. Había que conformarse con asumir que la gravedad era una suerte de, como diría Einstein, acción misteriosa e instantánea entre los cuerpos con masa.

Ya vimos en los párrafos iniciales de este capítulo dedicado a la cosmología, como todavía en vida de Newton surgió una duda de mucho mayor calado que la de la naturaleza causal de la gravedad. Esta duda terrible fue expresada por Richard Bentley, y era la siguiente: si la gravedad era una fuerza siempre atractiva y el universo era de tamaño finito: ¿qué era lo que impedía que todo colapsara hacia el centro de gravedad del sistema entero? Newton no tuvo más remedio que echar mano de la única explicación que estaba al alcance de la cosmología de su época. El universo debía de ser infinito, y al contar con infinitas estrellas distribuidas por todo el espacio, los efectos atractivos de la gravedad se auto compensaban.

No sabemos si esta explicación de Newton satisfizo a Bentley, pero el siglo XVIII transcurrió sin novedades apreciables en este sentido y con la sensación de que, más o menos, y dado que la teoría de la gravitación universal parecía explicar debidamente todos los fenómenos mecánicos, debía de ser correcta y por tanto Newton podía tener razón. Al fin y al cabo, el universo parecía bastante grande, así que bien podía ser infinito, como había dicho Sir Isaac, lo cual suponía un quebradero de cabeza menos para todo el mundo.

Pero en 1828, Heinrich Olbers* planteó que si el universo fuera infinito, el cielo nocturno debería estar tachonado por incontables puntos luminosos correspondientes a las innumerables estrellas que debían llenar tal universo inacabable, y cuya luz ya nos debería haber alcanzado. Lo mismo podría decirse si el universo hubiera existido  desde tiempo eterno en el pasado, eso significaría que habría habido estrellas brillando desde siempre, y que incluso el brillo de las más distantes ya nos habría llegado. Todo esto, combinado con la densidad de estrellas y galaxias que se observa en el universo, lleva a la inequívoca conclusión de que cada punto del cielo debería estar adornado con una estrella brillante y de que, incluso de noche, el cielo debería verse tan brillante como un inmenso sol.

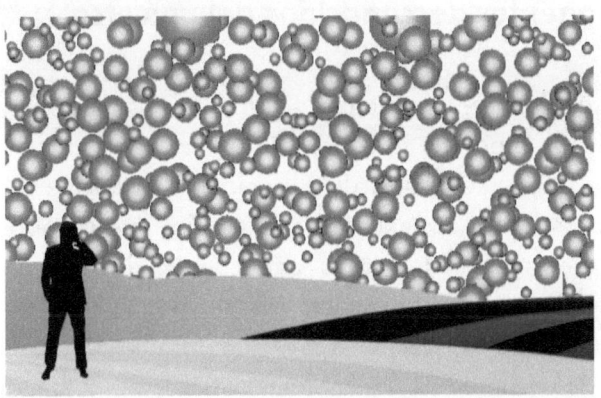

Paradoja de Olbers: si el universo fuera infinito o eterno hacia el pasado, la luz de todas las innumerables estrellas que lo componen nos habría llegado ya hace mucho tiempo, y tachonaría el cielo diurno y nocturno con una luminosidad de millones de soles. Como esto no es así, la suposición de partida debe de estar equivocada.

El hecho de que las cosas no ocurran así, se debe sin duda a que la suposición de partida es incorrecta, es decir, ni las estrellas que hay en el universo son una infinidad, ni llevan brillando una eternidad, sino un tiempo finito, de forma que la luz de muchas de ellas no nos ha llegado aún. Hoy podemos añadir, además, que si combinamos esto con la expansión del universo, concluimos que la luz de otras muchas, bien nunca nos llegará o bien nos llegará con muy poca energía debido al desplazamiento al rojo. El planteamiento de Olbers, hecho en una época en la que se tenía por seguro que el universo era estático e infinito, mereció durante décadas el nombre de paradoja, pero hoy en día, a la luz de los descubrimientos de la cosmología moderna, ha perdido su carácter paradójico para convertirse en otra más de las evidencias observacionales (en este caso la evidencia es la ausencia del supuesto resplandor) que respalda los postulados de la cosmología oficial.

Componentes desconocidos del universo

Los dos conceptos que han irrumpido con más fuerza en la cosmología moderna son los de materia oscura y energía oscura. Ambos son entes desconocidos y permanecen aún en las sombras de esa oscuridad que califica sus nombres. Pero ambos son necesarios para dar cuenta de algunos datos observacionales que la materia visible por sí sola no puede explicar. Si bien su relación con el tiempo no es directa desde el punto de vista de la cosmología oficial, sí lo es desde la perspectiva de algunas cosmologías alternativas que veremos en el siguiente capítulo, razón por la cual conviene conocerlas un poco.

Materia oscura

La idea de *materia oscura* surgió como explicación a un fenómeno observado en el estudio astronómico de galaxias distantes y más concretamente, en el estudio de las velocidades de rotación de las estrellas de esa galaxia en relación con su distancia al centro galáctico.

Es muy sencillo aplicar la segunda ley de Newton $F=ma$, a un sistema ideal compuesto por una masa grande de valor M, y una masa más pequeña de valor m que se encuentra a una distancia r:

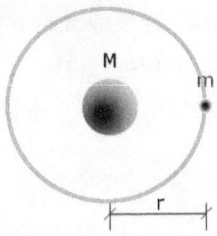

La fuerza gravitatoria entre ambas será:

$$F=\frac{Mm}{r^2}G$$

La aceleración experimentada por m será:

$$a=\frac{v^2}{r}$$

Si aplicamos la mencionada segunda ley de Newton $F=ma$ al movimiento de la masa pequeña, tenemos:

$$\frac{Mm}{r^2}G=m\frac{v^2}{r}$$

Vemos que la masa del objeto pequeño desaparece de las ecuaciones y nos queda:

$$v=\sqrt{\frac{MG}{r}}$$

Que nos dice que la velocidad v, con la que un objeto de masa m, orbita alrededor de una masa más grande M, es inversamente proporcional a la raíz cuadrada de la distancia entre ambos, r. De forma esquemática podemos expresarlo así:

$$v=\frac{k}{\sqrt{r}}$$

Es decir, si crece la distancia, la velocidad lineal[115] decrece lentamente. Si aplicamos esta predicción de la segunda ley de Newton a lo que era esperable en una galaxia, y lo representamos gráficamente, de forma aproximada, obtendríamos algo parecido a lo que refleja el siguiente esquema:

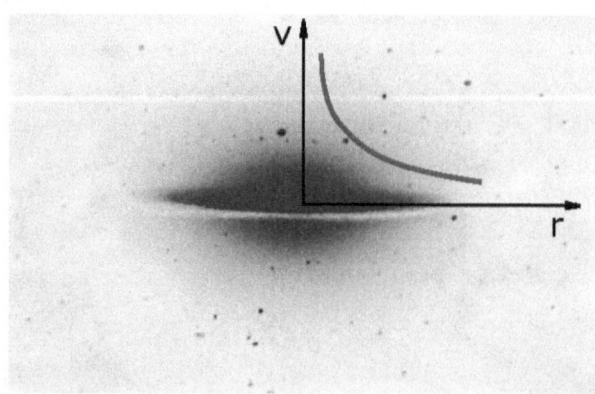

Pero todas las observaciones astronómicas de precisión arrojan datos que nos llevan a un diagrama de velocidades completamente distinto. Ya en el año 1933, el astrónomo Fritz Zwicky, de cuyas teorías sobre la luz cansada hablaremos de forma extendida en próximos capítulos, había comprobado un

---

[115] Hay que tener claro que hablamos de velocidad lineal, no angular.

fenómeno similar a nivel de grupo galáctico en el denominado cúmulo de Coma, una agrupación de más de un millar de galaxias situadas a unos 300 millones de años luz de la Vía Láctea, llegando a la conclusión de que, a juzgar por esa extraña dinámica, el cúmulo parecía tener diez veces más masa que la que aparentaba por su contenido de materia visible. Si se representa gráficamente el fenómeno en un diagrama a nivel de galaxia, resulta que la velocidad de las estrellas es aproximadamente independiente de su distancia al centro de la galaxia. Esto representó una gran sorpresa y dejó asombrada durante un tiempo a toda la comunidad científica. Los resultados se podrían representar así:

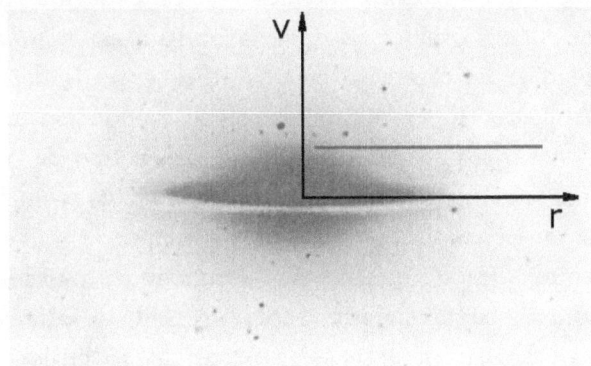

Si recuperamos las fórmulas que usábamos antes:

$$v=\sqrt{\frac{MG}{r}}$$

Es fácil ver que este resultado implica que para que la velocidad permanezca constante en esta expresión, es necesario que la masa del grupo de objetos observado M, aumente con el radio. Este resultado inesperado obligó a los astrónomos a replantearse muchas de las hipótesis cosmológicas clásicas pues apuntaba a que en la galaxia había masa adicional a la que se veía a simple vista. Siempre que hablemos de velocidades bajas en comparación con la de la luz, no vamos a encontrar a nadie dispuesto a poner en duda la segunda ley de Newton, pues se ve confirmada una y otra vez hasta el detalle más pequeño por todas las evidencias a nuestro alcance. Así pues, solo quedaba otra hipótesis que replantearse: la de asumir que la distribución de masas en una galaxia es proporcional a la distribución de luz que nos llega de ella, que parecía incorrecta. En resumen, había que admitir que en las galaxias existía más masa gravitatoria de la que era visible, y que debía tratarse de masa que no interactuaba, no solo con la luz visible, sino con ninguna otra parte del espectro electromagnético. A esa masa oculta en forma de gran halo en la que la galaxia está embebida, que es no interactiva, ni radiante y que solo es deducible por sus aparentes efectos gravitatorios, se la ha llamado *materia oscura*. Su cantidad se ha estimado en unas diez veces la de materia visible ordinaria y su naturaleza sigue siendo un misterio, aunque se estima que debe tratarse de algún tipo de partícula subatómica aún no identificada. Su papel en la evolución del resto de materia visible del universo puede haber sido fundamental, pues quizás su abundante presencia es responsable de que la materia visible o masa haya sido capaz de agregarse y fijarse en galaxias, a partir de las cuales se han formado estrellas y planetas. La materia oscura es todavía una hipótesis cuya naturaleza está sin concretar. Algunos físicos consideran que el mismo nombre *materia oscura* es poco adecuado, pues introduce un matiz místico que es poco serio y no tiene nada que ver con la realidad. La materia oscura es, usando términos estrictamente físicos, un exceso de aceleración, según podemos ver si retomamos otra vez las fórmulas anteriores:

$$\frac{Mm}{r^2} G = m \frac{v^2}{r}$$

Eliminando *m* en ambos términos:

$$\frac{M}{r^2}G = \frac{v^2}{r}$$

Y sabemos que ambos miembros de esta igualdad tienen unidades de aceleración:

$$\frac{M}{r^2}G = \frac{v^2}{r} = a$$

Si al incrementar "r", aumenta "v", eso solo puede ocurrir si también aumenta "a", es decir, si hay un *exceso de aceleración*, que es lo único que, estrictamente hablando, se podría decir que existe. En fin, llámese materia oscura para deleite de los místicos, o exceso de aceleración para los puristas de la física, se espera averiguar algo sobre su naturaleza a través de alguno de los experimentos que se puedan desarrollar en los grandes aceleradores de partículas, pero la hipótesis de que sea algún tipo de partícula subatómica aún no conocida se acomoda bastante bien a la cosmología actual y encaja con algunos fenómenos observacionales como el de los anillos de Einstein, deformaciones lenticulares de la luz que nos llega de galaxias lejanas, que se han fotografiado en espectacular detalle con el telescopio espacial Hubble.

Energía oscura

Ya hemos visto en los apartados anteriores que, de acuerdo a los postulados de la cosmología estándar, tras una etapa inicial de expansión exponencial conocida como inflación cósmica, el universo pasó a expandirse de forma creciente, pero más modesta y a ritmo más lento que el del tiempo: $t^{1/2}$ para la fase de dominio de la radiación y $t^{2/3}$ para la de dominio de la materia. Cuando se consolidó y se aceptó mayoritariamente la idea del universo en expansión y se averiguaron las pautas de esta expansión según los modelos comentados, quedaba todavía por responder la pregunta de si en la época actual estamos todavía en fase creciente de la expansión o si por el contrario la expansión se ha frenado, o incluso si se ha detenido por causa de la atracción gravitatoria de toda la masa presente en el universo que, dicho sea de paso, era la postura mayoritaria entre la comunidad científica hasta no hace mucho tiempo. Después de todo, si el espacio estuviera solo lleno con materia, y no era infinito, lo lógico era suponer que la gravedad impusiera su ley de atracción tarde o temprano.

En su excelente libro de 1997 titulado *Los tres primeros minutos del universo*, cuando todavía no se había empezado a hablar en serio de energía oscura, Steven Weinberg* confirmaba que la postura mayoritaria de la cosmología oficial era la de una expansión que se estaba frenando, y por eso decía:

> *No se cree que la expansión obedezca a alguna especie de repulsión cósmica, sino que es el efecto de velocidades remanentes de una explosión pasada. Estas velocidades están disminuyendo gradualmente por causa de la gravitación. Esta desaceleración parece ser muy lenta, lo cual indicaría que la densidad de la materia en el universo es baja, y su campo gravitacional demasiado débil para hacer al universo espacialmente finito o para invertir la expansión con el tiempo.*

La respuesta a esta duda sobre una posible deceleración de la expansión vino tras el estudio sistemático del desplazamiento al rojo en la luz proveniente de supernovas situadas en galaxias distantes, y su contenido era justo lo contrario a lo esperado. Al comparar esos datos en supernovas *ubicadas* en diversos tiempos pasados[116], se encontró que las más modernas revelan un

---

[116] No olvidemos que al mirar al firmamento, cuanto más lejos está el objeto observado, en términos espaciales, mas distante hacia el pasado está en términos

corrimiento al rojo más pronunciado que las más antiguas. La expansión no se está frenando, ni se encuentra estancada, sino que se está acelerando. La causa de esta aceleración es desconocida pero se sabe que debe tener las unidades de una energía, por eso se la ha llamado energía oscura, o también energía del vacío[117].

El descubrimiento de esta energía oscura ha llevado a la cosmología a concebir que la expansión del universo se halla en una nueva fase que no está dominada por la radiación ni por la materia, sino precisamente por esta energía oscura. Todo esto, por supuesto, requeriría una revisión completa de la historia del factor de escala de la expansión que hemos comentado en apartados anteriores, pero se trata de cosmología de vanguardia y mejor será esperar a que pasen algunos años y los conceptos se asienten y se acepten en toda la comunidad científica. Lo curioso de este descubrimiento es que, como en el caso de la materia oscura, no se refiere a algo que se conoce, sino a algo que se supone que debe de existir, pero que por el momento permanece fuera de nuestra capacidad de detección. En lo que puede considerarse como una sincronía atemporal, el nombre *quintaesencia*, con sus resonancias aristotélicas y medievales, se ha propuesto como una de las posibles denominaciones alternativas para esta energía oscura.

Materia oscura y energía oscura son, en fin, dos hipótesis de trabajo cuya naturaleza se desconoce. El tiempo dirá si se trata de partículas subatómicas no detectadas, formas exóticas de radiación electromagnética o plasma, o cosas aún más extrañas. La cosmología moderna, cuyo campo de estudio se extiende al universo observable, podría verse obligada a replantearse la validez de los axiomas de homogeneidad espacio-temporal e

---

temporales.

117 Una forma de ver la energía del vacío es considerarla como la que hace falta para tener espacio. Si la energía oscura no estuviera presente, el espacio, o mejor dicho el espacio-tiempo colapsaría.

isotropía espacial a las escalas del fin de la grandeza. ¿Quién puede negar que quizás hemos sido demasiado osados al extrapolar estas suposiciones a estructuras cuyas dimensiones ridiculizan a las de nuestra vecindad cósmica inmediata?

Destino cosmológico del universo

Con independencia de la naturaleza verdadera de estos componentes oscuros, ya se trate de partículas subatómicas aún no descubiertas o de una forma exótica de energía, o de lo que sea, si nos atenemos a los resultados de las observaciones, no parece haber nada que impida la expansión eterna del universo, de forma que llegará el momento, muchos miles de millones de años en el futuro, en el que el resto de galaxias desaparezcan de nuestro horizonte cosmológico y ya hasta la misma ciencia de la cosmología se vuelva imposible, pues no quedarán trazas de nada exterior a nuestra vecindad. Y llevando esta hipótesis al extremo, llegará el momento en el que la materia que forma la propia galaxia desde la que estamos observando también se dispersará, al triunfar la expansión sobre la poca gravedad que ejerza la materia que todavía no se haya evaporado por los procesos naturales de radioactividad y degeneración nuclear. Ese universo de la posteridad lejanísima será un lugar vacío de cualquier rastro de cualquier cosa material y surcado solo por radiación muy fría. Y como veremos seguidamente, donde no hay masa, no hay posibilidad de construir un reloj, y por tanto no hay referencia alguna para poder afirmar que existe algo semejante a un orden de eventos entre los que se pueda establecer una relación de tipo antes/después. Veamos con más detalle el porqué.

Sin masa no hay tiempo

Habíamos visto que se podía expresar la energía de un fotón en términos de su frecuencia mediante la constante de Planck.

$$E = h\vartheta$$

Pero después de Einstein también sabemos que la energía de la misma partícula se puede expresar como el producto de su masa relativista[118] por la velocidad de la luz al cuadrado:

$$E = mc^2$$

Haciendo la equivalencia oportuna entre las ecuaciones de Planck y de Einstein sobre la energía de una partícula que tiene la dualidad onda-corpúsculo, y despejando ϑ :

$$mc^2 = h\vartheta \quad ; \quad \vartheta = \frac{mc^2}{h}$$

Considerando que c y h son constantes, podemos aislarlas y escribir la siguiente relación:

$$\vartheta = \frac{c^2}{h} m$$

Las dos formas matemáticas de expresar la energía de una partícula prueban que hay una relación de proporcionalidad directa entre su masa, cuando la miramos como partícula, y entre su frecuencia de oscilación, cuando la miramos como onda. Esta relación es inequívoca: si una partícula tiene masa, entonces *vibra* con una cierta frecuencia, que será mayor cuanto mayor sea esa masa. Pero la ecuación, en su aparente sencillez, lleva una carga de profundidad conceptual casi más grande que ninguna otra de las vistas hasta ahora. Y es que, en ausencia de masa, no hay vibración posible, no hay oscilación en el tiempo. Deducir de aquí que el tiempo se desmorona es quizás

---

[118] Otra vez, no masa en reposo, que en el caso del fotón es cero, sino relativista o inercial.

exagerado, pero lo que si se puede afirmar es que si queremos construir algún sistema para medir duraciones o establecer relaciones antes/después entre eventos, no va a ser posible, pues para eso se necesita masa. Roger Penrose lo expresa así en su libro *Ciclos del tiempo*:

> *Las partículas sin masa, o sea los fotones, por sí solas, no pueden ser utilizadas para hacer un reloj, porque sus frecuencias tendrían que ser cero. Pasaría una eternidad antes de que el reloj interno de un fotón marcase en primer tic.*

Termodinámica y tiempo

> *¿Quién sabe lo que traerá el futuro? Investiguemos con amplitud de miras todos los campos.*
>
> *Lecciones sobre teoría de gases.*
>
> *Ludwig Boltzmann*.*

La termodinámica es la rama de la física que se ocupa del estudio de la transmisión de calor entre sistemas de tipo macroscópico y se basa en una serie de principios que evidencian ser válidos siempre de forma experimental, por ejemplo: si se ponen dos cuerpos en contacto, el calor fluirá desde el más caliente hacia el más frío hasta que sus  temperaturas se igualen (equilibrio térmico), o el denominado primer principio, según el cual la energía ni se crea ni se destruye, solo se transforma.

La termodinámica nos proporciona una información vital sobre un aspecto del tiempo al que denominamos *la flecha del tiempo*. En su libro *Historia del tiempo*, Stephen Hawking habla de tres variedades de la flecha del tiempo: psicológica, termodinámica y cosmológica[119]. Ya hemos hablado de cosmología en el capítulo anterior y por razones obvias dejaremos el aspecto psicológico para la última parte del libro, así que nos concentraremos ahora en el aspecto termodinámico, teniendo en cuenta, eso sí, que aunque

---

[119] Maulik Parikh sugiere que se puede hablar también de flecha electromagnética, debido al hecho de que se eligen potenciales retardados, frente a los avanzados, a la hora de resolver las ecuaciones de Maxwell. Weakenig Gravity's Grip on The Arrow of Time. Congreso sobre la naturaleza del tiempo. FQXi. Año 2008.

Hawking enumera estos tres aspectos de la flecha del tiempo por separado, también aclara que conducen a la misma conclusión. La flecha del tiempo es, de alguna manera, una confirmación observacional sistemática del principio de causalidad: las causas siempre preceden a los efectos.

Entropía y flecha del tiempo

El concepto clave al mirar al tiempo desde el punto de vista de la termodinámica es el de entropía. Aunque se pueden formular definiciones basadas en la transmisión de calor o en el logaritmo del número de estados posibles de un sistema[120], de forma popular se conoce como entropía de un sistema físico aislado al grado de desorden de su energía. Si bien esta definición puede plantear problemas de exactitud para ciertos sistemas, no es menos cierto que para el razonamiento relacionado con la flecha del tiempo que nos proponemos realizar, puede ser suficiente con verlo así, con la ventaja de que nos ahorra gran parte del engorroso aparato matemático que está asociado a la termodinámica. No obstante, para el lector interesado, puedo recomendar un ejemplo simple del cálculo de la entropía de un sistema definido *ad hoc* basado en el cálculo del logaritmo de los estados posibles.

Pues bien, uno de esos principios en los que se funda la termodinámica, conocido como el segundo principio, y que se comprueba una y otra vez de forma experimental es que la entropía de cualquier sistema físico aislado en proceso de cambio tiende a aumentar con su evolución. Esto no quiere decir que esté físicamente prohibido por alguna de las otras leyes de la física que la entropía disminuya en algún momento. De hecho todas las ecuaciones de la física, tanto las de Newton,

---

[120] La lápida de la tumba de Ludwig Boltzmann, físico austríaco que se ocupó al campo de la termodinámica, tiene grabada una inscripción con la ecuación de la entropía formulada por el propio Boltzmann: $S = k \log W$

como las de Einstein, como las de la mecánica cuántica que veremos después, son completamente reversibles respecto al tiempo. Nada prohíbe que el sistema evolucione hacia un estado más ordenado, de entropía más baja. Pero el hecho experimental es que una y otra vez, lo hace hacia una situación de más desorden, de entropía más alta. También podríamos enunciar este segundo principio de la termodinámica diciendo que los sistemas aislados tienden al equilibrio térmico, o sea, a la situación en la que la energía total, aun siendo la misma, está tan desordenada que se ha vuelto imposible cualquier transferencia o proceso. Se suele expresar con la fórmula:

$$\frac{dS}{dt} \geq 0$$

La derivada temporal de la entropía es siempre mayor que cero, es decir, la entropía siempre crece con el tiempo, lo que implica que el futuro va a ser siempre diferente del pasado y esa diferencia se va a manifestar en un valor mayor de la entropía del sistema y por tanto en un desorden mayor de sus componentes, o lo que es lo mismo, en una menor disponibilidad de la energía. Esta ecuación también aparece notada de forma más simple como:

$$[\Delta S] \geq 0$$

Donde los corchetes indican que el aumento de entropía al que hacen referencia es el promedio de todo el sistema, dando a entender que, por ejemplo, si tomamos un sistema enormemente grande, como un sistema estelar o una galaxia, puede haber partes localizadas en las que la entropía disminuya en un momento dado. Cuando hablamos del universo entero como sistema, parece que no tiene mucho sentido pensar en valores medios, pero se puede dar la situación descrita, de disminución local de la entropía, en momentos como el del encendido de una estrella.

En la figura anterior, en la que el lanzador, la bola y la mesa con las bebidas forman nuestro sistema aislado, convendremos en que la secuencia 1, 2 y 3 tiene una altísima probabilidad de producirse, pero la 3, 2, 1, aunque teóricamente no es imposible: las moléculas de líquido, cristal y aire retornando a sus posiciones exactas sobre la mesa, la bola volviendo a la mano del lanzador, es tan improbable, que tendríamos que esperar varias veces la edad del universo para verla ocurrir. Si el sistema objeto de estudio es el universo en su totalidad y analizamos su evolución desde el *Big Bang*, comprobaremos que esta evolución ha sido siempre hacia situaciones en las que la entropía es cada vez mayor: desde la elevadísima temperatura y organización del estado inicial, antes del periodo de desacople o superficie de la última dispersión, hasta estados de temperatura cada vez más baja y energía menos ordenada, como los que hoy vemos. Hay que insistir en que, aunque de forma local, los episodios de formación de estrellas implican una reorganización de la masa y por tanto una disminución puntual de la entropía en esa zona, a nivel global del sistema completo la tendencia sigue siendo hacia el aumento de la entropía. Se puede decir, por tanto, que para todo sistema aislado, y también para el universo, se observa una relación directa entre el tiempo transcurrido desde su comienzo y el incremento de la entropía, de forma que aunque no se conoce prohibición alguna de las leyes físicas que impida que los fenómenos se puedan dar en el sentido de la entropía decreciente, el hecho experimental es que se dan siempre en el sentido de la entropía creciente. Esta relación se suele conocer como la flecha del tiempo[121] porque el incremento de la entropía marca de forma inequívoca la ubicación del antes y el después en un proceso, lo que forma popular e inexacta se conoce como dirección del transcurso del tiempo. Tenemos, por tanto, un universo cuyas leyes físicas conocidas son reversibles y simétricas con respecto al tiempo, pero cuyo comportamiento es, a la hora de la verdad, claramente asimétrico, lo que ha llevado a algunos científicos a hacer la propuesta de que son, precisamente las condiciones iniciales del sistema, es decir, en este caso las impuestas por el *Big Bang*, las que marcan de forma irreversible la flecha del tiempo, es decir, la anisotropía de la dimensión temporal.

Leyes simétricas + Big Bang = flecha del tiempo

Efectivamente, en términos de geometría espacio-temporal de la teoría de la relatividad general, sería posible también interpretar este concepto de flecha del tiempo como una anisotropía de la dimensión temporal. Gracias a ella las relaciones temporales antes/después entre eventos están marcadas de forma tan clara por el principio de causalidad y

---

121 Parece que el nombre se debe a Arthur Eddington.

por el aumento de la entropía. Precisamente este aumento de la entropía, cuando se extrapola al límite hacia el futuro distante del universo, lleva a la inevitable conclusión de su muerte térmica, es decir, la situación en la que toda la materia presente en el cosmos habrá alcanzado la misma temperatura y a partir de la cual la transmisión de energía entre cuerpos ya no es posible.

Destino termodinámico del universo

Si sumamos la predicción termodinámica de la muerte térmica a la predicción cosmológica de la retirada progresiva de la masa detrás del horizonte observable, y a la predicción química de la degradación radiactiva y la degeneración nuclear, nos encontramos con que las cosas pintan bastante tenebrosas, frías y estáticas para el futuro del cosmos. La temperatura uniforme extendida a todo el universo implica una parada total de los procesos de intercambio de calor, que son básicamente todos. Un universo en el que no pasa nada, en el que no se da ningún cambio, es un universo en el que difícilmente se puede hablar de tiempo, al menos de la variedad de tiempo relativa de Aristóteles, Leibniz y Einstein, que es la que parece existir. Así pues, aunque con un razonamiento distinto, la termodinámica también predice el fin del tiempo y coincide en esta predicción con la que habíamos visto al analizar la relación entre masa y tiempo y razonar que, debido a los procesos naturales de degradación de la materia, llegará el momento en el que el universo solo contenga radiación, y entonces, dada la ausencia de masa, será imposible construir un reloj, y por tanto será imposible hablar propiamente de la existencia de tiempo, de la misma forma que podemos hablar ahora.

El destino del universo podría resumirse termodinámica, cosmológica y químicamente en los hitos que aparecen en la siguiente tabla[122], en la cual los tiempos se han indicado en años desde el *Big Bang*:

Tiempo	Evento
$3{,}7 \times 10^{9}$	Ahora
$1{,}5 \times 10^{10}$	Se extingue el sol
$5{,}0 \times 10^{12}$	Las galaxias allende el cúmulo local se sitúan detrás del horizonte cosmológico
$1{,}0 \times 10^{14}$	Se detiene la formación de estrellas
$1{,}0 \times 10^{30}$	Los agujeros negros han consumido todas las galaxias
$1{,}0 \times 10^{98}$	Se evaporan los agujeros negros galácticos

Pero ocurre con la relación entre entropía y tiempo algo parecido a lo que ocurría con la relatividad: observamos sus efectos y vemos como la experiencia los confirma una y otra vez, pero no somos capaces de entender cabalmente el fondo de la evidente conexión profunda entre el aumento de la entropía y la flecha del tiempo.

Las cinco eras del universo

En 1999 se publicó un libro de divulgación científica que lleva el título de este epígrafe: *Las cinco eras del universo*. Los autores, Fred Adams y Gregory Laughlin, proponen la primera división de las edades del universo que estaría de acuerdo a las concepciones cosmológicas actuales[123]. El

[122] Fuente: Revista Investigación y ciencia. Edición española de Scientific American. Colección Temas, número 33. Presente y futuro del cosmos.

[123] https://en.wikipedia.org/wiki/The_Five_Ages_of_the_Universe

formalismo y la nomenclatura propuestos por los autores no se han contagiado aún al lenguaje científico, pero ya van apareciendo poco a poco en otros productos divulgativos de tipo documental. Las eras son las siguientes, con las fechas de inicio y fin expresadas en años, y en forma de potencias de diez:

Era	Inicio --Fin	Eventos
Primordial	10^{-50}--10^{5}	Big Bang, inflación, nucleosíntesis. Fondo de microondas. Termina en la superficie de la última dispersión.
Estilífera	10^{6}--10^{14}	Era actual: estrellas, galaxias. Termina con la muerte estelar generalizada, salvo enanas marrones y blancas.
Degenerádica	10^{15}--10^{39}	Enanas marrones y blancas, estrellas de neutrones y agujeros negros. Decaimiento de protones.
Nigroagujérica	10^{40}--10^{100}	Solo quedan agujeros negros que se evaporan muy lentamente por radiación de Hawking. Termina con un universo en el que ya no hay masa significante, solo fotones, neutrinos, electrones y positrones.
Oscúrica	$>10^{101}$	Radiación muy fría en un universo sin sentido del tiempo.

Mecánica cuántica y tiempo

> *Creo que puedo decir con seguridad que nadie entiende la mecánica cuántica.*
>
> Richard Feynman, The Character of Physical Law
> (1965)

Sirva esta cita atribuida al físico experto en mecánica cuántica Richard Feynman*, para preparar anímicamente al lector y para disculpar mi tremenda ignorancia en lo que se refiere a esta disciplina que nació entre los años finales del siglo XIX y los iniciales del XX y que hoy es la punta de avance que guía el desarrollo de la física en el mundo subatómico. El descubrimiento del  átomo había llevado a la ciencia de finales del siglo XIX a pensar que realmente estas eran las partículas indivisibles que formaban la base de la realidad material. Pero experimentando con un tubo de rayos catódicos en 1897, el físico J.J. Thompson descubrió que el átomo contenía subunidades todavía más pequeñas a las que llamó electrones. Durante los primeros años del siglo XX se discutió amplio y tendido sobre sobre los modelos válidos para representar a esta nueva entidad, hasta que finalmente Rutherford, un antiguo alumno de Thompson, propuso el modelo de tipo *planetario*: núcleo en el centro y electrones orbitando alrededor, modelo que luego fue pulido por Niels Bohr, con la introducción de conceptos como el de los niveles de energía *cuantizados* de las órbitas, luego por el efecto fotoeléctrico descrito por Einstein y después por algunas modificaciones más de diversa importancia.

Todo lo anterior, junto al descubrimiento de los rayos X, de la radioactividad como fenómeno generalizado que se da a diferentes velocidades en según qué elemento, o del propio efecto fotoeléctrico que mencionábamos antes, fue pintando un panorama del mundo subatómico que, a nivel de la física, no podía ser más diferente del de las escalas convencionales. Resulta que cuando se miran porciones cada vez más pequeñas de materia, la aparente continuidad y solidez que ésta muestra a escalas normales se desvanece, y queda un vacío que, a pesar de la pequeñez relativa, se puede calificar como de proporciones insondables, dada la inmensidad relativa de los espacios que separan los componentes o partículas. La estructura de la materia a pequeña escala no es continua, ni mucho menos.

Aunque en líneas generales sus postulados generales coinciden, los detalles de la mecánica cuántica dan para un total de hasta catorce interpretaciones *mainstream*, interpretaciones que se expresan con un formalismo matemático propio y exclusivo que, si se intenta extrapolar a otras disciplinas, pierde todo su rigor. La mecánica cuántica, en fin, es otra muestra más de la extrañeza de la realidad, una realidad que parece dejarse describir de formas matemáticas muy diferentes de acuerdo a la escala a la que el observador se acerca a ella. La mecánica cuántica es extremadamente exacta para el mundo subatómico y usa un marco espacio temporal absoluto de tipo newtoniano, es decir, la función de onda, aunque de naturaleza estadística, tiene como variables la posición absoluta y el tiempo absoluto. Pero al mismo tiempo, la mecánica cuántica es totalmente inapropiada para las escalas normales, donde manda la relatividad y se usa un marco espacio-temporal einsteniano. ¿Cabe mayor contradicción entre las dos teorías más precisas de la física?

La energía se transmite por paquetes

Si hubiera que puntualizar más, se podría fechar el nacimiento de la mecánica cuántica en el momento en que el físico alemán Max Planck* formuló la ecuación de la radiación de calor de un cuerpo negro con una expresión empírica que, para evitar los infinitos que surgían de una fórmula integral de tipo continuo, resolvió con una hipótesis extravagante[124]: la  radiación no puede intercambiar con la materia un valor cualquiera de energía, sino que solo puede hacerlo en cantidades discretas o cuantos, es decir, en múltiplos enteros de una cantidad mínima proporcional a la frecuencia de la radiación. Precisamente fue Einstein el que más en serio se tomó la hipótesis de Planck y en uno de sus artículos del año 1905 sugirió que también la luz estaba formada por paquetes discretos de energía, los actuales fotones. Lo que Einstein sugería, era que la luz tenía una doble naturaleza: era una perturbación electromagnética u onda, pero también era posible verla como conjunto de partículas o paquetes de energía.

En 1923, Louis de Broglie le dio la vuelta a la idea y se la aplicó a la partícula denominada electrón. Si la luz era una onda que tenía partículas asociadas, el electrón podía ser una partícula con onda asociada. Poco después se realizaron los primeros experimentos sobre interferencias' entre electrones, que confirmaban inequívocamente su comportamiento ondulatorio. Las puertas de la dualidad onda-corpúsculo se habían abierto para todas las partículas subatómicas y la mecánica cuántica echaba a andar como disciplina física

---

124 Parece que sus propias palabras fueron "un acto de desesperación". Fuente: Revista Física Cuántica. El principio de incertidumbre. Ed. National Geographic. ISSN 1576-8880.

dispuesta a desafiar al sentido común de los mortales de una forma mucho más salvaje de la que lo habían hecho las extravagancias espacio-temporales de la relatividad.

Ecuación de Schrödinger

Tras algunos años de vanos intentos por explicar la dinámica de los átomos con la herramienta que se conocía, que era la mecánica clásica, e intentar así obtener una ecuación de la trayectoria atómica en función del tiempo, la entrada en escena de Heisenberg dirigió la disciplina hacia un nuevo horizonte matemático al introducir el análisis por series de Fourier, la multiplicación matricial y los números complejos. En 1925 apareció el artículo *Sobre la mecánica cuántica II*, firmado por el propio Heisenberg[125], y por Born y Jordan, que contenía los postulados básicos de esta nueva ciencia.

Esta formulación matricial no gustó a casi nadie y por eso la que definitivamente triunfó fue la de la ecuación de onda de Schrödinger*. Según esta formulación, el estado de un sistema de partículas en interacción se describe completamente por su función de ondas Ψ, que depende del tiempo y de todas las coordenadas de las partículas. Así, la ecuación de Schrödinger expresa que la evolución temporal de la función de onda de una partícula o sistema, queda determinada por su *hamiltoniano (H)*, que es una medida de su energía.

---

125 Si Einstein tuvo que apoyarse en Grossman en materia de geometría diferencial, Heisenberg se apoyó en Jordan con el álgebra matricial, disciplina de la que llegó a decir a Bohr en una carta: "Esto está lleno de matrices y no tengo ni idea de lo que son".

$$i\hbar\frac{\partial}{\partial t}\Psi(\dot{x},t)=H(\dot{x},t)$$

La presencia del factor $i=\sqrt{-1}$ nos indica la importancia de los números complejos en el estudio de las variables y soluciones de esta ecuación, que son las propias funciones de onda.

Ecuación Wheeler-DeWitt: el problema del tiempo

La ecuación de Schrödinger, pese a tener como protagonista a la función de onda, con su carga de probabilidad incluida, no deja de ser una ecuación determinista, aunque quizás deberíamos decir que se trata de un determinismo débil, pues ya no está referido a la posición y la velocidad, sino al valor estadístico de la función de onda. Pero una de las particularidades de la mecánica cuántica es que en el caso de que se considere solo la gravedad y la materia, y cuando el objeto de estudio sea el universo entero, la ecuación de Schödinger se convierte en la ecuación Wheeler-DeWitt, en la que cualquier rastro de evolución de la función de onda con el tiempo ha desaparecido[126]:

$$\hat{H}\mid\Psi\rangle=0$$

La función de onda de esta ecuación es la del universo. El operador hamiltoniano se aplica a la gravedad y a la materia y el cero del lado derecho indica que el parámetro tiempo está ausente. De acuerdo a Klaus Kiefer[127], este hecho sorprendente a primera vista no es más que una consecuencia inevitable del formalismo cuántico. En mecánica clásica se expresa la trayectoria de una partícula como una función de su posición x,

---

126 What if Time Really Exists. Artículo de Sean M. Carrol para el congreso sobre la naturaleza del tiempo. FXQi. Año 2008.

127 Does Time exist in Quantum Gravity? Claus Kiefer. Congreso sobre la naturaleza del tiempo. FQXi. Año 2008.

respecto al tiempo *x(t)* . Pero en mecánica cuántica esas posiciones exactas desaparecen y solo quedan sus valores de probabilidad dentro de la función de onda. Como el tiempo es externo, entiéndase que es una variable que se supone independiente a las oscilaciones cuánticas[128], la función de onda depende de *x,* y de *t* por separado, pero no depende de *x(t).*

El que, como yo, es lego en mecánica cuántica tiene que hojear y leer detenidamente muchos artículos hasta llegar a encontrarse con afirmaciones como la que hace Fontini Markopoulou[129]:

El problema con esta ecuación es que no sabemos lo que significa realmente. Después de medio siglo estudiándola tenemos algunos candidatos para $|\Psi\rangle$ *y para* $\hat{H}$ *, pero el cero de la derecha sigue causando problemas.*

La ecuación Wheeler-DeWitt pone de manifiesto en forma magnificada los asombrosos desacuerdos entre las dos teorías con más éxito de la física de todos los tiempos: la relatividad a gran escala, y la mecánica cuántica a escala subatómica. Los trabajos para construir una teoría unificadora, que podría llamarse gravedad cuántica, suponen una dificultad de reconciliación de conceptos que, por el momento, y también a medio-largo plazo, parece insalvable: el papel del observador, la geometría del tejido de la realidad y, desde luego, el concepto de tiempo han de converger de una manera que, hoy por hoy sigue siendo un enigma.

---

128 En cierta forma, el tiempo en mecánica cuántica vuelve a parecerse mucho al tiempo clásico newtoniano, es decir, se trata del único parámetro de la disciplina que no se trata, por así decirlo, como mecánico-cuántico.

129 Space Does Not Exist, So Time Can. Fontini Markopoulou. Perimeter Institute. Artículo para el congreso sobre la naturaleza del tiempo. Año 2008.

El principio de incertidumbre: ¿el presente oculto?

Antes de la llegada de la mecánica cuántica, la física, incluida la física relativista, todavía era esa disciplina determinista capaz de prever la evolución temporal de cualquier sistema a partir del conocimiento de la posición en el instante anterior y de las fuerzas y condiciones de contorno a considerar. Si bien este rígido determinismo planteaba ciertas dudas filosóficas y religiosas respecto al concepto del libre albedrío, la consecuencia principal era que todo se podía medir hasta el límite de la precisión de los propios instrumentos de medida. Sin embargo Heisenberg* demostró que en mecánica cuántica eso no es así, pues hay ciertos pares de magnitudes, que se llaman conjugadas, en los que la precisión con la que podemos conocer una de ellas está limitada, ya que se ve afectada cuando intentamos medir la otra. La reflexión que el propio Werner Heisenberg dejó escrita sobre este aspecto, nos ilustra muy bien sobre las vueltas de campana conceptuales que la mecánica cuántica introduce en las nociones tradicionales de la física clásica:

> *En la formulación del principio de causalidad decimos: "si conocemos el presente con precisión, podemos conocer el futuro". Pues en mecánica cuántica la premisa de esta afirmación es falsa. No podemos conocer el presente con todo detalle, ni siquiera en principio.*

Heisenberg se cuidó de afirmar que el sentido de los conceptos físicos no debería extenderse más allá de las conclusiones de los experimentos. Pero pese a estos remilgos, debía de tener claro que el principio de incertidumbre introducía una noción completamente inesperada en la comprensión del mundo subatómico. Si estamos tratando con entidades que tienen una naturaleza dual onda-partícula, los conceptos intuitivos clásicos como el determinismo, la continuidad, las propiedades fijas del sistema... todo eso se ha de abandonar en sentido estricto y, como mucho, quedan versiones débiles o restringidas. Si al medir una magnitud no podemos evitar la afección a otras que se dan en forma conjugada, entonces la propia acción de medir, que es el cimiento de la física experimental, ya es un condicionante del funcionamiento del sistema, un sistema que si no se hubiera visto sometido a medida habría evolucionado de otra forma, o ¿quizás no hubiera evolucionado en absoluto? Heisenberg lo planteó en un artículo de 1927 diciendo:

> *Creo que la existencia de la trayectoria clásica puede formularse de forma sugerente así: la trayectoria solo existe cuando la observamos.*

E implicando que la simple acción de medir, cuando ésta implica una observación que disturba al sistema, lo cual ocurre siempre en mayor o menor medida, es en sí misma, una forma de forzar la conjugación o la correlación entre el sistema medido y el aparato de medida. Esta correlación puede ser tan robusta, que en ciertos casos de decaimiento radiactivo muy débil, se ha notado que este decaimiento cesa completamente si el sistema se pone bajo observación. Es como si esa correlación se tradujera en que el sistema y el medidor quedan englobados de forma indistinguible bajo el paraguas de una misma función de onda.

El principio de incertidumbre de Heisenberg no se lleva bien con la visión del universo-bloque de la teoría de la relatividad pues, si existe realmente esa borrosidad entre propiedades conjugadas, la *inmutabilidad* que, de alguna forma, requeriría la existencia de todo el tiempo en un bloque relativista, queda muy comprometida.

Experimento de la doble rendija: ¿bilocación?

Casi todos hemos oído hablar del experimento de la doble rendija. Se enfoca un haz de luz hacia un panel con dos rendijas que tiene una pantalla receptora fotosensible detrás. Cuando la luz es un haz de varios fotones, se comporta según lo esperado, o sea, como una onda que atraviesa las dos rendijas, interfiere consigo misma tras ellas y genera un patrón de bandas de interferencia en la pantalla del fondo. Hasta ahí, todo va bien. Lo sorprendente es que si se reduce la intensidad de la luz hasta el punto de que se deja salir un solo fotón, lo esperable sería que este fotón pasara por una de las dos rendijas, e impactara contra la pantalla dejando una marca clara e individual. Eso es lo que hace cuando no hay obstáculos con rendijas en medio. Y sin embargo, si se colocan las dos rendijas, el fotón se sigue comportando como una onda, y aunque se sabe con seguridad que es un solo fotón, el patrón de bandas de interferencia en la pantalla receptora se sigue presentando como si fuera un haz. La única explicación *material* es que parece que el fotón ha atravesado ambas rendijas a la vez.

Pero el experimento todavía guarda más sorpresas. Si se tapa una de las rendijas para comprobar por cuál de las dos pasa el fotón, lo que ocurre es que éste pasa directamente por la que queda abierta, pero ahora el patrón de interferencias desaparece de la pantalla y solo queda la esperada mancha de la interacción de un solo fotón. La aparente bilocación de estos fotones del experimento de la doble rendija, abre la puerta a múltiples interpretaciones, como las basadas en suponer que la partícula es, en su realidad más básica, no una partícula, ni siquiera una onda, sino verdaderamente una función de onda con una probabilidad asociada. La descripción de una partícula mediante una función de onda implica que su posición y su velocidad como partícula no quedan bien definidas, sino solo a nivel de probabilidad de encontrarse en una cierta ubicación. La evolución de la función de onda todavía se puede determinar según la ecuación de Schrödinger, por eso se dice que la teoría cuántica es determinista, aunque se trate de un determinismo en sentido reducido, por comparación con el clásico.

Otras interpretaciones del experimento de la doble rendija son más imaginativas, como la de la existencia de múltiples realidades alternativas[130], o la que propone que el fotón, o el rayo de luz en general, según lo vemos en nuestro mundo espacial tridimensional es solo la proyección de un fenómeno que ocurre en la eternidad súper dimensional, lo que permite al fotón atravesar la primera rendija, viajar atrás en el tiempo y entrar por la segunda en el mismo instante. Pero sobre todo, el resultado del experimento de la doble rendija, que se puede reproducir fácilmente en laboratorio, pone de manifiesto la extraña manifestación de la propiedad a la que hemos llamado dualidad onda-corpúsculo y la existencia subyacente de un fondo de autenticidad en el concepto de función de onda, que parecía solo un simple artificio matemático.

Entrelazamiento cuántico: ¿acción fuera del tiempo?

Si las primeras nociones cuánticas nos han dejado meditabundos al ilustrarnos sobre cosas como la imposibilidad de conocer el presente del mundo subatómico, la siguiente nos va a dejar ensimismados al introducir la aún más perturbadora noción de entrelazamiento cuántico. Fue de nuevo Schrödinger el que en 1935 propuso la idea de que cuando se estudia un conjunto de partículas subatómicas entrelazadas, la función de onda individual de cada partícula pierde su sentido y solo puede

---

[130] Una de las interpretaciones *mainstream* de la mecánica cuántica es la denominada "multiverso", y se debe a Hugh Everett.

considerarse la del sistema en su conjunto. El ejemplo típico es la generación de dos fotones que se hacen pasar por un polarizador del que salen con esa propiedad, la polarización, entrelazada o, como decíamos antes, conjugada.

Las consecuencias que se podían derivar de esta nueva noción cuántica eran tan ilógicas que llevaron a Einstein, entre otros, a proponer un experimento mental que pretendía demostrar que era un error. El experimento era este:

Consideremos dos partículas que, habiendo sido entrelazadas, por ejemplo dos fotones polarizados, se separan después espacialmente por un choque. Como lo que hay que considerar es el sistema y no la partícula aislada, entonces lo que le pase a una de ellas, le pasará a todo el sistema. Si esto es así, se podrían separar espacialmente de forma apreciable dos de estas partículas, alterar una de esas propiedades conjugadas en una de ellas y lograr que la otra cambie esa misma propiedad instantáneamente sin que la hayamos tocado.

En definitiva, se podría obtener información de una de las partículas a partir de mediciones efectuadas en la otra[131], aunque estén a leguas de distancia. Todo eso implicaría, en palabras de Einstein, la existencia de una *misteriosa acción a distancia* que actuaría de forma instantánea, es decir, más rápida que la velocidad de la luz o en otras palabras, fuera del tiempo, fuera de la estructura de los conos de luz y fuera de los límites de todo lo conocido en física. Esta hipótesis que tan poco gustaba a Einstein y que junto al carácter probabilístico global de la mecánica cuántica lo había llevado a él a pronunciar su famoso: *Dios no juega a los dados*, y a otros a proponer que la mecánica cuántica estaba incompleta, fue analizada por el físico John S. Bell en su famoso artículo de 1964, titulado *Sobre la paradoja de Einstein-Podolsky-Rosen.* Bell se fijaba en dos conceptos

---

[131] Conocido como paradoja Einstein-Podolsky-Rosen o, abreviadamente, paradoja EPR:

http://journals.aps.org/pr/abstract/10.1103/PhysRev.47.777

que son básicos para la física clásica, pero que la mecánica cuántica estaba echando a perder. Se trataba del concepto de *localidad*, es decir, los efectos físicos tienen una velocidad de propagación finita, y de *realidad*, o sea, los estados físicos existen antes de ser medidos. Es evidente que tanto la física clásica, como la relativista[132], pese a sus extravagancias, tienen la propiedad del *realismo local*, es decir, los fenómenos o eventos ocurren de forma material en cierto sitio del universo y luego se propagan al resto a una velocidad que, como mucho, puede ser la velocidad de la luz. Sin embargo, Bell demostró en su artículo, a través de lo que hoy se conoce como teorema de Bell o desigualdades de Bell, que o bien esa propiedad del realismo local no existe en la física en general, lo cual querría decir que es mera apariencia o error de la percepción, o si existe, desde luego la mecánica cuántica no la tiene.

La física clásica reaccionó con la teoría de las variables ocultas, que propone que la mecánica cuántica es incompleta y que su descripción probabilística del mundo subatómico es inapropiada, porque existen ciertas variables físicas aún no descubiertas que, si se conocieran bien, restablecerían los principios clásicos de determinismo fuerte y realismo local. Pero hoy ya se ha probado experimentalmente con sistemas de dos y tres fotones que el entrelazamiento cuántico es una certeza, al menos a ese nivel, y que por tanto el realismo local no tiene encaje fácil en la mecánica cuántica. Por eso se puede decir que, aunque cause conmoción y no se sepa explicar, el entrelazamiento cuántico, que implica acción a distancia instantánea, sea cual sea esta distancia, y que por tanto viola el postulado relativista de que ningún efecto entre partículas se puede propagar a velocidad más rápida que la de la luz, es un fenómeno real y que forma la base de desarrollo de

---

[132] Física clásica, para los físicos, suele incluir también la teoría de la relatividad, pero, para entendernos y dar un sentido más histórico al libro yo estoy siempre refiriéndome a la física clásica como anterior a Einstein.

prometedores campos como la computación cuántica. El teorema de Bell, en definitiva, muestra cómo algo que le ocurre a una partícula en un sitio del universo, se puede transmitir instantáneamente a otra partícula situada en cualquier otra parte, por muy distante que esté, siempre y cuando exista una correlación, entrelazamiento o conjugación previa entre esas dos partículas, correlación de la que antes hemos dado un ejemplo para un sistema de dos partículas, diciendo que se hacían pasar a ambas por un polarizador.

Números de Planck: ¿tiempo continuo o discreto?

La mecánica cuántica nos ha puesto delante de dos situaciones temporales que, pese a ser paradójicas desde el punto de vista de la física relativista son, sin embargo, realidades experimentales comprobadas del mundo subatómico. La primera es el principio de incertidumbre de Heisenberg, según el cual es imposible conocer el presente de ciertos estados; la segunda es la paradoja EPR o el teorema de Bell, según el cual puede haber ciertos efectos entre partículas entrelazadas que ocurren de forma instantánea, como si pasaran fuera del tiempo. Pero hay una pregunta sobre la naturaleza fundamental del tiempo que sigue sin contestarse, y que la mecánica cuántica, dado que su campo de estudio es el mundo de las partículas elementales, debería ser capaz de atacar con más éxito que las otras disciplinas clásicas. Se trata de la pregunta referente a la dicotomía continuo-discreto.

En física clásica y relativista, desde Newton hasta Einstein, se considera que el espacio y el tiempo, ya sea juntos, ya sea separados, forman un continuo infinitamente sub divisible. Ya hemos comentado antes como Max Planck formuló que la radiación se propagaba en cuantos o paquetes discretos. Pues añadiremos ahora que la constante que regulaba esa fórmula era la llamada constante de Planck, notada como h. El propio Planck la llamó *constante de acción* y su existencia implica que cualquier acción en un proceso físico de tipo energético se puede considerar, en el fondo, como la agregación de múltiples estados discretos. En cualquier caso, para un fotón aislado, su energía E se puede expresar como el producto de la frecuencia de oscilación que le corresponde como onda ϑ, por la constante de Planck:

$$E = h\vartheta$$

Si expresamos la frecuencia en términos angulares, teniendo en cuenta que:

$$\vartheta = \frac{\omega}{2\pi}$$

La ecuación de la energía se nos convierte en:

$$E = \omega \frac{h}{2\pi}$$

Donde vamos a llamar constante de Planck reducida a la cantidad:

$$\hbar = \frac{h}{2\pi}$$

De forma que:

$$E = \hbar \omega$$

A partir de la constante reducida de Planck se definen lo que se conoce como unidades de Planck básicas, entre las que se encuentra el tiempo de Planck:

$$t_p = \sqrt{\hbar \frac{G}{c^5}}$$

El valor de este tiempo de Planck, llamado *cronón*, y expresado en segundos, teniendo en cuenta que G es la constante de gravitación universal y *c* la velocidad de la luz, es de:

$$t_p = 5,3 \times 10^{-44} \, s$$

De igual manera es posible expresar la que se conoce como longitud de Planck u *hodón*, multiplicando el tiempo de Planck por la velocidad de la luz y expresado en metros:

$$l_p = t_p c = 1,6 \times 10^{-35} \, m$$

¿Quiere esto decir que la naturaleza cuántica del tiempo y del espacio es discreta y que la mecánica cuántica acepta que estos son sus componentes básicos? No necesariamente. Se trata de unidades que resultan cómodas para operar en términos unitarios con las ecuaciones de la mecánica cuántica, pero cuyos valores son, a fecha de hoy, meras elucubraciones inalcanzables a la observación controlada con los mejores instrumentos de laboratorio.

Pero embebido en el corazón de la mecánica cuántica está el hecho experimental y observado de que a esas escalas tan pequeñas, y en lo referente, al menos, a la transmisión de energía, el concepto *continuo* de la física clásica se desmorona y el comportamiento de las partículas subatómicas, ya sea aisladas o en grupo, es más de tipo probabilístico que determinista. La mecánica cuántica apunta a una falta de continuidad del espacio y del tiempo, pero no la confirma a nivel elemental, pues para ello la capacidad de observación necesaria debería llegar a los niveles de Planck y para ser capaces de disponer de esas energías, ya podemos esperar sentados. Si finalmente existieran esas dimensiones mínimas del tejido espacio temporal, no se garantizaría la continuidad que requiere la formulación relativista.

Contradicciones temporales

De acuerdo a las discusiones históricas entre las dos versiones del tiempo, la postura absoluta de Platón y Newton, se relaciona más con un tiempo global, eterno y continuo, mientras que la relativa de Aristóteles, Leibniz y Einstein, se relaciona con un tiempo local, finito y discreto. Sin embargo se da la contradicción de que la teoría de la relatividad, aunque propone un tiempo relativo, usa una formulación continua en sus conceptos y ecuaciones, mientras que la mecánica cuántica, aunque se plantea en un marco absoluto de tipo newtoniano, apunta a una naturaleza discreta del tiempo y del espacio.

La crisis de identidad cuántica

Si el principio de incertidumbre y el entrelazamiento cuántico no eran lo suficientemente extraños, hay todavía otro fenómeno observado a nivel cuántico que puede pulverizar cualquier concepto clásico en el que busquemos apoyo. Se trata del fenómeno de la crisis de identidad, que parece relacionado tanto con la incertidumbre en las medidas como con el entrelazamiento entre partículas de un sistema, y que se ha observado, no solo a nivel de las partículas subatómicas, sino también a nivel del átomo.

Si se enfría un conjunto de átomos de gas, llega el momento en el que este gas se transforma en un líquido. Si se enfría todavía más, se convierte en sólido, y si se sigue enfriando hasta temperaturas extremadamente gélidas, los átomos empiezan a mostrar propiedades que magnifican su comportamiento como onda y marginan su aspecto de partícula. Si se sigue enfriando el sistema, los átomos se comportan completamente como paquetes de ondas que se confunden unos con otros y pierden su identidad. A temperaturas más elevadas era posible decir cual era cada uno, pero a esas temperaturas tan bajas no. Dentro de ese sistema, se ha vuelto imposible distinguir entre sus componentes individuales, aunque siguen ahí, y podría decirse, por ejemplo, que quizás uno de ellos es, al mismo tiempo, todos y cada uno de los demás, o sea, está en todas y cada una de las ubicaciones que pertenecen al sistema.

Eternidad y ubicuidad relativas

La filosofía, la religión y la intuición apuntan a que tiempo y eternidad son conceptos conjugados. Un hombre de la antigüedad lo expresaría diciendo que el tiempo pertenece a las cosas perecederas o sublunares y la eternidad a las divinas o supralunares. Pero esa conjugación entre tiempo y eternidad, seguramente no plantearía a nuestro hombre antiguo ninguna duda sobre su misma naturaleza común. El propio Tomás de Aquino había resuelto sus titubeos concluyendo que la eternidad incluye, al menos, a la suma de los tiempos. Sin embargo, la visión de la eternidad que se obtiene de la teoría de la relatividad es distinta. Más que como un reino que comprende, entre otras cosas, al agregado de los tiempos, la relatividad definiría a la eternidad como un reino sin tiempo, pero visto en términos relativos, no absolutos. Un fotón nos parecerá a nosotros, observadores estáticos, como situado en la eternidad intemporal, puesto que la transformación de Lorentz nos indica que su transcurso es siempre cero respecto al nuestro. Si miramos a un fotón alejarse de nosotros no lo veremos nunca. Si se nos acerca, no lo veremos hasta que choque con nuestra retina y luego desaparecerá para siempre. Desde nuestro punto de vista, su tiempo no pasa y ya que su transcurso es cero, para él, todo lo que nos ocurra a nosotros y a la historia del cosmos en general, debe ocurrir en el mismo evento. Si hacemos que ese fotón choque con varios espejos espacialmente separados, a él le seguirá pareciendo que todo es el mismo evento, lo cual indica que, desde su óptica, también el espacio ha dejado de "transcurrir". No hay localizaciones diferenciadas. Desde su punto de vista, todo lo que ocurra estará situado en el mismo evento espacio-temporal, es decir, en el único instante y en la única ubicación que, desde su perspectiva, existen.

Época 3: Fantasía, psicología y tiempo

El caballero y su perro están a punto de abordar la máquina del tiempo de la época victoriana. Con ella, y a golpe de palanca de cambios, podrán usar su libre albedrío para moverse por toda la historia del tiempo absoluto y newtoniano, pero deberán ser cuidadosos para no verse afectados por el principio de causalidad.

(Composición y variación sobre dos ilustraciones: Time Machine, de Daniel Cardle, en Wikia y Gentleman and His Dog, de j4p4n, en OpenClipArt)

La historia oculta del tiempo

Teorías especulativas sobre el tiempo

> *Una cosa de la que podemos estar seguros, si la cosmología cíclica conforme es correcta, es de que la geometría espacial de nuestro propio eón, debe empalmar con la del eón previo.*
>
> Roger Penrose*

Lo poco que sabemos del tiempo

Decía yo al comienzo del libro, que nuestro conocimiento del tiempo es tan limitado que se debería calificar casi como ignorancia. Pese a los avances en mecánica relativista, cosmología, termodinámica y física cuántica, a fecha de hoy todavía no somos capaces de contestar con aplomo las preguntas más simples sobre su naturaleza, por ejemplo: ¿Es continuo o discreto? ¿Es  eterno o caduco? ¿Su flujo es real o solo una ilusión basada en nuestra percepción?

Por eso yo hacía la metáfora del ser humano buscando pistas sobre el tiempo, como el personaje de un cuadro tenebrista que ansía saber cómo es la realidad más allá de su cosmos, que es el lienzo. Tras miles de años de civilización y pese al empeño tenaz de las mejores mentes de la historia, el tiempo esquiva nuestras pesquisas y nos deja la sensación de vacío que todos compartimos. Pues, ¿Qué podemos decir del tiempo después de nuestro denso repaso a la filosofía, a las Sagradas Escrituras y a la física? En realidad pocas cosas, aunque algunas de ellas son sorprendentes. Veamos un resumen:

La teoría de la relatividad apunta inequívocamente a que nuestra percepción del espacio indeformable y del tiempo universal y absoluto como entidades independientes es errónea, y señala que es mucho más precisa la de un espacio-tiempo conjunto que además tiene cierta deformabilidad local, de acuerdo a la presencia de masa-energía. El transcurso temporal propio de un observador en movimiento merma respecto al transcurso de un observador estático. Esa merma no se debe a la velocidad en sí misma, sino al aumento de masa que provoca la reacción del tejido espacio-temporal ante ella, es decir, al aumento de gravedad local o de la curvatura espacio-temporal de la zona. El efecto de ralentización del transcurso se da también en aquellos observadores situados en un campo gravitatorio más fuerte que otros. Nuestra percepción de la realidad parece estar fuertemente condicionada por las necesidades de supervivencia como especie, y a la escala del mundo físico en la que se desarrolla la vida, estos detalles no aportan ninguna ventaja evolutiva; probablemente por eso no son captados. Quizás si nos moviéramos a velocidades cercanas a las de la luz, la dilatación espacio temporal sería un fenómeno familiar y entrañable, y no una cosa extrañísima que ocurre a las partículas subatómicas de los aceleradores.

La cosmología nos propone un modelo de universo en expansión acelerada, y nos permite establecer una cronología cósmica que arranca en el evento denominado *Big Bang*. Combinando las observaciones astronómicas con los modelos matemáticos, esta ciencia nos ofrece una historia de la velocidad de expansión, que no ha sido siempre constante, sino que empezó con un período denominado inflación (teoría completamente artificial, muy controvertida y encajada para tapar el hueco que dejaba la imposible homogeneidad del universo observable) y que ha ido variando con exponente menor que la unidad, primero durante la fase de predominio de la radiación, luego durante la de predominio de la materia y ahora durante la de predominio de la energía oscura.

La termodinámica nos informa de que todos los procesos del universo están sometidos a una irreversibilidad estadística en el sentido de la entropía creciente. Solemos denominar *flecha del tiempo* a este fenómeno, que coincide con el del aspecto perceptivo del tiempo al que llamamos flujo hacia el futuro y con el respeto riguroso del principio de causalidad . Se sospecha que la propia termodinámica debe ser capaz de explicar de forma completa el misterio de la flecha del tiempo, es decir, de explicar por qué, aunque la expresión matemática de las leyes físicas no lo prohíbe, nunca se observa un proceso en sentido de la entropía decreciente, de futuro a pasado, pero por el momento esa sospecha no ha sido confirmada.

La mecánica cuántica nos informa sobre la imposibilidad de conocer de forma completa el estado presente de ciertos sistemas de partículas, en algunos de los cuales se puede hasta perder el sentido de la identidad entre componentes básicos. Nos informa también sobre una posible acción fuera del tiempo, o quizás sobre la aparición de burbujas estables de tiempo entre partículas entrelazadas. Y lo que es mas grave, la mecánica cuántica predice el probable desmoronamiento de las nociones convencionales de continuidad espacio-temporal y realismo local por debajo de las dimensiones de Planck. Finalmente, esta disciplina nos plantea también el denominado *problema del tiempo*, que surge cuando la variable temporal desaparece en la ecuación de Schrödinger aplicada a la gravedad, llamada ecuación de Wheeler-DeWitt..

Todo esto, que constituye el núcleo duro de la corriente principal del pensamiento científico respecto al tiempo, no es, como corresponde a la verdadera ciencia, una verdad revelada, ni grabada en mármol, ni aceptada como un dogma. En el campo de la relatividad hay quienes pese a la confirmación recurrente de la teoría con cada nuevo experimento, se niegan a aceptar tanto la dilatabilidad del espacio-tiempo, como el límite de la velocidad de la luz, y buscan afanosamente explicaciones alternativas. Un punto débil de las dos teorías que dominan la ciencia física a fecha de hoy, que son la relatividad y la mecánica cuántica, es que pese a la extraordinaria precisión que cada una de ellas despliega en su ámbito de aplicación, estos ámbitos se encuentran completamente separados y tanto las hipótesis (en su formulación de la ecuación de ondas, la mecánica cuántica usa el viejo tiempo absoluto newtoniano) como los resultados de las teorías son incompatibles entre sí. Parece que en lugar de describir una única realidad, estas dos teorías hablasen de mundos completamente aislados.

En cosmología hay aspectos como el de la inflación cósmica[133] y la expansión eterna y acelerada que causan profundo desasosiego en la comunidad científica, hasta el punto de que después de visionar numerosos videos y presentaciones en internet, yo he detectado que entre los mejores cosmólogos cunde la sensación de que las nuevas evidencias referentes a esos componentes desconocidos que hemos llamado materia oscura y energía oscura, en combinación con la del incremento de la entropía, están llevando a la cosmología a una posición muy incómoda a la que el físico Leonard Susskind se refiere como *un pozo de aguas estancadas*. Hay también ciertos aspectos de la cosmología moderna que presentan problemas de compatibilidad muy grandes con la teoría de la relatividad ya que el universo-bloque relativista no encaja fácilmente con la visión dinámica del

---

133 Roger Penrose, sin ir más lejos, no está de acuerdo con la hipótesis de la inflación cósmica. Recordemos que la inflación se atribuye a una sustancia hipotética llamada inflatón que, claro está, ya no se puede localizar en el universo, pues terminado su papel inflacionario, se dio a la fuga.

universo en expansión acelerada. También hemos comentado que alguien podría alegar dudas respecto a la validez de algunos de los axiomas que cimentan la física moderna, como la homogeneidad y la isotropía del espacio. Es cierto que las teorías de Newton, Einstein y los que han venido después, funcionan con gran exactitud en todas las comprobaciones experimentales realizadas en un espacio al que podríamos denominar nuestra vecindad cósmica. Pero sabiendo lo fácil que es engañar a la percepción, aunque se vea asistida por ingenios y computadoras, quizás es demasiado arriesgado extrapolar esos resultados a la estructura a gran escala del universo. En nuestra analogía del cuadro tenebrista, diremos que el personaje que ocupa el espacio débilmente iluminado del centro del cuadro, al investigar el tiempo, pretende conocer con su luz local lo que está mucho más allá del alcance de su candil, incluso fuera del marco. Y para ello está suponiendo que todo el lienzo, incluso las partes oscuras más alejadas a las que nunca tendrá acceso, está hecho del mismo material y salió del mismo telar.

Cuando estudiamos el universo a gran escala, aplicamos las propiedades de homogeneidad e isotropía al espacio, es decir, suponemos que todo el tapiz está hecho de la misma tela. Pero el ente real es el espacio-tiempo, y el tiempo es claramente anisótropo.

Por supuesto, es legítimo pensar que dado que nuestra luz solo alcanza el universo observable, y dado que además de apoyarse en un agregado de hipótesis que casan con gran dificultad, como el *Big Bang* y la inflación cósmica, y dado que incluso en esa esfera observable ya hemos necesitado introducir nuevas hipótesis exóticas, como la de los componentes desconocidos a los que hemos llamado *oscuros*, la situación final podría ser bien distinta. Ese universo-lienzo tan suave podría en realidad no tener marco, o tener los extremos en contacto, o presentar regiones curiosas de propiedades raras. De hecho, la cosmología oficial de hoy acepta explícitamente que existen ciertas regiones exóticas pues, ¿de qué otra forma se podría calificar, por ejemplo, a los agujeros negros, que son zonas donde la dilatación espacio temporal es tan grande que simplemente ambos, espacio y tiempo, se desploman?

No tenemos garantías de que, a grandísima escala, el tapiz del universo no esté compuesto por retales de material diferente y exótico. Si así fuera, nuestra suposición de homogeneidad e isotropía no sería válida.

Por todo esto, no deberíamos concluir nuestro reportaje sobre las teorías físicas modernas sobre el tiempo sin examinar, al menos a nivel informativo, los tanteos que tanto desde medios científicos oficiales, como desde otros oficiosos, se están haciendo para abrir nuevas vías en nuestra lucha por comprender la naturaleza del tiempo. A continuación he preparado una selección de los tanteos que me han parecido más atractivos y prometedores, sin omitir algunas imaginativas propuestas propias, aunque estas tienen, me temo, poco contenido científico.

¿Por qué *c* es un valor constante y finito?

Vayamos por partes. No es ninguna rareza pensar en que la luz, como onda electromagnética, se mueva a una velocidad constante por su medio de propagación y que esa velocidad sea independiente de la velocidad de la fuente emisora. Ese es el comportamiento normal de las perturbaciones ondulatorias en su medio. La verdadera extravagancia de la teoría de la relatividad es el hecho de que la velocidad de la onda sea siempre la misma respecto a la velocidad de cualquier masa que se mueva en su medio. Eso ya no es tan normal. El avión en vuelo puede romper la barrera de las ondas sonoras que él mismo produce, y la lancha que navega puede romper las olas que su mismo movimiento genera. Con las ondas de luz no pasa esto.

El que las ondas electromagnéticas siempre se muevan con velocidad *c* respecto a todo lo que tenga masa, incluyendo su fuente emisora, es un hecho experimental que, elevado por Einstein a la categoría de principio[134], permite olvidarse de las viejas elucubraciones sobre la presencia o no de un supuesto éter. Esto, junto a la solidez matemática de las transformaciones de Lorentz, que además respetan el principio de que todas las leyes de la física se describen igual, sea cual sea el sistema de referencia inercial desde el que se analizan, son el armazón que,

---

[134] Ya hemos dicho que las ecuaciones de Maxwell sugerían una velocidad constante para la luz. Einstein asume que son ecuaciones de validez también universal y por tanto toma c=cte como principio asumido, básico, no sujeto a demostración, sino axiomático.

una vez aceptado, y aunque no debidamente asimilado por la intuición, permite comprender los resultados de la teoría de la relatividad. Nos podrá gustar poco, pero mientras la experiencia la confirme, si se la quiere atacar habrá que buscar razones más convincentes que las que resultan de airear la vida personal de Einstein, o sacar a colación su supuesto plagio del artículo sobre las ondas gravitatorias.

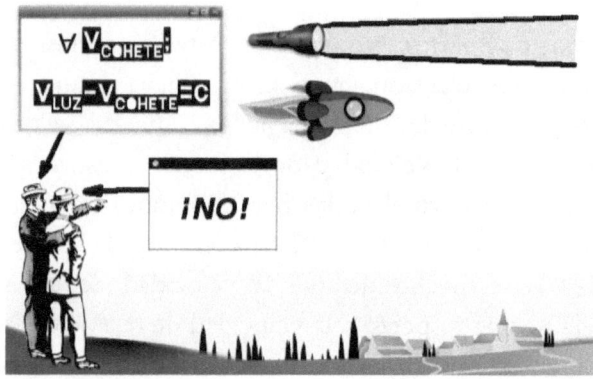

Si la ecuación se cumple siempre, la velocidad de cualquier cosa que tenga masa, respecto a la de la luz, siempre es cero, ¡o viceversa! ¿Se puede esto interpretar como una ortogonalidad entre la luz y la masa?

A finales del siglo XVII, Newton se había visto en un aprieto de parecidas características. Su teoría de la gravedad era un modelo matemático muy exacto que, por primera vez en la historia, describía con precisión movimientos como el de la caída de una manzana o la trayectoria de un proyectil. Sin embargo, él mismo se había reconocido ignorante respecto al fondo de la cuestión. Estaba claro que sus fórmulas podían describir los efectos de la gravedad, pero: ¿Cuál era la causa de la gravedad? Newton confesó que no la conocía, y se tuvo que conformar con afirmar que le parecía imposible que hubiera una acción instantánea a distancia provocada por la fuerza de la gravedad y que debía de existir algún mecanismo aún no descubierto que transmitiera la influencia entre los cuerpos con masa. Lo curioso es que la propuesta de la relatividad general de Einstein, al tiempo que aporta ese mecanismo al que se refería Newton, pues la transmisión es, en realidad, geometría espacio-temporal, y su velocidad no es instantánea, sino igual que la de las ondas electromagnéticas, o sea c, introduce un nuevo misterio, de profundidad aún mayor si cabe, que se refiere a la constancia de esa velocidad con respecto a cualquier tipo de observador en movimiento inercial. Ahora bien, precisamente el hecho de que ese valor sea finito permite que exista algo en lugar de nada. Si la velocidad de las ondas electromagnéticas fuera infinita, entonces, si aplicamos la ecuación que relaciona masa y energía:

$$E = mc^2 ; c = \infty$$

Resulta que:

$$m = \frac{E}{\infty} = 0$$

Es decir, sería imposible crear masa, pues para la más minúscula cantidad imaginable, necesitaríamos también una cantidad infinita de energía. Esto nos da una nueva perspectiva del papel de la velocidad de las ondas electromagnéticas en nuestro espacio-tiempo. Más que ser un límite insuperable para la masa, esa velocidad marca la forma en la que se dan las relaciones de causalidad, o sea marca la rigidez del tejido espacio-temporal, y nos da la medida del coste energético que tiene la existencia de masa. Si ese valor fuera infinito, como se pensaba antes de Galileo, no podría haber masa en reposo en la realidad. Cierto es que aún podrían existir partículas no masivas como los fotones, pero la velocidad de las relaciones causales entre ellos sería instantánea, es decir, no existiría tiempo ni espacio que los separase, lo cual, junto a la ausencia de masa, llevaría a la inevitable conclusión de que no existiría nada que se pareciera a lo que conocemos como realidad.

La ilusión del reposo: movimientos peculiares

La relatividad no es, ni mucho menos, el único caso en el que el aparato matemático nos exige operar sin tener una imagen gráfica o intuitiva clara de lo que está pasando. El infinito parece un concepto ya bastante complicado de imaginar, lo que no impide que lo anotemos cuando calculamos límites, o peor aún, que veamos infinitos sumandos colapsar en una cantidad finita, como pasó con Aquiles y la tortuga, o el colmo, cuando Georg Cantor* demostró que se podía pensar en infinitos de diversos tamaños, y que dentro de ellos unos son contables y otros no.

Dicho esto, conviene ahora pararnos a pensar en el propio concepto de velocidad, que nos lleva inevitablemente al concepto de reposo. La definición de velocidad de una masa o partícula siempre es relativa a un sistema de referencia que se toma como "en reposo". Pero hay mucho que decir sobre el concepto de reposo, porque permanecer en reposo en el continuo espacio-temporal de la relatividad es un imposible, una quimera, una mera apariencia cuyo fondo real es un movimiento que nos lleva diariamente a dar una vuelta alrededor del eje de la Tierra, anualmente a dar una vuelta alrededor del sol y *platónicamente* a recorrer un arco alrededor del centro de la galaxia. A su vez, nuestra galaxia se mueve respecto al grupo local, y este respecto al Gran Atractor, y este respecto al súper cúmulo de Shapley y así sucesivamente conforme nos fijamos en estructuras más grandes[135]. Estos movimientos son, hasta donde podemos decir con los datos científicos de hoy, de origen gravitatorio y su composición escalonada implica que, al

---

[135] http://cienciaes.com/ciencianuestra/2011/01/16/-a-que-velocidad-nos-movemos-por-el-universo/

referirnos a estructuras cósmicas más y mas distantes, que también son más y más antiguas, llegamos hasta el último marco de referencia válido y quizás lo único que podría aceptarse, con muchas reservas, y no en sentido espacial puro, sino espacio-temporal, como referencia estática última y que es, como no, el *Big Bang*[136].

Mientras disfrutas de una taza de café en la tranquilidad de tu sillón, sigues una enrevesada trayectoria helicoidal, con velocidades que demuestran que, como diría Einstein, el reposo también es solo una ilusión persistente.

A la velocidad que resultaría de componer todos los movimientos gravitatorios antes citados, que ya dijimos que se conocían como movimientos peculiares, se le suele dar el nombre de v*elocidad peculiar*, para distinguirla de la debida a la expansión. Hay estimaciones que llegan hasta la *velocidad peculiar* de la Tierra respecto al Gran Atractor, y que arrojan valores de hasta más de 1000 km/s. Es muy difícil saber que ocurre por encima de la escala en la que empieza a ser válido el principio cosmológico, esa que habíamos denominado *fin de la grandeza*[137]. La cosmología entiende que la naturaleza de estos movimientos peculiares es de tipo gravitatorio y, por tanto, no tiene nada que

---

136 Para ser completamente precisos, es la superficie de la última dispersión.

137 Escalas de aproximadamente 300 millones de años luz.

ver con la velocidad de recesión con la que dos galaxias cualesquiera se alejan de acuerdo a la ley de Hubble. Pero en uno y otro caso, ya sea por causa de los movimientos gravitatorios de giro alrededor de estructuras cada vez más grandes, ya sea por la expansión acelerada del continuo espacio-temporal, la esencia de la realidad es radicalmente dinámica.

Punto de fuga temporal

Sabemos que el hecho de que la velocidad de la luz sea finita implica que al mirar lejos en el espacio, estamos mirando atrás en el tiempo. Y sabemos también que el propio hecho de mirar, aunque sea asistido por instrumentos que aumentan la capacidad de percepción, como el telescopio, implica la entrada en juego del efecto perspectiva y la aparición de líneas de fuga, líneas que convergen en un punto que limita la percepción. Entonces, si el espacio y el tiempo son, como dice la relatividad, una única entidad conjunta e inseparable, ¿no habría que pensar que ese mismo efecto de perspectiva espacial se puede dar también en la dimensión temporal? No solo miramos atrás en el tiempo, sino que existe un punto de fuga temporal más allá del cual, aunque el tiempo puede seguir existiendo, nosotros, aún asistidos por los mejores artefactos, no podemos distinguir ningún detalle. Frente a esto, se puede argüir que el tiempo es unidimensional y que no hay tal cosa como el efecto perspectiva en una sola dimensión. Pero este argumento requiere olvidar esa conexión intima entre espacio y tiempo.

Los vórtices del tiempo

Quizás la decepción más grande en todo este repaso a las teorías sobre el tiempo es la que viene del fallo conjunto de la cosmología, la relatividad, la mecánica cuántica y la termodinámica al explicar las razones profundas de la asociación entre el aumento de la entropía y la flecha del tiempo. Ese fracaso nos deja sin una respuesta certera a la acuciante pregunta sobre la realidad de la percepción del *flujo del tiempo*. No se trata solo de que todos los modelos cosmológicos que nos brinda la física moderna desemboquen en un futuro tenebroso, vacío y frío en el que todo queda en manos de las fluctuaciones cuánticas aleatorias de la radiación, sino de que pese al complicado aparataje matemático que despliegan para explicar su evolución, esas teorías no son capaces de dar cuenta de un hecho tan simple y tan palpable en la experiencia diaria, como es la existencia de una dirección privilegiada del tiempo. Esto no está en contradicción con admitir que la teoría de la relatividad puede estar en lo cierto al sugerir que no existe el flujo del tiempo. Ambas cosas son compatibles: el flujo del tiempo puede ser una ilusión y aún así, el tiempo puede ser una dimensión cabal que, sin embargo, es anisótropa.

El físico Leonard Susskind* ilustra este punto[138] diciendo que es como si la cosmología moderna fuera un pozo de aguas estancadas que apunta a un universo futuro donde lo único que podemos decir es que de vez en cuando ocurren fluctuaciones aleatorias que deberían desembocar en un universo tipo cerebro de Boltzmann[139], o que podrían, estadísticamente y dado el tiempo suficiente, llegar a crear otros universos que deberían terminar también en cerebros de Boltzmann. Pero de las causas profundas de la marcha y evolución de esos universos, no sabemos ni una palabra.

---

138 https://youtu.be/jhnKBKZvb_U

139 El razonamiento lleva a concluir que lo más probable es un universo formado por una mente súper inteligente y nada más. Se le llamó cerebro de Boltzmann en honor al fundador de la termodinámica.

Hay un contraste evidente entre, por ejemplo, un vórtice que se pudiera generar en las aguas de ese pozo estancado por causa de fluctuaciones aleatorias de partículas tras una espera de, digamos, miles de millones de años, y el vórtice que se generaría por la existencia de un flujo de partículas direccionado proveniente de una fuente emisora real. Somos conscientes de que las fluctuaciones aleatorias son estadísticamente ciertas, por mucho que haya que esperar para verlas ocurrir, pero el flujo direccionado nos exige una causa que no sabemos dar. Y sin embargo la intuición que nuestros sentidos nos comunican sobre el tiempo se parece mucho más a la de este flujo direccionado que a la de las fluctuaciones aleatorias.

Flujo fractal desde una fuente. Crédito: OpenClipArt. Artista rejon

Pues precisamente el modelo de un fluido que tiene un origen determinado: o sea una fuente, y un final determinado: o sea un sumidero, genera, en los estados intermedios, una dinámica de vórtices fractales que contiene una marca de la dirección inequívoca del tiempo, y además en una forma estadística parecida a la de la entropía creciente de nuestro universo. No es imposible que uno de esos vórtices se genere en sentido contrario al del movimiento global del flujo, pero es extremadamente improbable. Y aquí vemos un nuevo ejemplo de lo que en un capítulo anterior y hablando sobre la quintaesencia, yo llamaba sincronía histórica, pues la imagen de este flujo fractal con una fuente y un sumidero nos recuerda mucho al concepto del viejo Heráclito, del tiempo como río en el que todo cambia, todo fluye y en cuyas mismas aguas nunca entramos dos veces.

Cosmología cíclica conforme

En su libro *Ciclos del tiempo*, Roger Penrose nos da una aproximación diferente al escenario tremebundo de la muerte térmica del universo. Nos explica cómo, debido a los mecanismos degenerativos naturales de la materia: desintegración radioactiva, decaimiento de los protones, desplazamiento al rojo de los fotones, radiación de Hawking de los agujeros negros y otros, el proceso de expansión del universo desembocará en un futuro remotísimo, quizás dentro de un *gugol* de tiempo, es decir, 10^{100} años, en un cosmos en el que solo existirán fotones y gravitones, en ambos casos radiación pura, o sea partículas sin masa, o más concretamente sin masa en reposo[140]. Es un universo en el que, al fin y al cabo, solo existe radiación, solo que dada la vastedad de sus dimensiones será radiación muy fría y muy diluida, o sea, a temperatura y a densidad casi cero.

Ya hemos visto antes que la relación entre masa y tiempo es tan íntima, que en un universo sin masa no tiene mucho sentido hablar de tiempo, por la sencilla razón de que es imposible construir un reloj. El universo del futuro distante y de la muerte térmica es, por tanto, un lugar sin sentido del tiempo. El paso de una eternidad o de dos, o de cien, puede tener el mismo significado que el paso de un instante. Se trata de una etapa que equivaldría a la acumulación de las que, en el apartado sobre las

---

[140] Penrose también admite que podrían quedar los restos de materia oscura no consumidos por los agujeros negros, pero dada su baja interactividad, es difícil ver cómo se podría construir un reloj con materia oscura.

cinco eras del universo, hemos denominado *era degenerádica*, *era nigroagujérica* y *era oscúrica*, y a la que Penrose califica melindrosamente de *muy aburrida*. Pero los razonamientos geométricos de este auténtico genio del pensamiento matemático y de la expresión razonada, lo llevan a proponer una idea rompedora.

Aprovechando las propiedades matemáticas de suavidad (*derivabilidad* recurrente) y conformidad (las estructuras y formas se mantienen con los cambios de escala, es decir son cambios homotéticos) aplicables a la geometría diferencial de las superficies geométricas ideales que representan a nuestro universo, entendiendo como superficie no un espacio de dos dimensiones (2D) sino de las dimensiones que corresponda, en este caso tres de tipo espacial (3D), pues el tiempo se habrá desvanecido para ese momento, entonces, dice Penrose, la superficie que representaría a ese estado *aburrido* del universo futuro, a la que él denota como I^+ se parece mucho a la superficie geométrica que representa al estado *excitante* del *Big Bang*, denotada como B^-, otro estado en el que solo había radiación, si bien no era fría y leve, sino caliente y densa. Pues bien, Penrose propone que B^- quizás pudiera ser el futuro remoto de alguna fase previa del universo que terminó sus días en I^+ y que, de la misma forma, el próximo I^+ al que nuestro universo actual se encamina, puede ser el antecedente postrero de otro B^- que traerá otra nueva fase del universo. Lo único que falta para que esta transición sea posible y el aburrimiento se convierta en emoción, es decir, esa radiación pase de temperatura y densidad casi cero a temperatura y densidad altísima es un cambio de escala brusco. Penrose desconoce que clase de mecanismo podría provocar ese re-escalado, pero sostiene que si se produjera, las condiciones anteriormente descritas bien podrían ser el marco ideal para un nuevo *Big Bang*. Lo curioso de esta propuesta es que Penrose afirma que, al tratarse de superficies dominadas por campos sin masa, es decir, campos en los que la curvatura o rugosidad local es despreciable, las matemáticas que representan a ese *reescalado conforme* necesario para pasar de la métrica del gran aburrimiento a la del *gran petardazo* son perfectamente factibles.

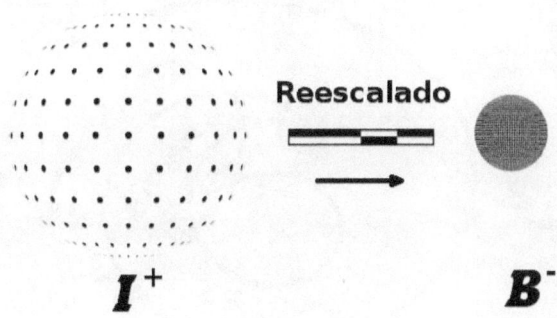

Si se produce un reescalado conforme, las formas de todos los elementos se conservan tal cual con correspondencia homotética, aunque sus tamaños se reduzcan drásticamente.

Penrose introduce un, así llamado, *campo fantasma* en la fase I^+ que se convierte en materia oscura y contribuye a generar el campo gravitatorio al pasar al otro lado, a la fase B^-. La métrica que aparece en ese lado es, siempre según Penrose, compatible con la de las ecuaciones de campo de Einstein y permite sin problemas la aparición de masa y como consecuencia, la curvatura local, y como consecuencia la aparición del tiempo. Este esquema nos daría un universo que pasa por incontables ciclos de expansión, re-escalado y renovación. No es la teoría del universo pulsante, pero se le parece.

Los modelos geométricos de universos espaciales E^I de tipo cerrado y sin límites, es decir circunferencias, que se adapten a este concepto de la cosmología cíclica conforme deberían ser cuádricas suaves generadas de manera conforme a partir de una curva que evolucione expandiéndose, complete lánguidamente las etapas aburridas, se reescale de manera homotética, y se repliegue hacia su punto de origen, el único punto en el que las restricciones matemáticas de conformidad y la suavidad dejan de tener sentido cabal. Por ejemplo: el *ciclocono tórico*:

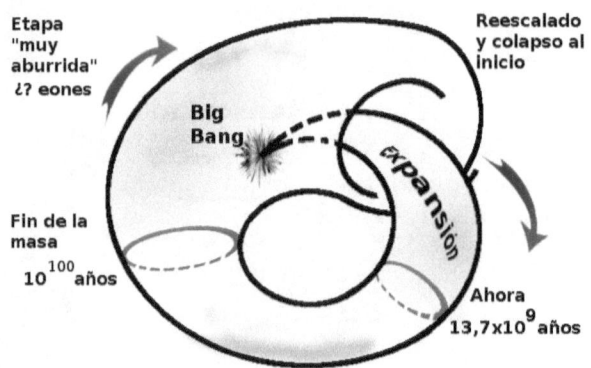

El ciclocono tórico es mi nombre para una cuádrica que intenta adaptarse a las condiciones de la cosmología cíclica conforme de Roger Penrose, si bien el señor Penrose no tiene culpa de mi atrevimiento. Por cierto, me sorprende y me gusta su parecido con el uroboros, la serpiente que se come su propia cola y que simboliza el ciclo interminable del tiempo.

En lo referente a la entropía, y en concreto a su característico aumento que, al menos en el presente eón es un rasgo fundamental de su comportamiento, queda por explicar cómo es posible que la enorme cantidad de entropía que, a fecha de hoy sigue acumulándose, se elimine, o se contraiga y, en definitiva, se rebaje de tal manera que el nuevo *Big Bang* arranque con el valor extremadamente bajo que se le supone. ¿Dónde habrá ido a parar toda esa entropía? Penrose admite que se trata de un problema que requiere mucho estudio pero apunta a que la entropía se evapora con la destrucción de información que, a largo plazo, supone la acción de los agujeros negros y añade que quizás la totalidad de esa entropía desaparecida dará la medida de la reducción de escala necesaria para desencadenar el evento que permite pasar al eón siguiente.

Este asunto de la presencia de estructuras tipo agujeros negros, que al fin y al cabo son fines o bordes locales del espacio-tiempo, complica mucho la adaptación del modelo del *cicloclono tórico* a la cosmomlogía cíclica conforme pues si existen esas estructuras, como todo parece indicar, deberían, al menos, tener la posibilidad de que esos puntos hundidos estén, en su desplome total, conectados con el fondo, punto de no-dimensiones que es, a la vez, principio y fin, límite y arranque, o sea, con el *Big Bang*. Nadie sabe lo que pasa en un agujero negro, pero parece sensato que esa posibilidad de conexión con el principio-fin deba estar presente. Sin embargo hay otra cuádrica que equivale conceptualmente al ciclocono tórico en todos sus detalles, pero que tiene una geometría resultante que, aparte de ser mas compacta y tener un grado más elevado de simetría, admite de forma mucho más sencilla la presencia de estructuras colapsadas que pueden, o no, conectarse con la singularidad inicial-final, como sería el caso, por ejemplo, de los agujeros negros. Esta cuádrica es el toro de hueco nulo, también conocido informalmente como *mundo manzana*. Las fechas de los eventos importantes en la evolución de este universo son las mismas que en el caso anterior. Tanto el modelo del *ciclocono tórico* como el del *mundo manzana*, tienen la peculiaridad de que la expansión acelerada, que hoy sabemos que se está produciendo, no puede continuar *ad infinitum*. Estos modelos requieren que en algún momento del futuro remotísimo, aunque la expansión continúe a buen ritmo, deje de acelerarse y eventualmente se revierta, pero ya en la época sin tiempo, cuando toda la masa ha desaparecido y el universo ha entrado de lleno en los *eones del gran aburrimiento*. ¿Se puede descartar que la expansión acelerada que se observa hoy, llegue a perder su ímpetu en el lejano porvenir, quede con velocidad constante, y luego vaya frenando en un repliegue precipitado?

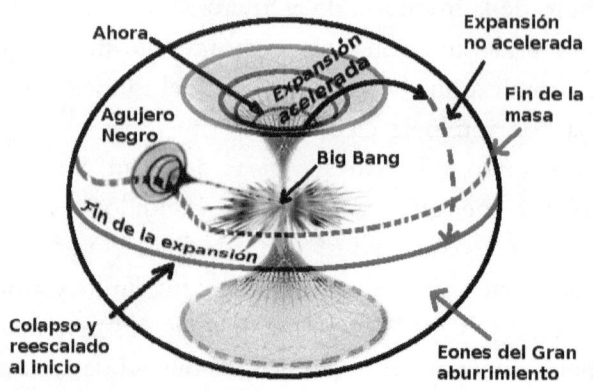

El mundo manzana representa la evolución de un universo-circunferencia que se expande de forma acelerada, luego frenada, llega a su tamaño máximo y colapsa de forma soberanamente aburrida, reescalándose homotéticamente hasta su propio comienzo.

Creo que en una disciplina como la cosmología, donde hace solo cien años se pensaba que el universo era estacionario, que las galaxias eran nebulosas dentro de un único universo isla, y que la gravedad ya debería haber provocado su colapso total y donde se proponen hipótesis indemostrables como la inflación cósmica, o indetectables de forma directa, como los agujeros negros, no se puede descartar nada. Para que en el futuro remoto se frene la expansión acelerada debería *acabarse el combustible* que mantiene la expansión actual, que según el criterio actual puede ser la energía del vacío o energía oscura. Para que después se active la contracción apresurada debería darse la circunstancia de que el espacio-tiempo tenga una cierta rigidez, cosa que parece segura si atendemos a como se deforma ante la presencia de masa, de modo que cuando finalmente el combustible escasee, la propia rigidez del tejido espacio-temporal, y no la gravedad, que al faltar la masa ya estará ausente, sea la que se encargue de contraer todo el continuo hasta su punto de origen. A este respecto cabe destacar que si la contracción del reescalado se produce por reacción de la rigidez intrínseca del tejido, sigue sin aplicar el límite de la velocidad de la luz, que solo cuenta para objetos masivos, por lo que, tras el soberano aburrimiento de Penrose, el reescalado homotético en sí mismo puede desarrollarse tan rápido o más que la supuesta inflación que tan poco le gusta al cosmólogo británico, es decir, que nada impide que ocurra en un suspiro.

El universo como bucle temporal cerrado

Una posibilidad alternativa para explicar este instante especial de la retro-génesis cósmica sin recurrir a combustibles que se agotan ni a rigideces que se contraen, fue la sugerida por los físicos Gott y Li-Xin Li, que, aprovechando que la teoría general de la relatividad admitía las curvas temporales cerradas, en un artículo publicado en 1998[141], discutían que el universo podía estar contenido en un bucle temporal cerrado, como de hecho lo están los dos modelos descritos, el *ciclocono tórico* y el *mundo-manzana*, de forma que el final coincide con el principio y todo se renueva a sí mismo en una especie de auto partenogénesis recurrente.

Señales del eón previo

Penrose apunta que si su cosmología cíclica conforme fuera cierta, se podrían detectar señales del eón anterior en el campo profundo del fondo de radiación de microondas de nuestro eón actual. Concretamente, se debería poder detectar las ráfagas de ondas gravitatorias procedentes del choque de enormes agujeros negros formados en etapas tardías del eón previo, que aparecerían como patrones circulares embebidos en el fondo general de la radiación. Debido a fenómenos de interferencias y

---

141 http://arxiv.org/abs/astro-ph/9712344

dispersión, el nivel de precisión que se requiere para llegar a conclusiones válidas es altísimo. Pero algunos equipos de investigadores ya han descubierto esos patrones circulares[142]. Basándose en ellos, Penrose ha llegado a aventurar algunas características del eón previo, por ejemplo, que las súper galaxias, agrupaciones estelares mucho más grandes que las que podemos ver en nuestro eón, debieron de ser unas estructuras comunes en el previo.

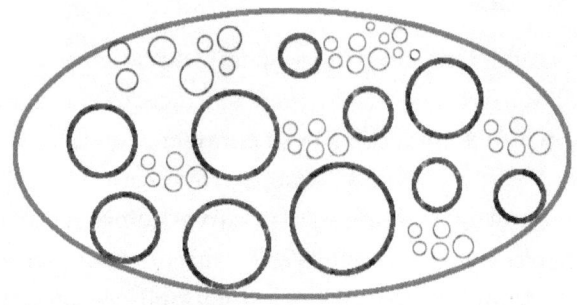

Varios equipos de investigación han encontrado patrones circulares en el fondo de radiación de microondas. Según Penrose, estos patrones podrían ser la marca de ondas gravitatorias producidas por el choque de enormes agujeros negros durante la época aburrida del eón anterior.

La luz cansada de Fritz Zwicky

La hipótesis de la expansión del universo, que hoy se acepta de forma mayoritaria en la cosmología oficial, tiene varios y formidables puntos de apoyo, pero el principal, con mucha diferencia respecto a los demás, deriva básicamente del dato observacional referente al corrimiento al rojo en el espectro de la luz proveniente de galaxias lejanas, detectado en primera

---

[142] Presentación: Are we seeing signas from before the Big Bang, por Roger Penrose: https://youtu.be/npmDbbGbSoE

instancia por Hubble en los años 1920. Hay que remarcar que este corrimiento, al que muchos se refieren como el efecto doppler en las ondas luminosas, no se observa en absoluto en estrellas ni en galaxias cercanas a la nuestra, lo que se explica porque en este caso, el tirón de la gravedad local es más fuerte que el de la expansión general y mantiene a esos agrupamientos de masa juntos.

Es verdad que el descubrimiento y posterior *mapeo* de precisión de la radiación del fondo de microondas supuso otro grandísimo respaldo a la hipótesis de la expansión, pero también es cierto que, como dice Steven Weinberg, nadie ha visto a las galaxias distantes alejándose a toda velocidad, todo lo que se ha visto es que su espectro aparece  desplazado al rojo y que al igual que existen los puntos de fuga espacial, quizás el fondo de microondas puede ser un punto de fuga temporal. Pero hay otras hipótesis solventes que pueden dar cuenta del corrimiento al rojo sin recurrir a la expansión. La principal es la teoría de la luz cansada del astrónomo Fritz Zwicky*. Ya en 1929, Zwicky se mostraba abiertamente en contra de la hipótesis de la expansión, y aquel año publicó su artículo titulado *Sobre el desplazamiento al rojo de las líneas espectrales que atraviesan el espacio interestelar*. En este trabajo, el astrónomo apuntaba varias posibles explicaciones para el desplazamiento al rojo de la luz proveniente de galaxias distantes. Entre ellas está la del tirón gravitatorio que sufre la luz en su camino, pues como ya vimos al igualar las ecuaciones de Planck y de Einstein para la energía de un fotón, se cumplía:

$$h\vartheta = mc^2$$

De donde se deduce la masa inercial[143] equivalente del fotón:

$$m = h\frac{\vartheta}{c^2}$$

Masa equivalente que, a todos los efectos, va a ser afectada por todos los campos gravitatorios que tenga que atravesar en su viaje, transfiriéndoles parte de su momento lineal y en definitiva, cediéndoles parte de su energía, lo que causaría un desplazamiento al rojo en su espectro.

Otra de las explicaciones de Zwicky se refiere a que, al atravesar las vastas distancias interestelares, la luz de las galaxias lejanas puede verse sometida al efecto Compton, causado por el choque de los *cuantos* de luz[144] con los electrones libres presentes en el gas interestelar ionizado. El resultado sería también un desplazamiento al rojo de su espectro. Los fotones no interactúan de forma apreciable con casi nada, a excepción de estas partículas cargadas o iones, pero en la inmensidad del espacio y del tiempo, bien podrían tener ocasión de experimentar estos choques.

Las teorías de Zwicky, en fin, cayeron en desuso cuando se acumularon nuevas evidencias cosmológicas fuertes en apoyo del *Big Bang*, como por ejemplo la del fondo de radiación de microondas, y se relegaron al cajón del olvido cuando se admitió de forma generalizada la hipótesis de la expansión. Pero a la vista del observador actual, y dado el panorama del *estanque* de la cosmología, al que se refiere Susskind, uno se pregunta si no ha llegado el momento de recuperarlas y analizarlas en detalle.

---

143 Ya hemos mencionado antes que el fotón no tiene masa en reposo, pero la energía de su radiación y las ecuaciones de Planck y Einstein nos ofrecen el cálculo de su masa inercial equivalente.

144 En su artículo, Zwicky aún no menciona el término fotón, sino "light quanta"

La simetría temporal de Wheeler-Feynmann

No se puede dar un panorama completo de las ideas sobre el tiempo sin hablar de la única teoría que se propuso seriamente atacar el problema de la anisotropía o falta de simetría direccional de la dimensión temporal. Esta teoría fue enunciada alrededor de los años 1940 y se ciñe, eso sí, al campo de la electrodinámica, un campo gobernado por  las ecuaciones de Maxwell*, para expresar que, al igual que las ecuaciones de campo son temporalmente simétricas, también lo deben ser sus soluciones.

Si se considera una partícula que al ser excitada con energía emite ondas, esta teoría impone la denominada simetría de inversión temporal, que se justifica en el hecho matemático de que entre las soluciones a las ecuaciones de Maxwell hay tanto *soluciones retrasadas*, que se propagan a la velocidad de la luz y llegan al punto de control después de haber sido emitidas, como *soluciones avanzadas*, que llegan al punto de control ¡antes! de haber sido emitidas. Los problemas que esta hipótesis podría generar respecto al principio de causalidad quedan resueltos si se considera que el campo total resultante solo contiene las componentes atrasadas. La onda final tiene una dirección preferida en el tiempo, que es la del futuro, pero la realidad subyacente es más compleja, pues todas las posibilidades estaban en pie de igualdad y simplemente ocurre que las ondas avanzadas, que son las que irían hacia el pasado y comprometerían la causalidad, han sido absorbidas por el resto de partículas del universo. Así, simplemente con cambiar las etiquetas de *emisor* y *absorbedor*, se podría considerar la dirección del tiempo contraria y las ecuaciones electrodinámicas darían soluciones matemáticas igualmente válidas. Este resultado da una interpretación cuántica del proceso de radiación que ha cosechado valoraciones dispares por parte de los expertos, sin que todavía nadie haya demostrado que sea siquiera posible pensar en un experimento que pudiera detectar alguna de esas *ondas avanzadas*.

Varias dimensiones temporales

La teoría de cuerdas es uno de los campos más prometedores de la física de vanguardia. Esta disciplina lidera la búsqueda de la ansiada *teoría del todo*, esa que, cuando se encuentre, llámese gravedad cuántica, súper cuerdas o teoría M, debería dar una explicación única y aglutinadora de la relatividad y la mecánica cuántica y eliminar las contradicciones a las que ya nos hemos referido. Para ello la teoría de cuerdas postula la existencia de más dimensiones aparte de las que estamos habituados en nuestra experiencia vital, es decir 3D espaciales y 1D temporal. Las dimensiones adicionales de tipo espacio podrían estar, según esta teoría, plegadas o enrolladas, o en definitiva: ser de escala tan reducida que no interferirían con las dimensiones grandes en las que se desarrolla la actividad macroscópica cotidiana. Pero en su pequeñez, que podríamos estimar en el orden de la longitud de Planck, esas dimensiones extra podrían ser importantes para explicar las rarezas del comportamiento cuántico, no solo el entrelazamiento, la incertidumbre o la crisis de identidad, sino sobre todo las denominadas simetrías, que pasarían verse como proyecciones débiles a esa escala reducida en las dimensiones grandes de las simetrías fuertes del espacio extra dimensional indetectable. El aparato matemático necesario para entrar en los detalles de la teoría de cuerdas es, seguramente, el más complicado de la historia y yo no voy a presumir de conocerlo, pero lo importante es saber que las soluciones a las ecuaciones que plantean solo se dan en universos de diez dimensiones espaciales y una dimensión temporal.

Las dimensiones extra de tipo espacio enrolladas o plegadas en tamaños minúsculos que propone la teoría de súper cuerdas, tendrían el complicadísimo aspecto de las formas de Calabi-Yau, que proyectadas desde su realidad original e híper dimensional de seis dimensiones al espacio de tres, y representadas en el plano de dos, producen este tipo de visualizaciones.

Las formas súper dimensionales que se manejan en teoría de cuerdas pueden tener proyecciones curiosamente intrincadas cuando sus sombras se representan gráficamente en un plano 2D. Crédito: OpenClipArt. Artista: GDJ. Multidimensional Space

En el estado actual de cosas, todavía no hay ninguna evidencia experimental que apunte a favor de la existencia de esas dimensiones extra, ni de las entidades llamadas cuerdas, o sea, unos minúsculos filamentos vibratorios que, en lugar de las partículas o las ondas, serían los constituyentes básicos de toda la realidad. De detectarse alguna evidencia, esta debería venir de ciertas señales de energía perdida en los choques de partículas que se fuerzan en los grandes aceleradores. El problema es que la detección de materia oscura y la de energía oscura, también se basa en patrones de energía perdida en esos choques de los aceleradores, con lo cual es de suponer que, en caso de que se detecte esa energía perdida lo difícil será saber cual de las posibles causas es la realmente responsable.

Física 2T

En cualquier caso, hay un físico que, desde una rama de estudio de la teoría de cuerdas, se ha planteado en serio la posibilidad de incorporar más dimensiones de tipo temporal al modelo de nuestro universo ET^{3+1} y analizar las consecuencias matemáticas que se derivan de ello. Se trata del físico Itzhak Bars[145], que considera que hay evidencias acumuladas para pensar que en lugar de vivir en un universo con tres dimensiones espaciales y una temporal, quizás puedan existir más dimensiones, en concreto una más de tipo espacial y una más de tipo temporal. Tendríamos así un espacio-tiempo de 6 dimensiones, 4 de ellas de tipo espacio y 2 de tipo tiempo, es decir una estructura ET^{4+2}. Y todo esto lo ha inspirado a desarrollar una nueva física a la que Bars llama *Física 2T*.

La Fisica 2T se apoya en extender el concepto de *simetría gauge* a todas las fórmulas válidas en la física. Simetría, en física, implica que todas las fórmulas físicas, si son verdaderamente válidas, y aplican en un medio al que, al menos en su vertiente espacial, nos estamos cansando ya de describir como isótropo y homogéneo, o sea simétrico en todas las direcciones y análogo en todos los puntos, deben ser expresables también de forma

---

145 http://physics.usc.edu/~bars/

completamente simétrica, es decir, independientes del observador y del sistema de referencia.

La introducción de nuevas dimensiones espaciales puede ser difícil de visualizar, pero no parece plantear problemas de otro tipo que no sea el de hacer un poco más farragosa la expresión matemática por el añadido de nuevos subíndices en las fórmulas. Pero la introducción de una sola dimensión adicional de tipo tiempo es ya, de entrada, incómoda para la intuición, porque simplemente no sabemos qué hacer con esas nuevas coordenadas temporales y no sabemos tampoco qué están representando en el fondo: ¿Significa eso que puede haber dos presentes, dos pasados y dos futuros asociados a un mismo objeto? ¿Qué relación geométrica hay entre esas dos coordenadas temporales? En cualquier caso, el problema principal que, a nivel matemático, presenta la existencia de múltiples coordenadas temporales viene derivado de la existencia de vectores cerrados, o curvas cerradas de tipo tiempo (CTC). Estas CTC provocan la aparición incontrolada de violaciones del principio de causalidad, dando lugar a situaciones que se conocen en el argot como *fantasmas* y que, cuando aparecen, se tienen por una muestra clara de que las cosas no están bien planteadas porque, como dije antes, el principio de causa y efecto parece ser uno de los pocos puntos de apoyo seguros que quedan en el estudio de la realidad.

Pero Bars asegura que en su *Física 2T* no es una hipótesis, sino una consecuencia de la simetría *gauge*. Es decir, él no se planteó *"voy a suponer dos coordenadas temporales y a ver que sale"*, sino que al imponer la simetría completa, las ecuaciones resultaban triviales para 1 dimensión temporal, plagadas de *fantasmas* para 3 o más, pero estables para 2 dimensiones temporales. Entre las pruebas que Bars dice que respaldarían su postura hay algunas de tipo teórico: la segunda dimensión temporal explicaría la flecha del tiempo, explicaría también algunas anomalías referentes al comportamiento del átomo de hidrógeno y otras sobre la fuerza nuclear fuerte. La dimensión espacial extra daría cuenta de un fallo de la relatividad (según Bars) en el campo de la mecánica celeste: el hecho de que las elipses de las órbitas de los planetas no *precesionen*, en general[146], algo de lo que la simple conservación del momento angular en un mundo de tres dimensiones espaciales puras no puede dar cuenta, siendo necesario recurrir a la conservación del momento angular con una dimensión espacial más.

En la Física 2T que Bars está desarrollando a partir de la teoría de cuerdas, aparecen nuevas clases de fantasmas, que son claras muestras de que algo no va bien.

Esta sugerencia de Bars tiene, en el sentido espacial del asunto, implicaciones que nos llevarían a ver nuestro mundo 3D como la sombra proyectada de otro mundo que forma la realidad completa y que es 4D. Nosotros estamos encerrados en ese mundo-sombra proyectado y no somos capaces de visualizar la dimensión espacial superior. Podemos hacernos una idea gráfica de esta situación sin más que rebajar una dimensión para todo el conjunto.

---

[146] Precisamente la comprobación de la precesión de la órbita de Mercurio fue una de las primeras pruebas que respaldó las teorías de Einstein.

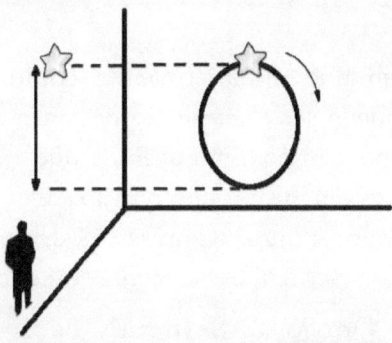

El plano 2D del hombre de negro, solo percibe la proyección lineal de la realidad completa, que es de un orden dimensional superior y no es un segmento, sino un círculo.

Por el momento, hasta dónde yo sé, tanto Bars con su modelo de *Física 2T*, como otros investigadores que han manejado más de una dimensión temporal, lo hacen, en primer lugar, en términos de la coherencia matemática de las ecuaciones y sus soluciones, sin que sea fácil atribuir algún sentido material a esas hipótesis y, en el caso de la dimensión adicional tipo tiempo puro, sin que esté claro si su carácter temporal tiene la misma pureza de ley que la primera. Y en estas condiciones es legítimo preguntarse sobre la falta de significado físico de la suposición, por muy coherente que la expresión matemática sea. Es de destacar, otra vez, la sincronía histórica de esta propuesta de los universos-sombra, con la imagen platónica del mito de la caverna y de nuestro mundo como una mera sombra de algo que pasa en el mundo de las ideas: un mundo que Platón imaginaba, aunque no lo especificara en términos matemáticos, que debe ser, sin más remedio, súper dimensional.

Dimensiones extra de tipo tiempo puro

Y es verdad que resulta bastante complicado imaginarse siquiera cual puede ser el resultado de tener alguna dimensión adicional de tipo tiempo. Supongamos que existe simplemente una más y que es del mismo tipo que la que experimentamos, es decir, tiempo puro y duro. ¿Cómo se podría interpretar eso en términos físicos? Existen, básicamente tres alternativas:

Alternativa Ortogonal: Se trataría de una línea temporal distinta y completamente ortogonal a la nuestra: una línea adicional nacida simultáneamente con el *Big Bang*, lo que resultaría en un total de dos universos que, partiendo de un origen común, marchan en direcciones temporales perpendiculares, aunque con la misma flecha, o sea, apuntando de pasado a futuro. Si consideramos la pureza temporal que estamos suponiendo, no debemos excluir la posibilidad de que las dos líneas, aunque temporalmente ortogonales, discurran por el mismo *corredor espacial*. ¿Entonces no se superpondrían las masas de uno y otro tiempo en el mismo espacio? Si admitimos que la mecánica cuántica apunta a una discontinuidad del espacio a nivel de las dimensiones de Planck, no habría problema en que estas dos líneas temporales estuvieran alojadas en el mismo volumen espacial. La *ortogonalidad* temporal indicaría una falta de conexión total y definitiva entre ambas líneas, con eventos completamente diferentes en cada una, con evoluciones totalmente divergentes. No se pueden excluir categóricamente posibilidades exóticas referidas a la dimensión temporal, como que la flecha del tiempo tenga sentido opuesto al habitual, o que la *velocidad del flujo* aparente sea distinto. Aunque el corredor espacial ocupado sea el mismo, esto implicaría que la mayor parte de las constantes fundamentales de esa otra línea temporal, como los números de Planck o la velocidad de la luz, también podrían ser diferentes.

Dos líneas temporales ortogonales generadas por un único Big Bang. Probablemente, sus evoluciones no se parecerían en nada.

Alternativa paralela: Habría otra línea temporal distinta también nacida en el *Big Bang,* pero no ortogonal a la nuestra, sino discurriendo de forma sincronizada por un corredor temporal paralelo. El espacio necesario para esta alternativa tendría que ser un paquete adicional de tres dimensiones espaciales situado en una burbuja dimensional independiente. Es como si un mismo *Big Bang* hubiera dado lugar a la expansión de dos grupos dimensionales distintos, que dan lugar a dos universos distintos, pero en los que la dimensión temporal queda sincronizada. La evolución de los objetos que ocupan estas dos líneas temporales no tendría por qué parecerse en nada, aunque la flecha del tiempo y el destino remoto si serían los mismos y, dada la sincronía, el destino, sea el que sea, llegaría a ambos a la vez. Aunque la estructura íntima de la dimensión temporal sea la misma, la de los corredores espaciales no tiene por qué serlo, por lo que las constantes fundamentales podrían ser muy diferentes a las nuestras.

Dos dimensiones temporales paralelas

Dos líneas temporales paralelas generadas por el mismo Big Bang. El paralelismo implica propiedades temporales similares pero al discurrir por corredores espaciales distintos no cabría esperar parecidos demasiado razonables.

<u>Alternativa en serie</u>: Habría otra línea temporal distinta, pero no ortogonal a la nuestra, ni tampoco paralela discurriendo por otro corredor temporal adjunto, sino transcurriendo a continuación de la nuestra, por el mismo pasillo espacial y temporal, pero con un cierto retranqueo o retardo que podría ser debido, por ejemplo, a que nació de una reverberación o eco del *Big Bang*. La separación temporal de esta línea respecto a la nuestra sería de valor fijo e igual al retraso entre el *Big Bang* y su eco, y en este caso ambas líneas podrían convivir amigablemente en el mismo corredor temporal y compartir el mismo espacio vital, ya que una lo ocuparía antes y la otra después de que la primera lo haya dejado vacío. Las constantes fundamentales serían idénticas y la evolución de ambos universos podría parecerse mucho. Eso sí, esta hipótesis no es compatible con el universo-boque relativista, pues requiere la desaparición de lo que existe en la primera línea temporal, para que lo que viene en la segunda pueda verse alojado. Se trata de

una hipótesis que solo es posible en un universo radicalmente *presentista*.

Dos dimensiones temporales en serie

Un eco del Big Bang origina una segunda línea temporal que discurre con cierto retraso por el mismo corredor temporal, y ocupa el mismo espacio que deja la primera.

Dimensiones pseudo temporales

Puestos a especular sobre el tiempo, y teniendo en cuenta que, según los datos de la física relativista, cuántica y cosmológica, no se puede descartar que nuestra detección del fenómeno *tiempo* sea incompleta, podemos pensar que esa incompletitud puede deberse no al hecho de que existan dimensiones adicionales de tipo temporal puro, sino al de que no entendamos bien la verdadera naturaleza global de la dimensión temporal y ésta, según la experimentamos, pueda ser el agregado de un paquete híper dimensional en el que la dimensión temporal de tipo puro esté acompañada por alguna/s más de tipo pseudo temporal.

Presente amplio y pretérito evanescente

Adicionalmente al tiempo puro, podría existir una pseudo dimensión de duración extendida, algo así como un presente amplio cuyas reverberaciones se dejan notar como estela hacia el pasado hasta que, transcurrido un intervalo dado, la estela se difumina completamente. Esto requiere que pensemos en el tiempo de forma *presentista*, como el frente de avance de una realidad que constituye el ahora en sentido estricto, pero que se desvanece gradualmente dejando una cierta estela temporal hacia el pasado. Ese es el tema que recoge el relato de Stephen King titulado ***Los Langoliers***, del que existe también una película para televisión. Por una cierta perturbación atmosférica, un grupo de pasajeros de avión se ve relegado del frente de avance del *ahora* hacia el fondo de la estela temporal. Este fondo está solo a unos pocos minutos del presente, pero eso es suficiente para poner sus vidas en serio peligro porque la parte final de la estela son los tremendos *Langoliers*, los destructores del tiempo.

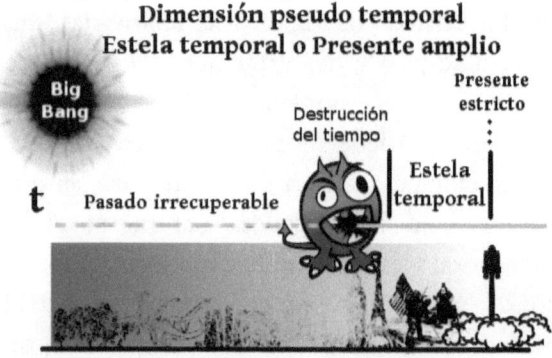

El presente amplio supone la existencia de una estela temporal que se puede ir desvaneciendo conforme la realidad se desmorone.

No es necesario explicar lo improbable de que esta hipótesis pueda ser real, pues en tal caso no deberíamos ser capaces de observar más allá de la distancia que la luz tarda en recorrer la duración de esa estela temporal o pretérito evanescente. King habla de unos 15 minutos en su relato, lo cual implicaría que al mirar con un telescopio más allá de la órbita de Marte, todo el universo debería estar desmoronándose continuamente ante nuestros propios ojos

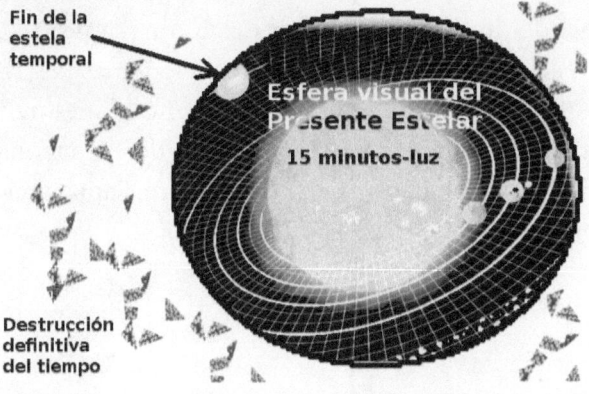

De ser cierta, la hipótesis del presente amplio evanescente, debería tener consecuencias observacionales directas, entre ellas, que nada debería verse más allá de la esfera de luz correspondiente a la duración de la estela.

Tres dimensiones temporales

Si dos dimensiones temporales ya parecen demasiadas, ¿qué se puede decir sobre un mundo con tres dimensiones temporales? Pues esta es la propuesta de la web existics101[147], del filósofo y matemático Gavin Wince*. Wince ha dado a conocer su hipótesis a través de videos divulgativos y de algunos

---

147 www.existics101.com

documentos que también se pueden descargar de su web. Su trabajo de años en la resolución de los puntos conflictivos e inconsistencias de las teorías de la física moderna, lo ha llevado a plantear que, al igual que el espacio es un compuesto de tres dimensiones distintas y ortogonales, el tiempo también es un agregado de tres dimensiones ortogonales entre sí. El universo de *Existics* es un continuo hexadimensional del tipo ET^{3+3}. Para desarrollar su propuesta, Wince se retrotrae a una conversación con su bisabuela sobre la diferente forma de percibir el tiempo dependiendo de la edad y a partir de ahí, se plantea la hipótesis de dos observadores y construye sus sistemas de referencia relativos y recurrentes. Dos de las dimensiones temporales parecen surgir de forma bastante natural de ese razonamiento; son el tiempo convencional, al que Wince llama *períodos*, y el tiempo *presente*.

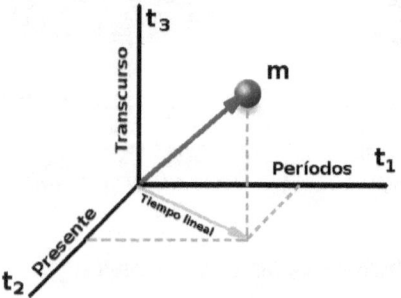

Las tres dimensiones temporales de Gavin Wince son ortogonales entre sí. La composición vectorial del presente y los períodos origina el tiempo lineal.

Cuando se componen ambas dimensiones de forma ortogonal, se forma el tiempo lineal. La tercera dimensión temporal es lo que nosotros denominaríamos flujo, o transcurso del tiempo, que para Wince, en contra de lo que dice la teoría de la relatividad, existe sin duda y es ortogonal a las otras. El transcurso da cuenta, por ejemplo, de los diferentes ratios de paso del tiempo que la relatividad asigna a la curvatura espacio temporal variable de acuerdo a la presencia de masa-energía.

Wince asegura que la aplicación de lo que él llama las ecuaciones de *Existics* a la relatividad especial y general, elimina varias incongruencias referentes a cambios de signo inexplicados en la métrica espacio-temporal, aparte de respetar escrupulosamente la transformación de Lorentz a través de la relación adecuada entre períodos y momentos presentes. Además, las ecuaciones de *Existics* son totalmente compatibles con la constancia de la velocidad de la luz respecto a todos los sistemas de referencia. Wince propone que, dado que la masa está compuesta de partículas y las partículas no parecen tener realidad material, sino solo energética, no debe ser problemático aceptar que un punto de masa no tiene extensión física.

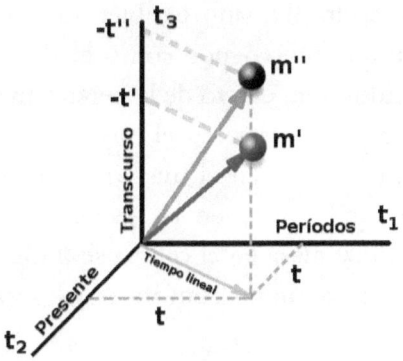

Su idea es que eso es debido a que la realidad esencial de la masa no es material, sino temporal, pero en sentido negativo y con cubicación volumétrica, lo cual nos lleva otra vez a una nueva sincronía histórica, en este caso con Hegel, que recordemos que veía al tiempo como negatividad espacial. Pero coincidencias históricas aparte, Wince insiste en que se puede tratar la masa como un volumen de tiempo, con una correspondencia 1 a 1 entre periodos de tiempo y momentos presentes, que al multiplicarse por un transcurso negativo, daría un volumen negativo de tiempo. En la figura anterior, se podría expresar:

$$m'=-nt't^2$$

Donde n sería un coeficiente de densidad relativa que permite diferentes relaciones entre períodos y momentos presentes, es decir, diferentes tiempos lineales. En esta línea de pensamiento temporal, la aceleración ya no es un aumento de velocidad en el tiempo, sino un desplazamiento temporal, disminuyendo el ratio de paso del tiempo según el objeto se mueve transversalmente por el espacio.

La perspectiva temporal adquiere gran importancia en el planteamiento de Wince, pues al ser un compuesto de tres dimensiones, cuando miramos a lo lejos, no solo miramos a través de un espacio 3D, sino también de un tiempo 3D. De aquí se deduce que fenómenos como el de la materia oscura pueden ser debidos a un efecto de la perspectiva temporal, pues la masa no solo puede estar en el mismo punto en diferentes momentos, sino también en el mismo momento en diferentes puntos. Así, lo que ocurre en las galaxias alejadas es que el apelotonamiento de masa en el centro se traduce en un ratio de paso del tiempo más rápido conforme nos movemos hacia los brazos exteriores.

Otra de las consecuencias de las teorías de Wince es que dado que la coordenada del momento presente es ortogonal a la de los períodos de tiempo, el concepto de origen o comienzo temporal no tiene ningún sentido. El *Big Bang*, punto teórico de la cosmología oficial donde se estima que el espacio y el tiempo empezaron, sería simplemente un punto de fuga temporal. Lo mismo que, al mirar lejos, la perspectiva espacial fuga hacia un punto, la temporal fuga hacia un momento, más allá de los cuales no se distingue bien nada. Ese punto de fuga temporal sería el fondo de radiación de microondas. Gavin Wince no parece pertenecer al mundo académico oficial y por tanto no tiene acceso a grandes presupuestos para poner a prueba sus hipótesis, pero sus propuestas teóricas están tremendamente elaboradas y, lejos de ser un chiflado, como algunos apuntan en internet, ha demostrado que conoce bien la relatividad y la cosmología y que sabe muy bien de lo que habla. Se apoya para todos los desarrollos matemáticos en el físico y matemático Donald Franks y creo que habrá que seguir de cerca sus interesantes propuestas. Para mí, lo más curioso de su teoría es que, en el marco de los dilemas temporales que nos vienen ocupando desde el comienzo del libro: global-local, absoluto-relativo, eterno-caduco, las propuestas de Wince no parecen adscribirse a una postura en particular, sino a una mezcla simbiótica de las dos.

El tiempo como propiedad emergente

El estudio de sistemas complejos en la naturaleza ha dado lugar al concepto físico de *propiedades emergentes*. Se trata de esas propiedades que, no estando presentes por separado en ninguna de las partes del sistema, surgen como consecuencia de su interacción conjunta y son atribuibles solo al sistema en su globalidad. La temperatura de un cuerpo se puede considerar una propiedad emergente del sistema que forman todas sus moléculas, puesto que a nivel de los componentes moleculares lo único que se observa es un determinado estado de agitación en cada una de ellas. Pero cuando se mira al conjunto a una escala mucho mayor que la de sus componentes elementales, es perfectamente posible medir y caracterizar esa magnitud a la que llamamos temperatura.

Las así denominadas *propiedades emergentes* forman toda una disciplina de estudio que encaja muy bien con algunas manifestaciones del mundo físico. Pero ahora que sabemos con certeza que toda la masa está hecha de partículas elementales podemos pensar en muchas propiedades macroscópicas como emergentes. Los átomos no tienen ninguna de las siguientes propiedades: dureza, permeabilidad, brillo, color. Si los encontramos aislados, no podemos decir si están es un estado particular, sólido, líquido o gaseoso, o si son verdes o rojos: simplemente, son átomos. Conforme aumentamos la escala de observación, o quizás deberíamos decir conforme admitimos más grados de libertad en un sistema físico, parece que es más fácil que se manifiesten propiedades emergentes. ¿Podría ser el tiempo[148] una de estas propiedades emergentes que, surgiendo de algún tipo de fenómeno cuántico aun no comprendido y aún careciendo de sentido a escala subatómica, se vuelve, no obstante, observable y experimentable a nuestras escalas normales?

Algunos experimentos al respecto se han intentado, con éxito dispar[149]. Entre ellos voy a comentar uno cuyos resultados se publicaron en un informe científico titulado, en su traducción al español: *El tiempo a partir del entrelazamiento cuántico: una ilustración experimental*. El informe introduce el denominado *problema del tiempo*, que ya citamos en el capítulo sobre mecánica cuántica y que surge de considerar que las ecuaciones de Wheeler-De Witt, predicen un estado estático del universo[150]. El informe continúa recordando

---

148 Y quizás también el espacio.

149 http://arxiv.org/abs/1310.4691

150 Por eso a veces se oye a los participantes en debates científicos decir que el tiempo desaparece de las ecuaciones de la mecánica cuántica y que eso prueba que no es más que una ilusión. Lo cierto es que el tiempo solo "desparece" de la ecuación de Wheeler-DeWitt.

que Page y Wooters propusieron una solución a estas ecuaciones, solución en la que, mediante el entrelazamiento cuántico, demostraban que un sistema que es estático para un observador exterior, puede aparentar estar en evolución para observadores integrados en él. Pues bien, lo que los investigadores han hecho es reproducir en laboratorio las condiciones de esa solución propuesta por Page y Wooters a través de un sistema compuesto por dos fotones de polaridad entrelazada. Y así demuestran que para un observador interno que use como reloj uno de esos fotones, existirá el concepto de evolución, mientras que para un observador externo que contempla el estado cuántico general del sistema, es evidente que el entrelazamiento cuántico hace que éste no cambie.

¿Es correcto afirmar en base a las conclusiones de este experimento que el tiempo es una ilusión que surge del entrelazamiento cuántico, como se ha publicado en algunos medios? Pues descontando mi opinión propia, y aunque el título del informe pueda inducir a error, son ya los propios autores del experimento los que anuncian que su intención no es otra que ilustrar la propuesta de Page y Wooters con el estudio de un subsistema de extrema sencillez. Cuesta admitir que esa diferencia de puntos de vista respecto a la evolución del mini-sistema sirva para extrapolar una conclusión tan ambiciosa como la de que el tiempo, así, en general, es una ilusión que surge del entrelazamiento cuántico.

En cualquier caso, no debemos olvidar que los límites que impone la percepción juegan siempre un papel mucho más importante del que les solemos atribuir. Nuestra caracterización de los sistemas físicos macroscópicos: un vaso de agua que se enfría, un huevo que se rompe, un planeta que revuelve a su sol, etc., suele ser grosera, global, y estar basada en propiedades emergentes. Por ejemplo: no describimos el vaso de agua dando la posición, velocidad y estado de agitación de cada una de sus moléculas, sino dando la temperatura del líquido y la situación del vaso. A estas escalas macroscópicas, la realidad es tozuda al mostrarnos, por ejemplo, la enorme diferencia entre el pasado y el futuro de cualquiera de los sistemas descritos antes. Luego si la escala a la que las propiedades emergentes se manifiestan es precisamente esta escala convencional de nuestra existencia y ésta es también la escala en la que tenemos la percepción del paso del tiempo con más rotundidad: ¿no será que el tiempo es, también, otra propiedad emergente? Si este es el caso, si el tiempo es una propiedad emergente, queda por abordar otro problema de no menor importancia: ¿cómo es posible que desde el marco de una supuesta atemporalidad a niveles subatómicos surja algo tan observable como el tiempo macroscópico, y lo haga con un pasado y un futuro tan diferentes, y con un presente inaprensible que da la impresión de fluir y nos obliga a todos a regir nuestras vidas por relojes?

El argumento de Julian Barbour contra el tiempo

Creo que no exagero si digo que la abrumadora mayoría de los físicos, guiados por las poderosas y probadas conclusiones de la teoría de la relatividad, apoya la visión del mundo como universo-bloque y, por tanto, sostiene, en mayor o menor grado, la opinión de que el transcurso del tiempo es una ilusión. Ya hemos visto como la teoría de la relatividad no está sola en esta postura y ya McTaggart presentó sus serios argumentos, de tipo filosófico, eso sí, contra la realidad del tiempo a principios del siglo XX. Buscando argumentos adicionales de tipo físico que soporten este punto de vista del tiempo como ilusión, he llegado hasta los artículos del congreso sobre la naturaleza del tiempo, celebrado en 2008 y patrocinado por FQXi[151]. Allí he encontrado el correspondiente al físico Julian Barbour*, que contiene una defensa muy robusta de la hipótesis de que el

---

151 http://fqxi.org/community

tiempo es una mera ilusión que no forma parte de la realidad básica del universo. Adelantando que estoy en desacuerdo con sus conclusiones finales creo que, aun así, es importante analizarlas, pues la sorpresa y perplejidad que causan a primera vista es una buena muestra de la marea de confusión que rodea a todos los razonamientos sobre el tiempo.

Barbour recupera una propuesta del físico Ernst Mach*, según la cual nuestra idea del tiempo deriva de una abstracción sobre el movimiento, y cita las palabras del propio Mach:

> *Medir los cambios de las cosas por el tiempo está más allá de nuestras capacidades...El tiempo es una abstracción a la que llegamos por medio de los cambios en las cosas; que deriva del hecho de que no estamos restringidos a ninguna medida definitiva, puesto que todas están interconectadas.*

Barbour nos propone que imaginemos un sistema planetario como el nuestro, el sistema solar, y lo supongamos aislado físicamente del resto del universo. En una posición privilegiada, a la que Barbour llama nido de cuervos (pero que en el genio del castellano creo que encaja mejor con el nido de águilas que yo ya usé en el tema sobre relatividad), se encuentra un grupo de astrónomos que observan el movimiento planetario alrededor del sol. Este es el sistema físico que vamos a analizar, y lo vamos a hacer aplicando simplemente física newtoniana. Si llamamos G a la constante de gravitación de Newton, m a las masas y r a las distancias entre cuerpos, la energía potencial E_p de un conjunto de cuerpos celestes sometidos a gravitación se podría expresar como:

$$E_p = -G \sum_{i<j} \frac{m_i m_j}{r_{ij}}$$

Es decir, la energía potencial del sistema sería la suma acumulada, para tantos pares de cuerpos distintos como podamos tomar, del producto de sus masas dividido por la distancia que los separa.

Cada cuerpo estará orbitando alrededor de la estrella central a una velocidad v_i, que podemos expresar en forma diferencial como el cociente entre un pequeño desplazamiento y un pequeño tiempo:

$$v_i = \frac{\delta d_i}{\delta t}$$

A la velocidad expresada en esta forma diferencial se le suele llamar en física *velocidad instantánea*, y el nombre, en este caso, intenta dar una idea clara del concepto. La velocidad instantánea se refiere solo a un instante particular de duración infinitesimal dentro de la trayectoria del objeto.

Pero en fin, con estas definiciones ya estamos en condiciones de dar la expresión de la otra forma de energía que está presente en este sistema: la cinética, que recordamos ahora en su forma más simple:

$$E_c = \sum_i \frac{1}{2} m v_i^2$$

Sustituimos la expresión de la velocidad instantánea antes deducida y tenemos:

$$E_c = \sum_i \frac{1}{2} m \left(\frac{\delta d_i}{\delta t} \right)^2$$

Ahora aplicaremos el conocidísimo principio de conservación de la energía, también referido a veces como primer principio o principio fundamental de la termodinámica, tan habitual en las preguntas de los exámenes de física de la enseñanza media, y que dice así: *en un sistema aislado, la energía total no se crea ni se destruye, solo se transforma*. En el caso de nuestro sistema planetario la energía total será la suma de la energía potencial y la cinética de todos los cuerpos, y si solo se transforma quiere decir que la suma de ambas permanecerá constante en el sistema. Llamemos E a esa energía total que es suma de las dos. Tendremos:

$$E = E_c + E_p$$

Sustituyendo valores, incluido el signo negativo de la energía potencial, y dejándolo expresado a la manera que Barbour hace en su artículo, queda:

$$\sum_i \frac{1}{2} m \left(\frac{\delta d_i}{\delta t}\right)^2 + E_p = E$$

Ahora Barbour nos pide que imaginemos que los astrónomos del nido de águilas toman diferentes instantáneas de la configuración del sistema planetario. Tomando dos de esas instantáneas que estén en rápida sucesión, se pueden encontrar fácilmente los valores de desplazamientos de cada cuerpo, es decir los δd_i. Si despejamos el tiempo de la ecuación de la suma de energías que hemos obtenido antes, resulta:

$$\delta t = \sqrt{\frac{\sum_i m_i (\delta d_i)^2}{2(E - E_p)}}$$

Y sustituyendo ahora en la expresión de la velocidad instantánea este tiempo basado exclusivamente en las posiciones de los cuerpos celestes, y la energía potencial que obtuvimos al principio, llegamos a:

$$v_i = \frac{\delta d_i}{\delta t} = \delta d_i \frac{1}{\sqrt{\dfrac{\sum_i m_i (\delta d_i)^2}{2\left(E + G \sum_{i<j} \dfrac{m_i m_j}{r_{ij}}\right)}}}$$

Barbour ha conseguido expresar la velocidad instantánea de un cuerpo planetario determinado en función de un conjunto de magnitudes entre las que no se encuentra el tiempo. Y, efectivamente, en esta ecuación solo vemos masas, desplazamientos, distancias, energía y la constante de gravitación: a primera vista el tiempo ha desaparecido. Por eso concluye que:

> *La velocidad de un cuerpo no es el ratio entre su incremento de desplazamiento respecto al incremento de un tiempo abstracto universal, sino respecto a una expresión que involucra a los desplazamientos de todos los otros cuerpos del sistema (y de la que el tiempo, aparentemente, se ha desvanecido).*

Y añade que en estas condiciones, si los astrónomos del nido de águilas conocieran con antelación los valores de la constante de gravitación universal G, de la energía total del sistema E, y de las masas de los cuerpos m_i, entonces esas dos instantáneas sucesivas serían suficientes para determinar el incremento de tiempo δt entre ellas. Barbour añade:

> *El tiempo, según la expresión de δt que hemos obtenido, emergería verdaderamente de las posiciones observadas de los objetos y se podría borrar de los cielos.*

Dos instantáneas sucesivas y ¿atemporales? del sistema solar, visto desde el nido de águilas de Barbour. Si consideramos que el principio de conservación de la energía sí que se expresa siempre de forma atemporal, no es tan raro que no surja el tiempo en este razonamiento.

Los problemas del argumento de Barbour

Desde mi punto de vista, este razonamiento presenta varios problemas de índole temporal que solo se solucionan en lo que un par de apartados más adelante llamaré el símil del programador, y para destacarlos, he procurado ir subrayando los términos que necesitan revisión o que no encajan. Aclaremos, antes que nada, que el razonamiento de Barbour se basa en la conservación energética, y ya vimos que tanto las ecuaciones energéticas con las que deducíamos el $E=mc^2$ como también las ecuaciones energéticas con las que obteníamos la ecuación FRW, eran y siempre son, atemporales. Evidentemente, debe ser así, pues aplicamos el principio de conservación de la energía entre dos estados cualesquiera. Dicho esto, añadiremos en primer lugar que para tomar dos instantáneas en rápida sucesión es necesario dejar pasar un tiempo, aunque sea infinitesimal. Si esa dimensión temporal de la que habla la relatividad fuera una ilusión que no existiera realmente, las posiciones de los planetas nunca podrían cambiar y siempre ocurriría que $\delta d_i = 0$, con lo cual $v_i=0$. No habría movimiento, no habría cambio. Entonces, la única posibilidad para que esas dos instantáneas sucesivas tomadas desde el nido de águilas reflejaran posiciones distintas de los planetas, sería un movimiento no adscrito al tiempo o instantáneo, cosa que salvo las extravagancias del entrelazamiento cuántico, sabemos por teoría de la relatividad que no es posible.

Por lo demás, y aunque esto no representa un problema en sentido estricto, pues ni los más radicales defensores del tiempo como ilusión lo niegan, Barbour* está admitiendo un orden temporal implícito, puesto que esas instantáneas son *sucesivas*, es decir una va temporalmente después que la otra. Por eso, para definir ese tiempo δt , Barbour admite que los astrónomos del nido de águilas necesitarían medir la energía total de sistema, la constante de gravitación, y las masas de los cuerpos, cosas para cuya medición, por cierto, se necesitaría, si uno no es Dios y los conoce de antemano, observar y medir procesos dinámicos que involucrarían al tiempo: Y sea como sea, todo esto tendrían que hacerlo *con antelación*, es decir en y durante un tiempo previo, tiempo que difícilmente podría salir de la posición relativa de los planetas. Luego Barbour está, en mi opinión, apuntando con mucha intención a un problema fundamental del tiempo, pero al final la materialidad del ejemplo del sistema planetario lo lleva a descontar la esencia del tiempo para construir esas expresiones energéticas en las que el tiempo, lejos de desaparecer, nunca estuvo presente. Otra cosa, insisto, es que en su concepto existan intuiciones muy poderosas respecto a la trabazón entre el significado del vocablo *tiempo*, referido o ligado a los cambios de estado del sistema en su conjunto, con todas las partículas que lo forman, que en este caso debería contemplarse como el universo en su totalidad. Y de eso hablaré un poco ahora mismo y bastante más después.

Discontinuidad y finitud del tiempo

La dicotomía temporal continuo-discreto está íntimamente ligada con otra dicotomía fundamental que viene animando las discusiones sobre el tiempo desde la época de los presocráticos, a saber, la eterno-caduco. En nuestro repaso hemos visto como, en términos generales y salvo los trucos de fondo atemporal de las paradojas de Zenón, todas las formulaciones de la física clásica y relativista, incluyendo la estructura del continuo espacio-temporal en este caso, necesitan expresarse en términos de continuidad ideal, hasta los más mínimos detalles. Y sin embargo el panorama del mundo subatómico que nos brinda la mecánica cuántica no soporta la hipótesis de continuidad a escalas pequeñas. La *cuantización* del mundo diminuto es tan invasiva que nada parece escaparse. La energía se transmite en *paquetes*, los electrones ocupan solo unas determinadas órbitas que están solo en ciertos niveles autorizados y *saltan* entre ellas. Las estructuras de la realidad subatómica son claramente finitas y se puede demostrar que la finitud acarrea *cuantización* energética de los fenómenos que les ocurran a esas entidades finitas.

En el libro *Los horizontes lejanos del tiempo*, H. Chris Ranford, explica cómo al hacer oscilar una cuerda de longitud finita sujeta por un extremo, para cada valor de energía que se le comunique, la cuerda vibrará con un valor determinado de frecuencia, que será función de esa energía, y que podemos expresar con la ecuación ya vista que incluye la constante de Planck:

$$E = h\vartheta$$

Para una sacudida de energía E, la cuerda generará un patrón sinusoidal oscilante fijo, con ciertos puntos estacionarios en la línea horizontal que une el brazo con el punto de fijación en la pared. Pero debe quedar claro que la aparición de este patrón de oscilación no se debe a que la cuerda esté atada a la pared en un extremo; se debe a que la cuerda es finita. Podemos cambiar la cuerda por una barra empotrada de la rigidez apropiada y soltar el extremo después de comunicar la energía y la vibración se daría igualmente. Pero si la cuerda fuera infinita nos encontraríamos con que una sacudida no genera un patrón de oscilación, sino una simple perturbación que viaja perpetuamente desde el punto de origen hasta el infinito y, claro está, nunca vuelve. La vibración se da en estructuras finitas y limitadas y son los bordes los que obligan a la *cuantización*, es decir a la aparición solo de ciertos valores energéticos de vibración entre los cuales hay que moverse a saltos.

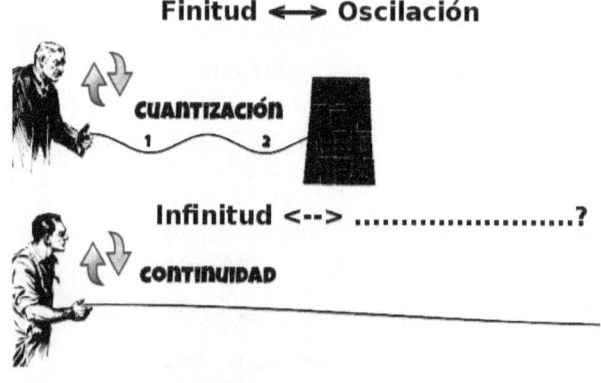

La infinitud, exenta de límites, favorece un proceso continuo, pero no sería un proceso cíclico, sino eterno, es decir, un proceso en el que "no pasaría nada". Solo puede haber oscilación cíclica si hay finitud, pero eso apunta a la discontinuidad esencial.

A pequeñas escalas, el reflejo de la infinitud es la *infinitesimalidad*, la infinita divisibilidad, y esto, aunque puede servir muy bien en estructuras matemáticas puras, como el cálculo infinitesimal, y puede resolver aparentes paradojas como las de Zenón, haciéndonos ver como ciertas infinitesimalidades colapsan en cantidades finitas, aparte de que ya hemos visto que simplemente no se observa en la naturaleza del mundo subatómico, esto, decía, acarrea múltiples problemas de compatibilidad con todo lo que quiera presentarse como un proceso, pues ni todas las paradojas se dejan doblegar tan fácilmente como la de Aquiles y la tortuga, ni tampoco todas las infinitesimalidades colapsan en cantidades finitas. Pensemos simplemente en esto: en el conjunto discreto de los números enteros, todos tenemos claro que el estado siguiente al 7 es el 8. Conceptualmente no habría ningún problema en saltar de uno a otro, hacia adelante o hacia atrás. Pero, en el conjunto continuo de los números reales: ¿cuál es el estado siguiente al $\sqrt{2}$? ¿Y el estado siguiente al situado en el punto π? ¿Cómo vamos a saberlo, si ni siquiera somos capaces de expresar los infinitos decimales que tiene el ninguno de esos dos números reales? Podemos dibujarlos de forma inexacta a través de métodos geométricos. Eso es todo.

Luego si el estado siguiente a uno dado es indeterminado, ¿cómo se puede saltar a él sin saber cuál es y sin poder situar siquiera la base del salto? Y lo que se deriva de esto es mucho más grave: ¿Cómo se puede definir el cambio en estas condiciones, si nunca sabes de donde partes y a dónde llegas? Pero estamos de suerte, porque la descripción del mundo de la mecánica cuántica es eso, *cuantizada*, discreta, granular, y en último caso, siempre podremos decir que el tiempo también debe considerarse discontinuo, y que el tamaño de los granos, de los pasos o de los saltos, es precisamente el cuanto de tiempo al que hemos denominado *cronón* o tiempo de Plank.

Imaginemos un mundo unidimensional que consta solo de tres elementos, por ejemplo tres partículas ideales A, B y C. Vamos a suponer que somos seres todopoderosos con capacidad para incorporar un concepto de cambio a este universo a medida, basado en permitir que las partículas se reordenen de todas las formas posibles a partir de un estado inicial que consideraremos de máxima ordenación, alfabética en este caso. Las permutaciones de estos tres elementos nos van a permitir un número total de estados de $N_e = 3! = 3*2*1 = 6$, que son los siguientes:

1	2	3	4	5	6
ABC	ACB	BAC	BCA	CAB	CBA

Es evidente que para recorrer toda su historia de cambios, a la que podríamos referirnos como *historia temporal*, incluida la creación, este universo necesita hacer 6 cambios de estado, o sea, necesita dar 6 pasos de tiempo discreto. Y es igualmente evidente que la magnitud de ese salto temporal básico que permitirá el cambio entre estados, a falta de mejores explicaciones, será de una sexta parte del total necesario para recorrer toda la historia, que vamos a suponer que, eligiendo las unidades apropiadas, podemos hacer igual a 1. Así pues:

$$\delta t = \frac{1}{6}$$

Aquí estamos recuperando, en cierta forma, el concepto que introducía Barbour sobre la relación entre el diferencial de tiempo y el número total de elementos de ese universo aislado, e incluso parece que hemos conseguido casi definir un tiempo que no es absoluto y está ligado sólo al número posible de estados del sistema, pero sobre todo estamos intuyendo que si extrapolamos y pensamos en un universo con infinitos elementos, tendríamos una historia temporal del universo que pasaría por infinitos estados $N_e = \infty!$, y por tanto sería eterna. Además, en tal universo el tiempo pasaría de ser discreto a ser, necesariamente, continuo puesto que:

$$\delta t = \frac{1}{\infty!} \to 0$$

Así vemos que la infinitud, con su supresión de límites, elimina la *cuantización* y trae la continuidad temporal, que es una cosa que a niveles prácticos complica mucho la aparición de procesos en un mundo de objetos finitos que necesitan cambiar de estado mediante saltos discretos, claros y distintos. El único salto posible en un mundo continuo es cero $\delta t = 1/\infty! = 0$. La continuidad está asociada a la infinitud y caracteriza a un mundo en el que el cambio no es posible. Pero nuestro universo a medida es discreto y podría pasar fácilmente del estado ABC al ACB en un salto temporal de valor $\delta t = 1/6$

¿Nos podemos aventurar, entonces, a decir que ya que la mecánica cuántica nos informa de que los procesos a esas escalas tienen lugar de forma granular, discreta o discontinua, eso significa que tanto el espacio como el tiempo también son granulares o discretos? Aunque la certeza no es completa, todo parece apuntar a que sí. ¿Y podemos añadir también que dado que la discontinuidad es afín a la finitud, entonces el tiempo y el espacio deben ser limitados, caducos, finitos? La respuesta no es certera, pero también apunta en la misma dirección que la anterior.

Mecanismos del tiempo

Un aspecto importante sobre el que no nos hemos parado a reflexionar es que para que se produzcan cambios, incluso en este mini-universo creado a propósito, parece ser necesario que exista previamente un tiempo global como marco en el que se va a alojar o desarrollar esos cambios. Pero una mirada más atenta nos desvela que, en realidad, lo que se necesita está a un nivel más básico. No es exactamente tiempo. Nos valdría con un mecanismo que forzara o al menos facilitara el cambio entre esos estados. Si lográramos poner en funcionamiento ese mecanismo y mantenerlo o, mejor aún, si pudiéramos aprovecharnos de que quizás fueran un mecanismo *atemporal*, podríamos fabricarnos nuestra propia definición de tiempo para el sistema y encontrar el valor del *cuanto* de tiempo δt de la forma que hemos explicado antes, o sea, si *n* es el número total de estados o configuraciones por las que puede pasar el sistema, entonces:

$$\delta t = \frac{1}{n}$$

El problema, entonces, es: si logramos llevar a cabo nuestra *creación*, y comenzamos con la ordenación A-B-C ¿cómo sabe la estructura de ese universo si tiene que fomentar el cambio de orden o no? Ese mecanismo idealmente *atemporal* que tiene que insuflar el dinamismo necesario para que arranque la sucesión de los cambios de estado no parece alcanzable sin recurrir a un agente exterior que, por ejemplo, conforme una determinada fuerza o moldee una "geometría" del espacio que induzca al cambio. No se me ocurre ninguna solución de tipo material, salvo la intervención de una mano divina que empuje las letras hacia una cascada gravitatoria en la que la caída facilitará los cambios de estado, o que incorpore algún tipo de *perpetuum mobile*. No se me ocurre una solución, en definitiva, que no requiera un tiempo pre-existente de orden superior. Nos encontraremos con este problema otra vez en el apartado del mundo como estructura matemática pura y allí, en el marco del mundo ideal matemático-informático quizás sí que vislumbremos una sorprendente solución que no parece depender de ninguna matriz súper temporal.

Espuma cuántica y pre-realidad

De acuerdo a H. Chris Ranford, en su ya citado libro *The Far Horizons of Time*, hoy se hace una interpretación profunda del principio de incertidumbre de Heisenberg, según la cual hay parejas de propiedades que, a una cierta escala, se manifiestan como correlacionadas, de forma que no se pueden conocer con precisión arbitraria cuando se refieren al mismo objeto y en el mismo instante. Esto implica una cierta borrosidad o falta de claridad de la realidad que no tiene nada que ver con las limitaciones de los instrumentos de medición, sino que es una parte integrante de la forma en la que esa realidad se manifiesta. A estas parejas de propiedades se las llama *propiedades conjugadas* u *ortogonales*. También se dice de ellas que son *incompatibles al límite*. El ejemplo obvio que casi siempre se usa es el par posición- velocidad de una partícula, pero se podrían citar más ejemplos como el par tamaño-color, referido a cualquier pedazo de material. Llega el momento en el que si el tamaño baja de un cierto umbral, que en este caso sería el de la longitud de onda de la luz, el color ya no se puede reflejar más y se pierde, desaparece del universo. Pues bien, una pareja muy especial de estas propiedades conjugadas es la formada por duración y masa. Si consideramos intervalos de duración más y más pequeños la presencia de una masa en nuestra realidad se hace difusa. Esto permite que, cuando el intervalo considerado está por debajo de lo que, a fecha de hoy, se considera el intervalo mínimo posible, es decir, el *cronón* o tiempo de Planck, ciertas partículas de masa puedan entrar en la existencia y desaparecer antes de que haya pasado ese intervalo. De ese modo son indetectables por el radar de la realidad y cabe calificarlas de virtuales más que de reales, pero son las partículas que hoy se cree que dan lugar a lo que se conoce como espuma cuántica, una *espuma* que llena el tejido del universo con partículas que aparecen y se desvanecen en ventanas de tiempo menores que el *cronón*. ¿Es posible que sea esta espuma cuántica la que forma la esencia y el soporte de lo que llamamos realidad? ¿Es esta la forma en la que se incorpora al universo esa energía del vacío que está sosteniendo la expansión cosmológica acelerada? ¿O quizás esta espuma cuántica es como una especie de pre-realidad de la que nuestra realidad podría ser una propiedad emergente?

El mundo como estructura matemática pura

A estas alturas del libro, al lector atento ya le haya llamado la atención un hecho más que notable. El proceso histórico de progreso en el campo de la física ha ido acompañado por un desarrollo gradual de la herramienta que sirve para sondear las hipótesis y las teorías: las matemáticas. Galileo ya expresó que las matemáticas eran el lenguaje en el que estaba escrito el universo. Gauss afirmó que las matemáticas son la reina de las ciencias, y dadas sus particulares preferencias, añadió que la teoría de números, es la reina de las matemáticas. Einstein observó que la naturaleza obedece escrupulosamente a ciertas leyes matemáticas abstractas. Todas las áreas de la ciencia se soportan en leyes matemáticas de tipo puro o abstracto. Y todos damos por supuesto que estas leyes son algo inventado o desarrollado por el hombre como nuevas herramientas de esa caja general a la que llamamos *matemáticas*. Según este punto de vista, las matemáticas han ido creciendo según los matemáticos han ido inventando nuevas teorías, y el hecho de que el estudio del mundo material revele, una y otra vez sin excepción, que alguna fórmula matemática se ajusta a su explicación como un guante a la mano es mera coincidencia.

Pero quizás debamos empezar a mirar a las matemáticas como un reino de territorios inmensos que están ahí desde siempre y que apenas hemos empezado a explorar. ¿Y si no fuéramos los creadores de las matemáticas sino solo sus descubridores? A veces las encontramos en fórmulas de apariencia simple, como puede ser la cuenta aritmética de entidades, otras veces en fórmulas complicadas como la transformación de Lorentz, otras veces en enredos probabilísticos, como la ecuación de Schrödinger. Los niveles de abstracción de algunas ramas de las matemáticas puras de hoy son de tal profundidad que ya no parecen tener nada que ver con la aritmética o la geometría. Pero siempre, sin excepción, el mundo natural parece acomodarse a ciertas leyes matemáticas de las que, como decía Einstein, nunca osa salirse. Si ya es sorprendente que ocurra esto con las leyes naturales, echemos un vistazo a lo que conocemos como existencia física en nuestro universo, que se presenta básicamente en dos formas: materia y radiación. Nuestro conocimiento sobre la estructura interna de la materia está, a fecha de hoy, en un estado que no puede ser más desconcertante. Conforme bajamos a las escalas subatómicas no nos encontramos otra cosa que no sea espacio vacío, vastos reinos de ausencia donde no se han encontrado esas *bolitas* con las que los libros suelen representar a las partículas elementales: la del protón y la del neutrón, más grandes, la del electrón más pequeña. No. Nada de esto responde a la realidad. Y eso es lo más intrigante de todo. El lugar que deberían ocupar estas *bolitas* no se puede sondear, más allá de los patrones de interferencia del electrón excitado, escaneado indirectamente[152] a través de ciertas técnicas del microscopio que consiguen representaciones, no del electrón en sí mismo, sino de su función de onda: imágenes procesadas, reconstruidas y difusas que no pueden penetrar en esos los abismos cuánticos de la infinitesimalidad. Nos quedan, por tanto, solo ondas o funciones de onda. Pero: ¿Qué son las ondas? Desde luego, no son, otra vez, *bolitas* que van siguiendo la trayectoria sinusoidal con las que las representamos en nuestros gráficos con eje X en abcisas y tiempo en ordenadas. Definidas por dos valores: amplitud y frecuencia, lo mejor que podemos decir de las ondas es que son perturbaciones capaces de viajar por el campo electromagnético. ¿Y los campos, ya sean

---

152 Verlo, en sentido literal, significa bombardearlo con un fotón que lo desplazará de su nivel y por tanto no podemos ver lo que ya no está donde apuntamos la luz.

de naturaleza electromagnética, nuclear o gravitatoria? Pues otra vez son solo puras matemáticas. Se describen asignando un número, o varios[153], a cada punto del espacio, que así nos dicen cuánto vale una cierta propiedad en ese punto. Pero si nos tuviéramos que atener a la materialidad del asunto nos quedaríamos otra vez sin nada en los bolsillos: nada, salvo las expresiones matemáticas que, con más o menos sufrimiento, nos dan la probabilidad de la función de onda. Las matemáticas no solo gobiernan las leyes de la realidad, sino que también es lo único que parece estar en el fondo de todas las versiones de lo que conocemos como existencia.

El físico Max Tegmark es el que ha estudiado la hipótesis de un universo de fondo matemático de forma más elaborada en su trabajo: *The Mathematical Universe*, que se puede descargar gratuitamente de internet[154]. La propuesta puede parecer una locura. ¿Y si resulta que las matemáticas son la realidad última del mundo natural? Desde luego, el hecho de que se encuentren leyes que con más o menos precisión se ajustan pertinazmente a fenómenos del mundo material que abarcan desde la biología hasta la cosmología, no puede ser considerado como una trivialidad o una obviedad. En *The Far Horizons of Time*[155], H. Chris Ransford se ocupa abundantemente de esta discusión. Si resulta que encontramos matemáticas puras en el fondo de todas las realidades materiales que examinamos: ¿por qué nos empeñamos en buscar explicaciones adicionales de tipo mecanicista? ¿Por qué nos causa tanto rechazo la idea de que la realidad esencial no sea el fenómeno físico en sí, sino las matemáticas puras que ahora consideramos meramente como un invento nuestro que

---

153 Quizás también una dirección, si se trata de un campo vectorial, pero número también al fin y al cabo, pues se puede dar como una o más orientaciones angulares.

154 http://arxiv.org/abs/0704.0646v2

155 http://www.degruyter.com/view/product/460116

asociamos al fenómeno por una cuestión de utilidad? Pensemos en el ejemplo que poníamos al hablar de entrelazamiento cuántico. Un sistema formado por dos partículas se hace pasar por un polarizador y a partir de ese momento sus polaridades quedarán entrelazadas instantáneamente. Cuando estén muy separadas en el espacio, lejos de la posible influencia de interacción física, la única correlación que queda entre ellas es que juntas forman un sistema que una vez se vio sometido a una acción conjunta, la polarización, es decir, que ambas fueron una vez variables de la ecuación de Schrödinger del sistema. Si admitimos la posible existencia de una pre-realidad elemental formada por estructuras matemáticas de tipo abstracto que se manifiestan como supra-realidades materiales diversas, con propiedades emergentes variadas de acuerdo a la escala de examen, nos metemos de cabeza en universos que lindan con parcelas que habitualmente, en este mundo maniqueo, se descalifican como religiosas, pseudo científicas o cosas de *frikis*.

La primera objeción que muchos pondrían a este punto de vista sería, sin duda, nuestra incapacidad para percibir esa realidad matemática inherente. Sin embargo, las matemáticas puras no contravienen a la teoría de la evolución. Y evolutivamente, a nuestra escala, la percepción de esa realidad matemática no supondría ninguna ventaja evolutiva contra el ataque de un tigre dientes de sable, por ejemplo. Admitir la hipótesis de una realidad matemática pura en la base del mundo no es incompatible con la ciencia, ni nos lleva necesariamente a postulados teológicos o *conspiranoicos*. No. Al revés. Si se llega a ella es precisamente ante la abrumadora evidencia observacional que confirma pertinazmente que en la base de todo proceso y existencia material hay una ley matemática. El problema es que mientras que la existencia del mundo material, formado por partículas, y sujeto a las cuatro fuerzas fundamentales (nuclear fuerte, nuclear débil, electromagnética y gravitatoria), todavía puede tener encaje en un universo de energía total nula en el que las fluctuaciones cuánticas crean a partir de la nada, la existencia de leyes matemáticas impresas en el tejido de la realidad, no parece aparecer de la nada, sino que tiene que haber sido puesta ahí para eso. Casi en todos los apartados del libro se pueden establecer conexiones, o sincronías, entre las propuestas de la ciencia moderna y las de la ciencia antigua. El universo matemático puro sincroniza casi a la perfección con el universo platónico de las ideas, universo al que el de Atenas[156] concebía como habitado por entidades matemáticas puras a las que el hombre podía, no inventar como si fueran mecanismos, ni crear como si fueran herramientas, sino solo descubrir por el estudio y por el pensamiento. También hay una sincronía evidente con la concepción pitagoreana del universo como algo que, en última instancia, son números y con la concepción aristotélica del universo como una realidad de base que forma un sustrato en el que el potencial de cambio de todo lo que existe se hace posible. ¡Qué mejor sustrato que uno de tipo matemático!

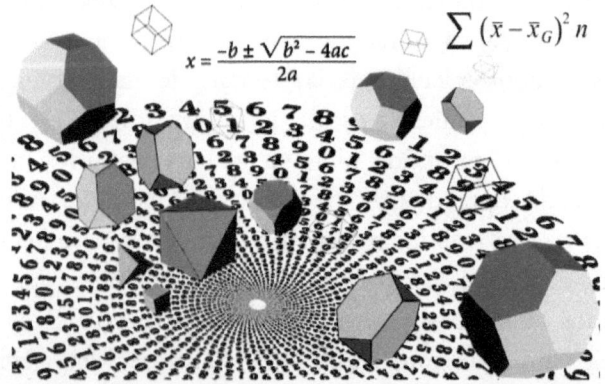

El mundo platónico-pitagórico se asienta sobre una realidad numérica y está habitado sólo por entidades geométricas puras cuyas relaciones, límites y posibilidades están establecidas por fórmulas matemáticas.

---

156 Una forma indirecta de referirse a Platón sin nombrarlo

Dios y el símil del programador

Si uno se acerca a estas cuestiones desde un punto de vista religioso robusto, puede aprovechar la hipótesis matemática pura para postular la solución divina al problema de la existencia y del tiempo. La hipótesis del mundo como estructura matemática pura es compatible con los postulados de las Sagradas Escrituras. Si Dios ha creado todo lo que existe en seis días, solo estamos añadiendo que ese *todo lo que existe* es, en realidad, un mundo matemático puro, un tapiz cósmico virtual al que llamamos universo, habitado por entidades ideales a las que llamamos materia y energía, y gobernado por ecuaciones. Desde posturas creacionistas se suele considerar que las características del mundo que habitamos, por ejemplo el fino ajuste de la posición de la Tierra en el sistema solar, o la perfección de los órganos de los seres vivos, son demasiado precisos para deberse a un proceso tan caótico como la evolución y tienen que haber sido creados.

El argumento del relojero

¿Qué piensa el relojero? Yo creo que todas estas partes interconectadas han sido puestas aquí por una mano inteligente y con un propósito. Lo mismo ocurre con el mundo.

Se puede ejemplificar esta postura con el, así llamado, argumento del relojero, o analogía del relojero, atribuida al teólogo anglicano del siglo XIX, William Paley. Pero sin llegar a postular la intervención del hacedor de relojes, lo cierto es que resulta casi imposible, para todos los que están familiarizados, aunque sea levemente, con la creación de código o software, no ver ciertas similitudes entre esta propuesta de una realidad última del universo de tipo matemático puro y la esencia del trabajo de programación informática. El programador trabaja en un entorno de edición en el que escribe código, y lo hace de acuerdo a una sintaxis que el sistema operativo de la máquina sabe interpretar, quizás con la ayuda de un compilador intermedio. Ese código está formado, fundamentalmente, por instrucciones matemáticas: condiciones, iteraciones, saltos, cálculos. El código se ejecuta de acuerdo a una acción del programador. La existencia del programa tiene lugar en una instancia denominada *ventana de ejecución*, en la que todo se rige según el *tiempo de ejecución*, tiempo que se puso en marcha con el arranque del código y que discurre de acuerdo a sus instrucciones. Una ley fundamental de este mundo es que las entidades del entorno de ejecución no pueden acceder al entorno de edición, aunque si la complejidad del programa, por ejemplo la presencia de algoritmos evolutivos, y la amplitud del tiempo de ejecución, permiten el desarrollo de entidades auto conscientes, estas podrían, eventualmente, llegar a encontrar evidencias del tejido matemático del código sin salir de su ventana de ejecución. Dependiendo de las posibilidades del código y de las características de la máquina, el programador podría incluso provocar interrupciones, o solicitar la entrada de valores *en tiempo de ejecución*, que aun suponiendo paradas, pasarían inadvertidas para las entidades de esta ventana, que ni siquiera notarían su cesación temporal de actividad. Durante esas detenciones el programador podría incluso introducir cambios en el entorno de edición.

Al igual que parece ocurrir en nuestro mundo real, el ser auto consciente de la ventana de ejecución, también se daría cuenta de que en su mundo las leyes matemáticas se respetan siempre. Si con los recursos de la ventana de ejecución fuera capaz de crear *aparatos* para examinar la estructura íntima de los componentes de su mundo, se encontraría que en última instancia todo son números, en su caso, que todo son ceros y unos. Nada podría impedir que las entidades autoconscientes interactúen con su mundo en la forma en la que las leyes del código lo permitan y, por ejemplo, aprovechen los recursos y aprendan a usarlos de forma óptima, pero nunca, bajo ninguna circunstancia, podrán acceder a la súper dimensión del entorno de edición. Esas entidades autoconscientes se habrán desarrollado a una determinada escala en la que su realidad mostrará ciertas propiedades emergentes de acuerdo a su nivel de complejidad.

El panorama desde el punto de vista del programador permite ver las ventanas de edición y de ejecución desde una perspectiva exterior, pero la ventana de edición es súper dimensional e inaccesible para las entidades que moran en la de ejecución.

En el caso de que el programador haya, efectivamente, introducido leyes evolutivas, las propias entidades serán potenciales recursos para otras, por lo que estarán dotadas de instinto de supervivencia. En ese mundo, percibir la naturaleza matemática del tejido profundo de su ventana de ejecución no les sirve de nada en términos evolutivos. Y ahora reflexionemos sobre el tiempo de ejecución. ¿Sería un subconjunto proyectado del tiempo de edición, que en este caso constituiría una especie de súper tiempo? Si analizamos en detalle el símil del programador nos daremos cuenta de un hecho destacable referente a la ventana de ejecución. Y es que normalmente el programador implanta en su código estructuras secuenciales, pero virtualmente *atemporales*. Es evidente que podemos pensar en programas que contienen sentencias que fuerzan la espera durante un intervalo de tiempo determinado, quizás para leer regularmente las medidas de un aparato conectado a la máquina o por otros motivos. Todos los lenguajes de programación tienen sentencias para hacerlo. Pero la programación pura que trabaja con datos no necesita ningún tipo de semántica temporal para hacer su trabajo. Por ejemplo para analizar una colección de objetos, por muy grande que sea, lo único que el programador le tiene que decir al compilador o intermediario con el sistema operativo es, en pseudo-código:

```
Para cada objeto en el grupo
    Analizar objeto
```

No hay tiempo involucrado explícitamente en este bucle de instrucciones, solo órdenes de proceder secuencialmente desde un elemento a otro, y desde ese al siguiente, y así hasta el último. *Secuencialmente* aquí se ha de entender en su sentido espacial puro, como una colección de objetos en fila uno detrás de otro. Es solo cuando el bucle comienza su análisis cuando el "uno *detrás* de otro" se convierte en "uno *después* de otro". Lo único que el programa necesita para poder proceder es que los elementos estén espacialmente separados y ordenados de alguna manera para poder abordarlos uno a uno[157], es decir, que no estén yuxtapuestos. En este mundo informático-matemático ideal, si existiera una *geometría* espacial previa que garantizara que es posible alojar entidades aisladas y distinguibles y existiera una intención de comprobación, el tiempo surgiría como consecuencia de que no se pueden ejecutar todas las comprobaciones a la vez. Las características intrínsecas de la ventana de ejecución, la complicación de las leyes matemáticas a efectuar dentro del bucle y el número total de estados por los que hay que pasar, marcarían el *cuanto* de tiempo necesario para cada iteración[158]. Pero el programa en sí no requiere crear un tiempo nuevo en la ventana de ejecución como instancia del tiempo de orden superior en el nivel del programador. Simplemente hay un orden de instrucciones que implica recorrer todos los objetos del grupo que estaban colocados separada y distinguiblemente en un espacio (base de datos, hoja de cálculo, archivos, directorios o cualquiera que sea la estructura lógica de almacenamiento). De la acumulación de todos los *cuantos* surgiría la *duración total*. Si recordamos que al hablar de discontinuidad y finitud del tiempo decíamos que nos faltaba el mecanismo que obligara a los elementos de un universo a ponerse a funcionar y a mantenerse en la tarea, la estructura de programación tipo bucle que hemos visto ahora es un perfecto ejemplo de ese mecanismo, al menos en el mundo ideal de nuestro universo informático, claro. Esa podría ser nuestra ley atemporal que gobierna el mecanismo del cambio.

Después de este razonamiento en favor de un cosmos de estructura puramente matemática y de la exposición del símil del programador, ha llegado el momento de plantearnos la escritura del código, o mejor dicho del pseudo-código que

---

157 Dicho de otra manera, que sean distintos o al menos, diferenciables.

158 Cuanto mejor sea el microprocesador y mayor la memoria RAM, menor sería el cuanto de tiempo necesario para efectuar una iteración.

podría dar lugar a la secuencia de un universo con sus constantes y leyes básicas principales definidas. Nuestro universo será el mundo informático-matemático de la memoria de la computadora y la sensación del tiempo dependerá de la realización de los procesos de tipo bucle por los que vamos a obligar a pasar a las entidades que definamos.

El bucle *Do...While* genera aleatoriamente valores de masa y de radiación. El programa termina dando al usuario la posibilidad de reinicio, pero igualmente se podría pensar en un bucle temporal cerrado.

```
***PSEUDO CÓDIGO PROGRAMA COSMOS***
CONST: c=300000, hodon, cronon
DEFINE:Space(S) from:=hodon, simetry=YES
    Time (T) from:=cronon, simetry=NO
   INDEX: i,j
   FACTORS: ξ<1,δ>1
DIM:    exist={mass (m),radiation (ω)}
ALLOW: mass ≤ 10⁸⁰
    Radiation ≤ 10⁹⁰
DEFINE: Energy (E)
   If exist=mass then E=m*c²
          Else
          E=h*ω
    End if
***FUNDAMENTAL FORCES***
***CREATE MASS***
For i=1 to 10⁸⁰
   mᵢ=RANDOM(1-5) REM Five mass particles
Next i
DEFINE GRAVITY: G=Π(mᵢmⱼ)/S²ᵢⱼ
***CREATE EXPANSION & DECAY***
VIBRATE(exist)
Do While mass > 0
   mi= ξ*mi              REM radioactivity
   Si= δ*hodon           REM expansion
       REM Relativity
          If S(i)-S(i-1)/hodon >> then
             m(i)= δ*m(i)
          End if
   T= i*cronon   REM duration&refresh
   RECALCULATE (G)
Loop
***DEFINE END OF UNIVERSE***
```

```
When mass=0 then
   ALL S(i)=0
   T=0
Prompt: RE-START? Yes/No
```

Otra posible paradoja que se podría explicar con esta hipótesis matemática pura es la del entrelazamiento cuántico. Para ello es necesario admitir que puede haber objetos en la ventana de ejecución, que tengan propiedades susceptibles de estar entrelazadas, es decir, propiedades cuya equivalencia[159] está escrita como definición de variables en el editor de programación, y se encuentra, por tanto, por encima de las posibles evoluciones que se den en la ventana de ejecución. Pase lo que pase en los bucles e iteraciones que tendrán lugar durante la ejecución del programa y disten lo que disten espacialmente (situación en el registro de la base de datos), esas variables se corresponderán instantáneamente porque así está escrito en su definición dentro del código del programa. Este sería el equivalente informático al teorema de Bell de la mecánica cuántica. Sobre este teorema, y sobre entrelazamiento cuántico en general, es importante recordar que la comunidad científica ha intentado de mil maneras buscar una explicación *material* al fenómeno, sin que hasta el momento se haya encontrado nada globalmente sensato, sino solo explicaciones *ad hoc*. El principio de causa y efecto también encajaría perfectamente en esta hipótesis, pues si los efectos son los resultados de ciertas ecuaciones cuyas variables son las causas, aquellos nunca podrán existir sin estas y estas siempre devendrán en aquellos.

---

159 Equivalencia, proporción inversa o lo que sea que se pueda establecer mediante una relación matemática.

El tiempo de la realidad virtual

En su afán por dar una explicación completa del universo, la física ha obtenido grandes logros, pero se ha topado con los llamados problemas fundamentales, es decir, problemas que no parecen tener respuesta, problemas planteados a niveles tan básicos de la realidad que resultan impenetrables para los pobres humanos que intentan observarla desde dentro, aunque sea ayudados con instrumentos muy potentes. La masa es uno de esos problemas, el espacio es otro y el tiempo, por supuesto es otro y quizás el más profundo de todos. ¿Qué es la masa? ¿Qué es el espacio? ¿Qué es el tiempo? Estas preguntas son tan inabordables para un humano como lo sería ¿qué es el agua?, para un pez de las zonas abisales. A esta lista de limitaciones han venido a sumarse las extravagancias de la mecánica cuántica, de las cuales ya hemos contado varias y que se resumen muy bien en la frase atribuida a Richard Feynman:

Si crees que entiendes la mecánica cuántica, entonces es que no la entiendes.

Dicho de otra manera: en un mundo material en el que la relación causa-efecto es fundamental para comprender cómo funcionan las leyes físicas, nos encontramos con un nivel subatómico en el que estos cánones parecen romperse. Tomemos, por ejemplo, el experimento de la doble rendija aplicado a la mecánica cuántica, en el que, describiéndolo de forma resumida, llegamos a disparar un solo electrón aislado tras otro y cuando observamos el panel final, resulta que: si no hemos observado la trayectoria intermedia, los electrones dejan el rastro difuminado de muchas bandas correspondiente a una onda, pero si hemos observado el paso por la rendija, entonces los electrones dejan como huella dos únicas bandas correspondientes al comportamiento de partícula. He aquí la dualidad onda-corpúsculo en su plena expresión. Este sencillo experimento cuadra perfectamente con el lamento de Feynman, ¿crees que lo entiendes, entonces es que no entiendes nada? No cabe en la física clásica, pensar que el electrón «sabe» de ninguna manera que lo están observando y entonces «decide» cómo comportarse. Como objeto material, por muy diminuto que sea, su comportamiento ante el obstáculo intermedio que supone el panel con las dos rendijas debería estar basado en leyes matemáticas claras y ser independiente de si se le está observando o no. Pero no es solo que esto no quepa en la física, sino que no cabe en la filosofía, ni siquiera en la teología, ni siquiera en la ciencia ficción.

El físico Thomas Campbell ha sugerido la que quizás es la hipótesis más convincente al respecto. Pero las implicaciones de esta hipótesis son enormes y suponen un vuelco completo a todas las concepciones históricas de la naturaleza de la realidad. No hay dualidad onda-corpúsculo. No es que la realidad sea ondular o material. Estamos en una realidad informática, es decir, virtual, que es de tipo evolutivo y de base probabilística. Por resumirlo en pocas palabras: la realidad es como un videojuego que empezó en el momento del big bang, con una energía dada y unas leyes matemáticas fijas, y que desde entonces evoluciona sometido a estas restricciones y de acuerdo a esas leyes. En ese videojuego, parte de la energía se puede manifestar como materia, cuando las feroces condiciones iniciales de presión y temperatura han alcanzado cierto nivel más sofocado. Esa materia evoluciona de acuerdo a las leyes de la programación del videojuego y llegado el momento de desarrollo oportuno, se pueden generar a partir de ella ciertos seres «vivos», es decir, asociaciones de materia dotada de autonomía y capacidad de interactuación. Con el tiempo, esos organismos vivos van evolucionando hacia estructuras cada vez más complejas, o sea con más capacidad de interactuación con el resto. Este es el campo de juegos ideal para que la/las conciencias que han generado el videojuego, puedan iniciar sesión conectándose a estos organismos y «experimentando» sensaciones y sentimientos en esta realidad virtual. Con esas experiencias, que solo se pueden tener en realidades virtuales, las conciencias evolucionan en un sentido que Thomas Campbell identifica con la bajada de la entropía, es decir, con una evolución hacia el orden, que él identifica con el amor, con el cuidado, con la colaboración, con la cooperación, con la extensión del bien y el cariño por «lo creado»[160]. Ni el mundo es un teatro divino para ponernos a prueba y ganar la salvación o el infierno, ni tampoco es un lugar radicalmente material sin sentido ni objeto. Nuestro mundo sería una creación virtual de unas conciencias de nivel «superior» para generar un marco que les permita algo que el mero conocimiento, aunque se tenga a raudales, no puede dar, que es la experiencia.

¿Y todo esto se deduce del experimento de la doble rendija? Bueno, lo que Campbell propone es que la hipótesis de una realidad virtual informática de tipo probabilístico encaja con los resultados. Cuando «nadie mira» el electrón no define ninguna trayectoria en particular sino simplemente traza un haz de todos los recorridos probables de acuerdo al código del videojuego. Pero cuando se le está observando, ese comportamiento indeterminado se debe volver determinista, puesto que ahora tiene un vínculo causa-efecto con el dispositivo observador y el videojuego debe registrar todo eso. De esta forma se ahorra potencia computacional, pues en lugar de definir cada partícula con trayectorias detalladas, el comportamiento defectivo de nuestra realidad virtual es el del bulto probabilístico, y solo detalla aquellas partes que interactúan y se vinculan con registros que deben ya ser permanentes y que pasan a formar parte de las cadenas globales causa-efecto que conectan a cada brizna con el momento del big bang.

---

[160] Es el equivalente a la Ley Natural: no hagas a los otros lo que no te gusta que te hagan a ti.

En este esquema de Campbell, nuestras conciencias son otro problema fundamental parecido a la masa y al espacio, es decir, que nadie a fecha de hoy sabe lo que es la conciencia. Hay estudios que tratan de identificarla con ciertas zonas del cerebro o con ciertas asociaciones de neuronas, pero en realidad nadie sabe lo que es y de dónde surge. Campbell propone que, al igual que ocurre con la conciencia del personaje de videojuego que nosotros podemos manejar en nuestra consola, nuestra conciencia no está en esta realidad virtual, sino en la superior del Servidor informático que la aloja y desde el que «se nos maneja». Sin embargo es evidente que la conciencia tiene algo que ver con las neuronas, puesto que un golpe en la cabeza nos puede dejar inconscientes, o un infarto cerebral disminuye nuestras capacidades; y así es, pero no lo es por una razón de orden materialista puro, dice Campbell, sino porque lo que aplica en ese caso son las restricciones que eso supone de acuerdo a las leyes del videojuego para el mundo físico, o sea para la realidad virtual[161]. Esto tiene más implicaciones de calado, por ejemplo, en lo que se refiere a la muerte, que así pierde todo su carácter grave y se transforma desde un «fin de todo», en un mero fin de partida. Si le damos tanta importancia a la muerte es porque la vida nos parece muy real, y así está diseñada esta realidad virtual, precisamente para que las implicaciones de las experiencias sean totalmente profundas y auténticas. Nos parece que esta vida es todo lo que hay y eso le da a todo un sentido transcendente innegable, lo que redunda en unas experiencias sensorial y sentimentalmente genuinas que nos ayudan de forma más eficiente al objetivo último, o sea a rebajar la entropía. Si naciéramos sabiendo todo esto, por ejemplo con memorias de vidas anteriores, o si el marco virtual nos diera pruebas de esto, entonces nos tomaríamos la vida a broma y la realidad virtual dejaría de ser efectiva en términos de

---

[161] Si al elfo de tu videojuego le cortan un brazo, evidentemente ya no podrá luchar con él, y de acuerdo a las leyes del juego, quizás incluso pueda morir si no es atendido en breve.

reducción de la entropía, y probablemente el Creador, al que Campbell se refiere como «el gran sistema de conciencia», le pondría fin, porque no consentiría en seguir consumiendo recursos energéticos para nada. Cuando una vida termina, la conciencia despierta en el plano del servidor y siente como si esas dilatadas décadas en las que hemos pasado por la niñez, la juventud, y la ancianidad, hemos sufrido y disfrutado, o quizás hemos fallecido tempranamente de forma inesperada, hubieran sido solo un sueño, muy intenso quizás, pero cuyos detalles se olvidan en poco tiempo en el nivel de la vigilia. Después es probable que esa conciencia decida aprovechar la siguiente oportunidad de iniciar sesión en un nuevo organismo para sumergirse en otra experiencia vital. Esa conciencia vista desde el plano del Servidor se va enriqueciendo con las experiencias sentimentales ya vividas en anteriores sesiones, pero cuando entra en una realidad virtual, ingresa sin memoria de experiencias anteriores, ya que así está preparada para una inmersión total con aprovechamiento integral.

Y entonces: ¿qué sería el tiempo en esta realidad virtual? Pues todo lo que Campbell puede decir es que es una instancia del tiempo en el plano del Servidor que empezó con el big bang, que es cuando nuestro videojuego se arrancó. Es posible que haya sufrido variaciones de velocidad, como es posible que esté acelerado a veces, al igual que nosotros podríamos acelerar ciertos videojuegos o modelos computacionales, como también es posible que se ralentice a veces. Nada de esto se podría apreciar desde dentro. Nada es descartable, como no lo es que llegue el día en que nosotros mismos tengamos capacidad computacional para generar videojuegos con el nivel de detalle y realismo de nuestra realidad.

Lo curioso es que esta hipótesis de que vivimos en una realidad virtual de tipo informático está siendo cada vez más aceptada por la comunidad científica. Y a esto ayuda que proporciona explicaciones elegantes para rompecabezas como el entrelazamiento cuántico, o la dualidad onda-corpúsculo, que ya hemos citado. Pero incluso para las paradojas relativistas alcanza a dar razones. ¿Por qué el tiempo se ralentiza localmente, hasta llegar a pararse, para una masa cuya velocidad aumenta, o en el interior de la zona de influencia de un agujero negro? ¿No le suena este fenómeno, querido lector? ¿No se ha sentido así cuando se le cuelga el sistema operativo de su computadora? ¡Exacto! Lo que ocurre en esas situaciones locales es que el servidor tiene tanta información que procesar (en ese caso debida a la velocidad o a la enorme gravedad) que simplemente se colapsa. Aparte de racional, sensata y familiar, esta explicación es el colmo de la elegancia física.

En internet se puede ver al científico James Gates, que fue asesor del presidente de Obama, asegurar que en sus investigaciones para la teoría de cuerdas, su equipo ha encontrado lo que él denomina: *ecuaciones escritas en el tejido del cosmos* y asegura que nunca pensó que terminaría reconociendo *que vivimos en la matrix*.

Mundo Matrix: realidad digital

El símil del programador o la realidad virtual no es muy diferente de lo que podríamos llamar el símil del sueño. Si lo que hay detrás de la realidad es un programa o una mente que crea mediante leyes matemáticas, por ejemplo un cerebro de Boltzmann, la diferencia entre la hipótesis de un mundo con realidad de base matemática/informática y la de los mundos que vivimos cada uno en nuestras noches de sueño es irrelevante. La experiencia onírica es, para el que duerme, una realidad incuestionable que le comunica sentimientos igual de válidos que la vigilia. Podemos, pues, ser el sueño despierto de un cerebro de Boltzmann o, quizás, en el peor de los casos, la ventana de ejecución de un programa informático como el que describe la película del año 1999, *The Matrix*.

Ese es el fondo de la realidad que vivimos, según el testimonio del autor de relatos de ciencia-ficción Philip K. Dick*[162]. Dick aseguró que había tenido experiencias que lo habían convencido de forma inequívoca de que ese era el fondo de nuestra realidad y que, en ciertas ocasiones en las que los programadores realizan cambios en la ventana de edición, los programadores detienen el tiempo y cuando lo vuelven a arrancar, a veces comenten pequeños errores de sincronización que nosotros, como habitantes de la ventana de ejecución podemos notar como *déjà vus*.

Si el testimonio de Philip K. Dick no estaba basado en alucinaciones derivadas de su poli-medicación, ni tenía intención torticeramente comercial, resulta que vivimos en una realidad simulada por un gran sistema computacional. Crédito: OpenClipArt: The Structorr y jpneok

---

162 https://youtu.be/uuj6F8L9GOE

Percepción del tiempo y flecha psicológica

> *Cuando estas cortejando a una bella muchacha, una hora parece un segundo. Cuando estás sentado sobre cenizas ardientes, un segundo parece una hora.*
>
> *Albert Einstein**

Llegados a estas alturas del libro, querido y paciente lector, debo pensar que en mayor o menor medida, habrás compartido mi extrañeza al conocer las tempranas disputas de los filósofos griegos sobre la naturaleza absoluta o relativa del tiempo; que te habrás maravillado, como yo, con las elucubraciones sobre el tiempo divino de la escolástica *aquiniana*; que te habrás alineado en el equipo del tiempo absoluto con Newton y Platón, o en del tiempo relativo con Leibniz y Aristóteles, y que incluso en este caso puede que seas uno de esos humanos que, con todo el derecho que nos concede nuestra intuición, somos algo reticentes a aceptar sin más la visión del espacio-tiempo que sale de la teoría de la relatividad, ese universo-bloque en el que el tiempo existe solo como algo relativo a dos eventos y en el que su transcurso es una ilusión, ese mazacote 4D en el que el principio de causa y efecto viene representado por el cono de luz del evento, ese universo todo-uno en el que para notar efectos relativistas las velocidades tienen que parecerse a la de la luz, sabiendo de antemano que algo con una masa minúscula nunca le podrá hacer sombra, ese universo extraño que parece totalmente ajeno a nuestra percepción rutinaria del tiempo a escala humana.

Relajemos, pues, nuestras exigencias en esta parte final del libro y permitámonos instalarnos en la pura intuición, lejos de esas velocidades *subluminicas* que sabemos inalcanzables para todo lo que no sea una partícula atómica. Establezcamos de forma rotunda los dos principios y los dos corolarios de la percepción intuitiva del tiempo:

1. Principio: Es evidente que el tiempo *transcurre* hacia el futuro. Corolario: El libre albedrío existe y por tanto el futuro es indeterminado.

2. Principio: La verdad más profunda del universo es que las causas preceden a los efectos. Corolario: No se puede cambiar las causas pretéritas de efectos ya manifestados.

El análisis de estos principios intuitivos nos permitirá adentrarnos en las materias que pretendo tratar en esta parte final del libro. En el camino, tendremos, quizás, que hacer excepciones justificadas, usaremos con más profusión que hasta ahora ciertos sintagmas científicamente imprecisos y filosóficamente tautológicos como *la velocidad del tiempo*, y llegaremos, otra vez, a conclusiones sorprendentes y contradictorias.

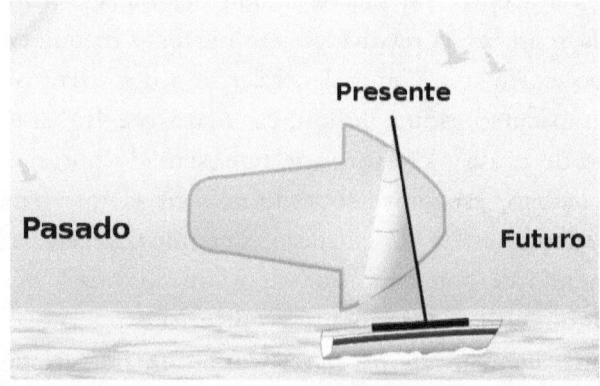

A partir de ahora: déjate llevar por el río del tiempo.

Pero atendiendo al rigor con el que hemos desarrollado las dos primeras partes del libro, bien está que nos permitamos ahora estas indulgencias y que dejemos que la intuición sea nuestra guía y nos lleve al puerto que ella quiera. Sea pues el tiempo, a partir de ahora, ese río que, aunque fluye continuamente del pasado al futuro, se materializa solo en el presente. Viajemos en esa barca a la que, acogiéndonos al libre albedrío podemos dirigir a voluntad y tengamos en cuenta que, de acuerdo al principio de causa y efecto, esa dirección nunca podrá ser la del pasado, la de los momentos correspondientes a las causas de los efectos presentes.

Hay ciertos errores de la percepción humana que podrían verse como relacionados con el aspecto temporal, pero que en realidad son ilusiones ópticas. Me refiero a las ilusiones de gráficos estáticos que parecen moverse, o al ejemplo de la rueda del coche que, en determinadas condiciones, y vista en una filmación, parece dar vueltas hacia atrás, en el sentido contrario al de avance del vehículo, debido a la falta de sincronización entre el avance de los radios de la rueda y el paso de los fotogramas de la película. En el caso particular de que el número de vueltas por segundo de la rueda sea igual o múltiplo entero del número de fotogramas por segundo de la filmación, la rueda aparecerá, de hecho, como si estuviera parada. Si bien conviene decir que de acuerdo a algunas investigaciones muy detalladas realizadas por Dale Purves[163], esta ilusión de la rueda del coche se puede reproducir también a ojo desnudo, lo que hace sospechar a muchos que el proceso de visionado del sistema ojo-cerebro puede, en última instancia, parecerse al del paso de una película en el que la sucesión de varios fotogramas sobre un área fija permite al cerebro detectar el movimiento por diferencias sucesivas entre fotogramas. No vamos a tratar aquí sobre estas ilusiones, pues están ampliamente descritas en cualquier libro sobre la materia.

---

163 https://en.wikipedia.org/wiki/Dale_Purves

Transcurso del tiempo

Hay que analizar en primer lugar las variaciones subjetivas en la apreciación de la velocidad de transcurso del tiempo. Es común a la experiencia humana la sensación de que hay ocasiones en las que el tiempo pasa más deprisa que otras. Incluso existe una cierta correlación en la que es casi seguro que todos los humanos estarían de acuerdo y que se puede expresar así: cuando estás aburrido, el tiempo se arrastra lentamente; cuando estás pasando un buen rato, el tiempo vuela y hay incluso ocasiones en las que el disfrute es tal que perdemos cualquier sensación de paso del tiempo y éste se diluye en una estasis temporal que parece remedo de la eternidad. Otras veces, por ejemplo en medio de una situación que amenaza nuestra integridad o nuestra vida, el tiempo parece ralentizarse y pasan muchas cosas en un instante: sentimos el efecto cámara lenta. También existe la sensación compartida por todos de que en la niñez y la juventud los días son más largos, de forma que nos parece que el tiempo que nos queda de vida es ilimitado, mientras que en la vejez nuestra sensación es que los días se escapan de las manos, sin tiempo para hacer apenas nada. Este último ejemplo quizás incorpora algún matiz existencial pero, en definitiva, la pregunta es: ¿Existe alguna razón física que justifique la universalidad de estas percepciones temporales distorsionadas?

William James y la percepción temporal

A finales del siglo XIX, el psicólogo americano William James[164] trató, en su artículo *The Principles Of Psychology*, sobre percepción temporal, realizando quizás la síntesis más

---
[164] https://es.wikipedia.org/wiki/William_James. Fundador de la psicología funcional y hermano del escritor Henry James.

completa de su época. James incorporó varios puntos de vista novedosos en la materia, como por ejemplo su concepto de presente figurado, que construyó al reflexionar sobre el ahora y su duración de una forma cuasi agustiniana. El presente se desvanece gradualmente en el pasado, conforme el futuro llega y lo desplaza, también de forma gradual. El paso de ABCD a EFGH, no es repentino, sino que se *entretiene*:

ABCD··>BCD**H**··>C**DEF**··>**D**EF**G**··>**EFGH**

A ese *entretenerse*, William James* lo considera el germen de la memoria, si miramos hacia el pasado, y el de la expectativa, si miramos hacia el futuro, lo que nos aporta los aspectos retrospectivo y prospectivo del tiempo, que juntos dan a la conciencia una sensación de continuidad fluyente. El presente es tan obstinadamente problemático para James,  como ya lo había sido para el buen Agustín de Hipona, casi quince siglos antes. La intuición y la reflexión nos dicen que, sin duda, el presente debe de existir, pero la realidad práctica nos demuestra que ese presente instantáneo nunca podrá ser aprehendido por la experiencia. Por eso James cree que la psique humana construye el concepto de presente, pero, incapaz de cazarlo en esa instantaneidad, lo hace otorgándole una cierta amplitud relativa a las vivencias. A ese concepto, que parece dar una respuesta psicológica a aquella pregunta metafísica de Agustín: ¿se puede decir que el presente es largo?, James lo llama *presente figurado*, y estima que su duración es de entre unos segundos y un minuto. A lo largo de su artículo, James llega a decir que el presente figurado tiene un núcleo de unos doce segundos, que son los que justo acaban de pasar, y luego, conectando con su anterior noción de entretenimiento, añade que tiene bordes evanescentes hacia el pasado y también hacia el futuro. El presente figurado es la corta duración de la cual somos instantánea e incesantemente conscientes, y sirve como prototipo al resto de tiempos que concebimos: el pasado y el futuro, ya sean cercanos o remotos.

Percepción y experiencia para James

James usa el símil espacial para analizar la percepción temporal y dice que, por ejemplo, la percepción espacial de grandes distancias o áreas, es inmediata, paralela, a golpe de vista, mientras que la percepción temporal de períodos extendidos necesita reflexión, es seriada y no genera en la mente impresiones tan claras y tan distintas como la espacial. James cita múltiples experimentos que se estaban realizando a finales del siglo XIX y aclara que el órgano auditivo está mucho mejor preparado para percibir en detalle la duración que el órgano visual. El oído tiene un intervalo mínimo de percepción que James, citando a Exner, establece en 1/500s, es decir unas 2 milésimas de segundo, mientras que la resolución del ojo, también según Exner, es de 44 milésimas.

Otra curiosa característica de la percepción es que parece estar regulada por ciclos de atención y distracción, ciclos cuyo período de máxima alerta los experimentadores Estel y Mehner habían llegado a cuantificar entre los 0,75 y los 1,25s.

Simultaneidad y sucesión temporales

Estas dos ideas, en apariencia tan claras y distintas, sirven a James para citar a Volkman y hacernos conscientes de lo equivocado de esta concepción respecto a la sucesión de eventos.

La reflexión sobre el hecho de que B sigue a A, no es del mismo tipo que la reflexión directa sobre B y/o A. Cuando estamos pensando exclusivamente en B, o exclusivamente en A, no podemos, a la vez, estar pensando en la idea de su sucesión o secuencia. Así pues, si queremos pensar en la secuencia A→B, tenemos que representar a los dos eventos A y B, de forma simultánea en nuestra conciencia (con lo cual parece contradictorio que sean secuenciales). Si queremos pensar que un va después del otro, no tenemos más remedio que pensar en los dos a la vez.

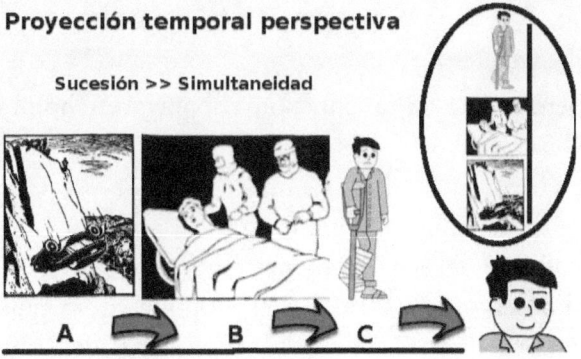

Pasado, presente y futuro son tiempos diferentes, pero su presentación en la conciencia es simultanea. San Agustín ya se había dado cuenta de este extraño, pero cotidiano matiz.

Edad y percepción temporal

James tiene muy claro que un periodo de tiempo de la misma duración nos parece más y más corto cuanto más viejos somos. Para eso cita al profesor Paul Janet y a su ley aproximada para describir este fenómeno de la percepción:

Hay una ley, según la cual, la duración de un intervalo en una época dada de la vida de un hombre es proporcional[165] a la duración total de la vida misma.

---
165 La transcripción es literal, pero es evidente que la proporcionalidad debe ser inversa.

Según esta ley, la duración de un cierto periodo, por ejemplo 1 año, percibida por parte de un niño de 10 años será inversamente proporcional a la duración de su vida hasta ese momento, por tanto:

$$d_{10} = \frac{1}{10} = 0,10 \, años$$

Mientras que para su abuelo de 50 años, la duración percibida será:

$$d_{60} = \frac{1}{50} = 0,02 \, años$$

La percepción de la duración subjetiva en hombre de 50 años es 5 veces más corta que en el niño de 10 años. En general, cuanto más vivimos, más corto nos parece el mismo periodo. William James admite esta ley como una descripción aproximada de la sensación, pero no le da categoría de ley física, ni mucho menos. Lo que él propone como causa real de esta diferencia de percepción es la monotonía del contenido de la memoria al envejecer: la falta de nuevas experiencias. En sus propias palabras:

> *Con cada año que pasa, las experiencias se van tornando en rutinas automatizadas, de las que apenas nos apercibimos; los días y las semanas se deslizan en una lista de unidades incontables y los años se ahuecan y colapsan.*

Ventanas de sincronización cerebral

Conviene preguntarse si nuestra percepción es capaz de apreciar correctamente la simultaneidad de dos eventos que sean recibidos y procesados por sentidos diferentes. El caso del retardo entre el trueno y el relámpago no nos sirve para ilustrar este apartado, pues nos queremos centrar en ventanas de tiempo mucho más pequeñas. La respuesta se puede deducir de algunos experimentos de laboratorio realizados por el equipo del científico David Eagleman[166].

Su primera conclusión es que la historia que nuestro cerebro construye sobre un cierto evento es un agregado de todos los estímulos relacionados con el evento que el cerebro tiene que procesar. Como estos estímulos son variados y le llegan a diferente velocidad desde diversos órganos, el cerebro difiere la elaboración de la narrativa final hasta que tiene toda la información, incluida la de las señales más lentas, de forma que para entonces, el *ahora* que nos está explicando ya es pasado. En condiciones normales y para un experimento de laboratorio de tipo reacción a un impulso visual, ese retardo que se suma a la ventana completa de la narración perceptiva es de alrededor de 80 milésimas de segundo, a contar después de la llegada del estímulo a los órganos visuales.

No debemos confundir la velocidad de procesamiento de señales de nuestros sentidos con la velocidad de propagación de las propias señales al atravesar el medio. Por ejemplo si observamos bien a un juez de carreras rápidas de atletismo al dar la señal de salida con el disparo de una pistola, notaremos que los corredores no están atentos al fogonazo del cartucho, estímulo visual que al propagarse a la velocidad de la luz alcanzaría la retina mucho más rápido que la onda sonora de la detonación, sino que miran al suelo delante de ellos y se ponen en movimiento al sonido del disparo. Eso es porque, aunque la onda sonora tarda más en alcanzar la oreja, la zona de la corteza cerebral que procesa el sonido es mucho más eficiente que la que procesa la imagen y el balance final de la capacidad de reacción del atleta se inclina descaradamente en favor de la percepción auditiva.

Otro ejemplo lo podemos tomar de las épocas iniciales en las emisiones de televisión. Entonces la sincronización ajustada

---

[166] https://youtu.be/oA8R3WT6HOc

de las señales de imagen y sonido era un problema importante, pero los técnicos se dieron cuenta de que mientras la diferencia de sincronía no superase el valor que citábamos antes, de aproximadamente 80 milésimas de segundo[167], el cerebro humano hace el trabajo de sincronización de forma inconsciente.

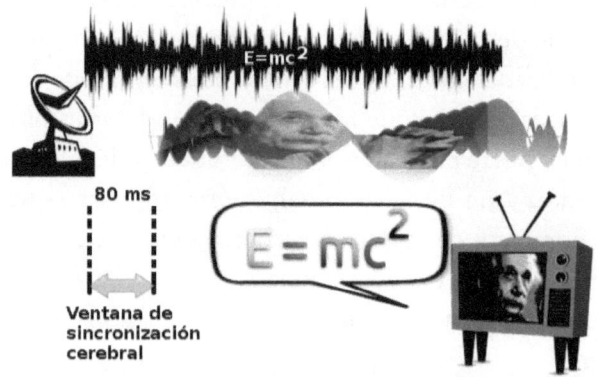

Mientras el desfase temporal entre imagen y sonido no supere el valor del umbral de percepción, el cerebro humano se las apaña para recalibrar y ajustar sin que nos demos cuenta.

Pensemos ahora en un problema práctico parecido al del trueno y el relámpago, pero a una escala más humana. Imaginemos que mientras estamos viendo un partido de fútbol de la selección española, flamante campeona del mundo en Sudáfrica 2010, aparece *Manolo, el del bombo,* y se pone a aporrear su instrumento solo a unos pocos metros de donde nos encontramos. Aparte de las posibles molestias que pueda causarnos el estruendo, apreciaremos que, a esa distancia, el ruido que causa el golpe de mazo en el parche y la imagen del brazo de Manolo chocando contra el instrumento, están perfectamente sincronizados. Como el ruido amenaza con rompernos los tímpanos, decidimos alejarnos unos cuantos metros en la grada y volvemos a mirar a Manolo, observando

---

167 Cifra dada por David Eagleman.

que el sonido y la imagen de su golpeteo siguen sincronizados. Huyendo de la pertinaz molestia nos alejamos varias veces más hasta que, superada una cierta distancia, nos damos cuenta de que la sincronía se ha perdido. Ahora observamos claramente que el brazo de Manolo golpea primero el parche y luego el sonido alcanza nuestros oídos ¿Qué ha ocurrido?

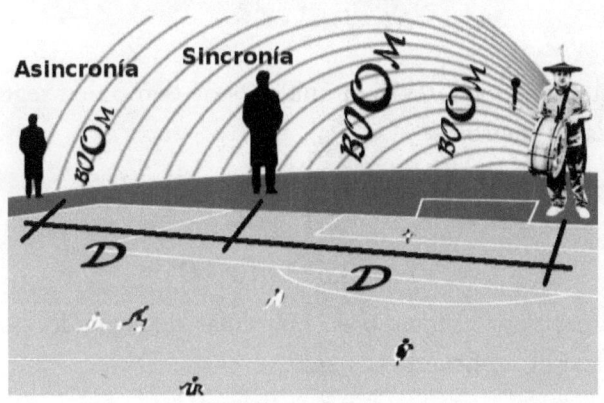

Si nos alejamos progresivamente de Manolo, llegará el momento en el que se pierda la sincronía entre la visión de imagen del golpe y la audición del estruendo que provoca.

Si llamamos D a la distancia que nos separa de *Manolo*, c a la velocidad de la luz, r a la velocidad del sonido y t_c, t_r respectivamente a los tiempos que tardan en llegarnos la imagen y el estruendo del bombo, tendremos:

$$t_c = \frac{D}{c}$$

$$t_r = \frac{D}{r}$$

No olvidemos que la señal sonora viaja aproximadamente un millón de veces más lenta que la de la luz, ya que, en metros por segundo, $c = 3 \times 10^8$, mientras $r = 3 \times 10^2$.

Calculemos la diferencia de tiempo entre los instantes en los que nos llegan las señales.

$$\Delta t = t_r - t_c$$

O sea:

$$\Delta t = \frac{D}{r} - \frac{D}{c}$$

Y de ahí:

$$\Delta t = D\left(\frac{1}{r} - \frac{1}{c}\right)$$

Sustituyendo valores para unidades de tiempo en segundos y distancia en metros:

$$\Delta t = D\left(\frac{1}{r} - \frac{1}{c}\right)$$

$$\Delta t = 3{,}333 \times 10^{-3} D$$

Para expresar el tiempo en milésimas de segundo, podemos multiplicar el coeficiente por mil.

$$\Delta t = 3{,}333\, D$$

Si tomamos el dato de tiempo de sincronización que el cerebro es capaz de aplicar, según Eagleman, es decir *80ms* (ochenta milésimas de segundo) y sustituimos en esta ecuación, despejando después la distancia, nos queda:

$$80 = 3{,}333\, D$$

$$D = \frac{80}{3{,}333} = 24\, m$$

Por tanto la sensación de sincronía entre la imagen del brazo de *Manolo* aporreando el bombo y el estruendo que sale del parche empezará a perderse cuando nos hayamos alejado una distancia cercana a los 25 m y se hará más evidente cuanto más nos alejemos.

Violación ilusoria del principio de causalidad

Pese a que a lo largo del libro hemos visto comprometidas muchas de las nociones que nuestra intuición nos representa como sólidas, como la del transcurso del tiempo, o como la de la simultaneidad absoluta, hemos insistido en varias ocasiones en que hay una noción en particular que se muestra invulnerable a cualquier ataque y que parece estar verdaderamente grabada en la esencia de la realidad: se trata del principio de causalidad. Las causas siempre preceden a los efectos. Haciendo la salvedad de algunas extravagancias del mundo cuántico que nadie sabe interpretar muy bien, el principio de causa y efecto parece ser una guía segura en el mundo de arenas movedizas de la física clásica, la relatividad y la cosmología. Sin embargo, cuando se trata de conjugar este principio con los límites de la percepción humana, nos encontramos casos de aparente violación: casos, por decirlo en pocas palabras, en los que puede hacerse que el sujeto de un experimento perciba que los efectos de una acción que él ha ejecutado, parezcan preceder a la causa, es decir, a la propia acción, o al menos el sujeto quede confundido respecto a su responsabilidad como causa desencadenante de ella. Veamos en qué consiste este experimento.

El sujeto pulsa un botón que acciona un destello con un cierto retardo introducido artificiosamente por el investigador. El retardo debe ser un valor cercano al umbral de esos límites de sincronización cerebral que venimos citando. En este caso se empieza con *100ms*. Lo que se observa es que al cabo de muchas repeticiones del experimento, el cerebro del sujeto ha recalibrado su percepción, elevando el umbral desde los *80ms* a los *100ms*, de forma que transmite la sensación de sincronía. Cuando este momento ha llegado, el sujeto está listo para la segunda fase del experimento. Se reduce entonces el retardo a un valor significativamente menor y ya por debajo del umbral de sincronización, por ejemplo *40ms*, y lo que el sujeto aprecia entonces es que el destello ocurre antes de que él haya pulsado el botón. La conclusión es que hay ciertas condiciones, muy concretas, eso sí, y muy cercanas a los umbrales de capacidad de sincronización del cerebro, en las que se puede generar la ilusión de violación del principio de causalidad.

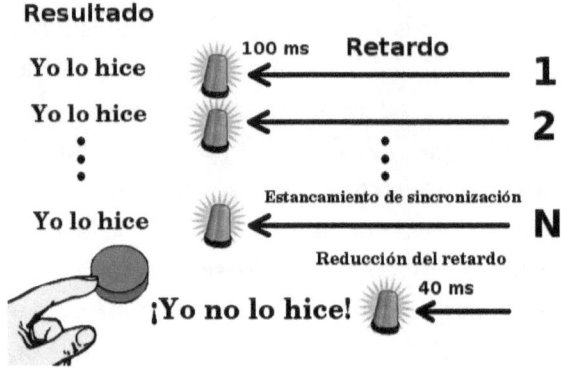

Es posible simular la sensación de violación del principio de causa y efecto, en un experimento en el que se obliga al cerebro a reajustar la percepción hasta por debajo del umbral mínimo.

En el ejemplo de la salida del atleta desde su marca, se sabe por las investigaciones del neurólogo Bejamin Libet, que el tiempo de reacción entre la señal de salida y la puesta en marcha de los músculos del atleta puede rondar los *130ms*, mientras que el registro consciente de la detonación puede tardar hasta *400ms*. El atleta, por tanto, sale antes incluso de que el estímulo se haya registrado. Es posible que reaccione, no en base a este registro consciente, sino al registro que debe procesar el complejo primario del cerebro, a veces llamado cerebro *reptiliano*, mucho más eficaz siempre en este tipo de reacciones de tipo instintivo.

Hay también un aspecto de las limitaciones de la percepción que conviene tener en cuenta. El tiempo de cambio de estado de una célula neuronal desde activa a inactiva, o viceversa, es de aproximadamente una centésima de segundo, o sea *10ms*, lo que unido a las estimaciones sobre la cantidad total de neuronas y el número de sus interconexiones, nos lleva a la existencia de un umbral último de percepción cerebral que sería, por supuesto, no continuo, sino discreto, y que según ciertos cálculos alcanzaría el valor $10^{-20}s$. Es obvio que la diferencia entre este mínimo absoluto perceptible y el *cronón* o tiempo de Planck, cuyo orden, como ya vimos, es de $10^{-44}s$, es la que causa nuestra impresión de continuidad temporal.

La vida en tempo Stacatto

Si se pudiera igualar nuestro umbral de percepción con el tiempo de Planck, o cronón, veríamos como la realidad pasa a mostrarse en modo stacatto: fotograma a fotograma.

Si el tiempo de Planck fuera del mismo orden que nuestro mínimo de percepción absoluto, o viceversa, probablemente perderíamos la sensación de continuidad o fluidez temporal y pasaríamos a una existencia en modo *stacatto* en la que por fin nuestras acciones, las del resto del mundo y la percepción que de todas ellas tendríamos, se acompasarían perfectamente a una sucesión de fotogramas que transcurrirían de acuerdo al tic-tac de un reloj cuya unidad básica sería el umbral de percepción. La existencia se habría hecho completamente discreta.

Patologías del tiempo

Los resultados de estas experiencias llevaron a Eagleman a preguntarse si los errores en la apreciación de la causalidad no podrían estar detrás de algunas patologías como la esquizofrenia, al menos en lo que se refiere a ciertos síntomas, como las alucinaciones auditivas y la negación de la autoría de acciones. En el curso normal de la actividad cerebral del sujeto medio, los pensamientos adoptan a veces la forma de diálogo o conversación interna. Un paciente que sufriera este tipo de trastorno de desajuste temporal de la percepción podría llegar a pensar que las voces que suenan en su cabeza no corresponden a su propio diálogo interno, sino que provienen de una entidad ajena a él que le habla con una relación temporal de *antes*, respecto a sus propios pensamientos. Las investigaciones al respecto son prometedoras aunque aún no son concluyentes, pero si eventualmente lo fueran, podrían suponer un nuevo enfoque en el tratamiento de estas enfermedades, un enfoque basado no en la toma de medicamentos para reajustar la química cerebral, sino en procesos de entrenamiento físico que permitieran un reajuste de las ventanas de percepción, quizás a base de videojuegos específicamente diseñados a tal efecto.

Hay otros síntomas patológicos temporales, de carácter afortunadamente más leve que la esquizofrenia, como el *déjà vu*, o *ya-visto*, que se refiere a la experimentación anómala de una situación como repetición idéntica de otra ya vivida con anterioridad. El *déjà vu* ha tenido interpretaciones diversas y ya hemos citado como, por ejemplo, el escritor Philip K. Dick lo atribuye a los cambios en la programación de una *matrix* informática que constituye la realidad auténtica. Desde el mundo de la parapsicología se ha propuesto que este fenómeno podía estar relacionado con cierta capacidad de percepción extra sensorial, quizás sea un sexto sentido o quizás sea el denominado *factor X*, que el sector de lo misterioso siempre ha dicho que el hombre posee, pero que no sabe usar. Desde el punto de vista científico, se cree que, al igual que ocurre en el caso de la esquizofrenia, el fenómeno del *déjà vu* puede deberse a un cierto retardo en la respuesta neuronal por parte de algunas zonas localizadas del cerebro, que reelaboran una interpretación adicional del mismo estímulo.

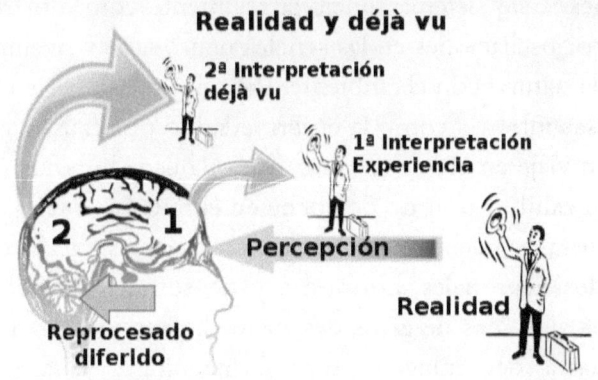

En términos neurológicos, se piensa que el déjà vu puede deberse a una reinterpretación diferida de la realidad, realizada por un segundo grupo neuronal diferenciado del que hizo la primera interpretación.

El resultado es que se produce una primera interpretación cerebral de la percepción del estímulo. Pero luego, desde otro grupo diferente de neuronas, se produce una reinterpretación del mismo estímulo, que al llegar con cierto retraso respecto a la primera, aunque sea minúsculo, conduce al cerebro a enjuiciar el fenómeno como algo ya registrado y por tanto ya vivido en otra ocasión. Aparte de su correlación clínica con enfermedades mentales del tipo de la esquizofrenia, la literatura médica tiene muy bien documentada[168] la relación ente la

---

168 http://www.ncbi.nlm.nih.gov/pubmed/11535020

ingesta de cierto tipo de drogas y la aparición recurrente de *déjà vu's*.

Cronobiología: sistema circadiano

La evolución ha dotado al ser humano de un reloj biológico integrado en su organismo y localizado en ciertas estructuras cerebrales y del sistema nervioso central. Se conoce como el *sistema circadiano* y tiene como receptor de datos principal a la retina y como procesadores al hipotálamo y a otras zonas cerebrales. Este sistema funciona realmente como un reloj: se regula por oscilaciones en las señales neuronales y se sincroniza de forma natural con el ambiente. Pero hay ocasiones en las que por causas internas como la enfermedad, o por causas externas como un viaje en el que saltamos varios husos horarios (jet-lag) o por un cambio al turno de noche en el trabajo, el reloj interno se desajusta, es decir, se desincroniza todo el sistema circadiano de señales neuronales, hormonas y neurotransmisores[169]. Para tratar los síntomas de estos desajustes ha surgido una rama de la farmacia denominada crono-farmacología y también se podría hablar de tratamientos de cronoterapia, que van desde la simple espera readaptativa, en el caso del jet-lag a intervenciones quirúrgicas en casos de daño permanente en algún componente del sistema circadiano.

---

[169] Cronobiología médica. Revista de la Facultad de Medicina. UAN México. N°-6 Nov-Dic.2007 Manuel Ángeles-Castellanos, Katia Rodríguez y otros.

Cronostasia y respuesta neuronal

Si bien hemos dejado ya claro que el paso del tiempo, visto como transcurso, es algo que no se lleva bien con la física que surge de la teoría de la relatividad, también hemos anunciado que en esta parte final del libro íbamos a rebajar las exigencias para poder entendernos bien al analizar los límites y condicionantes de la percepción humana del tiempo.

Al comienzo de esta parte mencionábamos la universalidad de las sensaciones de lentitud en el transcurso cuando estamos aburridos; también hacíamos referencia a la sensación de que el tiempo se nos escapa cuando nos estamos divirtiendo y de que su paso se desvanece totalmente cuando nos sumergimos en una tarea que nos entusiasma de verdad.

Una experiencia que también suele tener carácter común, y de la que la narrativa audiovisual moderna suele abusar, es la del tiempo a cámara lenta en situaciones de riesgo para la vida, como por ejemplo un accidente de tráfico. Los testigos que han sobrevivido a accidentes de tráfico relatan muchas veces la percepción clara de abundantes detalles de algo que, realmente, ocurre en décimas de segundo. Es como si para ellos hubiera durado un rato larguísimo y confirman que esa fue su sensación. Este fenómeno también interesaba al equipo investigador de Eagleman, por lo que dispusieron un experimento bastante complejo para analizarlo. Se buscaron sujetos voluntarios para someterse a un experimento de caída libre sobre una cama elástica desde una altura de 45 metros. A estos sujetos se les pedía que, después de haber caído, cronometraran ellos mismos el tiempo que creían haber tardado en caer, recreando la caída de memoria. El resultado es que su estimación era, en términos medios, un 36% más alta que la realidad. Efectivamente, había un efecto de dilatación apreciable en la percepción de la duración de la caída por parte del sujeto. Sin embargo también se observó que esta distorsión no correspondía a la sensación de estiramiento temporal que podría simbolizar esa cámara lenta de la que hablábamos antes, sino más bien a un incremento de la resolución temporal durante el periodo de crisis por concentración estresante en los detalles. En terminología médica, se denomina *cronostasia* a la dilatación excesiva en la percepción del tiempo.

Si nos vemos involucrados en una situación estresante de ese tipo, el cerebro se recalibra para incrementar la atención y la concentración en los detalles de lo que sucede, puesto que puede ser de importancia crucial para la supervivencia, y de esa forma las neuronas de la corteza cerebral, que toman nota de la duración, o de la simultaneidad, o del orden de eventos, o del parpadeo, todas ellas se ponen en modo de funcionamiento de alta resolución, lo que resulta en un aumento de la densidad de información a procesar y, en conjunto, en una experiencia temporal distorsionada que culmina en una percepción dilatada de la duración. No es descabellado hacer un símil, para este caso particular, entre la percepción humana y la de una cámara fotográfica de alta velocidad, capaz de disparar cientos de fotos en un segundo, cuando las cámaras normales no disparan más allá de una o dos. Nuestro cerebro, en situaciones de amenaza mortal, adopta modos de registro de alta velocidad, lo que nos proporciona esa experiencia de dilatación del tiempo. Se trata de situaciones en las que la percepción se ve sometida a muchos estímulos nuevos y en las que la aceleración del pensamiento, la acción y la coordinación podrían ser la clave para salir del peligro y lograr la supervivencia. Esta dilatación de la percepción temporal puede llegar a ser tan grande, que otra de las experiencias comunes en los casos en los que el peligro es percibido como mortal y además parece que ya no hay salida ni solución, es la de la película de la vida que pasa en un instante por delante de nuestros ojos, densa, pero rica en detalles.

Dilatación temporal por novedad

Existen estudios que demuestran que los cambios en nuestro entorno siempre estimulan la percepción y por tanto, hacen que el cerebro se reajuste a modo detallado para procesar toda esa nueva información, y por consiguiente crean la sensación de dilatación temporal. Eagleman realizó pruebas de laboratorio sometiendo al sujeto a visualización de series monótonas de objetos e incrustando un objeto novedoso de forma inesperada. El resultado que obtuvo es que, pese a que el tiempo de exposición era el mismo para todos los objetos, la duración percibida por el sujeto se incrementaba ante el objeto nuevo. La conclusión es que cuando se muestra una serie monótona de estímulos al cerebro, la respuesta neuronal es decreciente. Esto se solía interpretar tradicionalmente en términos de fatiga neuronal, pero ahora se piensa que, en el fondo, no es más que una adaptación evolutiva orientada a la optimización del consumo energético neuronal.

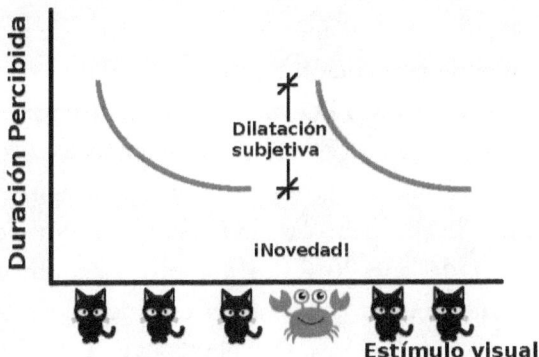

Duración subjetiva percibida de acuerdo a un estímulo visual repetido. Ante la monotonía, la respuesta neuronal es decreciente por optimización del gasto energético, pero la novedad intercalada provoca un nuevo pico en la respuesta. Basado en Eagleman y Pariyadath (2009)

Todo lo que estimula la percepción con carácter de cambio o novedad en nuestro entorno, ya sea por tamaño, número, forma, color, brillo, rapidez, frecuencia, etcétera, provoca un incremento de la respuesta neuronal, lo que trae como consecuencia un aumento momentáneo del consumo energético, y un incremento de la duración subjetiva percibida.

Drogas, enfermedad y percepción temporal

Si antes mencionábamos las medicinas que hoy se prescriben para ciertas patologías mentales como la esquizofrenia, no podemos dejar de citar una de las fuentes más seguras de distorsión en la percepción temporal: el consumo de drogas. En su ensayo *Speed, Aberrations of Time and Movement*, Oliver Sacks*[170] se refiere al relato de ciencia-ficción *The New Accelerator*, escrito por H.G. Wells. En él, se cuenta como una nueva droga es capaz de incrementar la resolución en la percepción temporal de tal manera que, para los que la toman, el resto del mundo parece discurrir a cámara muy lenta. Series televisivas del género fantástico, como *Star Trek*, han incorporado esta temática en algún episodio, como también lo han hecho películas de Hollywood. Por ejemplo, en la cinta *Dredd*, del año 2012, los guionistas han imaginado un futuro en el que mucha gente se ha enganchado a una droga que aumenta la resolución en la percepción del tiempo hasta límites insospechados, de modo que el que la toma puede experimentar una caída al vacío de poco más de dos segundos como toda una vida. El problema es que los malos aprovechan esta circunstancia para usarla como cruel castigo contra algunos. En el artículo antes referido, Sacks cita las experiencias

---
170 Publicado en The New Yorker, el 23 de Agosto de 2004.

del ya mencionado William James con el hachís, droga que en su caso parecía dilatar la percepción temporal hasta el punto de que:

> *Antes de terminar la frase, parece que el comienzo data de hace mucho tiempo, y al entrar en una calle no muy larga, el final parece inalcanzable.*

Experiencias similares de los miembros del parisino *Club de los Hachiseros* de finales del siglo XIX, como Gautier, Baudelaire y Balzac, los llevaron a relatar paseos bajo los efectos de la droga, en los que solo dos o tres zancadas parecían llevar horas, o viajes imaginarios por países y culturas enteras que parecían haber tardado siglos, cuando habían durado en realidad solo un cuarto de hora. Sacks se refiere también a un episodio de dilatación en la percepción temporal que relata L.J. West en su libro de 1970 titulado **Psychotomimetic Drugs**. Dos hippies colocados a base de fumar hierbas ven pasar sobre sus cabezas un avión a reacción que a ellos les parece estar suspendido en el cielo. Cuando finalmente el avión desaparece, uno le dice al otro:

¡Tío! Pensé que no terminaba de pasar nunca

Otros testimonios de sujetos que estaban bajo los efectos de drogas más potentes como la mescalina o el LSD, se refieren a distorsiones temporales todavía más pronunciadas que las provocadas por el hachís. Sin embargo, según apunta Sacks, drogas de tipo depresivo como los opiáceos o los barbitúricos, pueden tener el efecto contrario. En lugar de incrementar la resolución temporal, la disminuyen, sumergiendo al cerebro en un letargo por el que puede pasar durante un día de tiempo real, con la sensación de que no han transcurrido más que unos minutos. Estas drogas serían el equivalente al *retardador* de la novela antes citada de H.G.Wells, la droga que tiene el efecto contrario al *acelerador*.

También hay ciertas enfermedades, como la epilepsia, que pueden, cuando un ataque tiene lugar, provocar estados alterados en la percepción temporal debido al exceso de actividad eléctrica en los lóbulos temporales del cerebro. De hecho, Sacks asegura que ese tipo de ataques se pueden simular externamente mediante estimulación eléctrica. Como testimonio de lo que el epiléptico siente en esos momentos, Sacks cita a Dostoyevsky*:

> *Hay momentos que duran solo segundos, durante los cuales siento la armonía universal. Es terrible la desoladora claridad con la que se muestra y el arrebato que te atrapa…Durante esos cinco segundos, vivo una existencia entera y por ella daría toda mi vida y aún estaría pagando poco.*

La dopamina es un neurotransmisor cuyo papel es clave en flujo normal del movimiento y el pensamiento. En la enfermedad de Parkinson sus niveles se reducen hasta el 15% del nivel normal. A pesar de esto el paciente con Parkinson no es consciente de la ralentización de sus movimientos y solo es capaz de apreciarlo cuando los mide en un reloj y los compara con lo que tardaba antes. Normalmente la impresión que tiene no es que él vaya lento, sino que: *el reloj va anormalmente deprisa*. La distorsión para estos pacientes de Parkinson no es exclusivamente de dilatación temporal, sino que también puede ser la contraria, y no se reduce solo al aspecto temporal, sino también al espacial y se nota en cosas como la escritura, que se vuelve diminuta, sin que el sujeto sea consciente de ningún cambio respecto a su letra anterior.

El síndrome de Tourette es otra enfermedad que también trae aparejadas distorsiones del tipo dilatación en la percepción temporal. Sus síntomas son convulsiones, tics y movimientos y ruidos incontrolados, pero la percepción del paciente se acelera y Sacks cuenta que conoció a un sujeto con síndrome de Tourette capaz de atrapar moscas al vuelo de una forma elegante. Cuando le preguntó cómo lo hacía, el paciente respondió que no es que él fuera especialmente rápido al mover las manos, sino que: *las moscas volaban muy lentas*.

En su libro **En el río de la conciencia**, Sacks relata como algunos de sus pacientes, al verse sometidos a ataques fuertes de migraña, experimentan una discontinuación de la percepción temporal, que transforma la experiencia habitual de proceso incesante, en una secuencia de momentos congelados, muy parecida a lo que puede ser la revisión de una serie de fotografías, que además pueden también aparecer como imágenes borrosas. Los datos de Sacks apuntan a que los *movimientos sacádicos*, se producen entre seis y doce veces por segundo, pero en casos de migrañas muy fuertes el movimiento sacádico puede ser más acelerado e inducir alucinaciones de tipo caleidoscópico. Sacks se refiere a esta condición como *visión cinematográfica*, pero se parece mucho a la vida en *tempo stacatto* que hemos comentado en el apartado anterior.

Los estados febriles también pueden ser causantes de una percepción distorsionada del transcurso del tiempo. Durante los años 1930, el psicólogo Hudson Hoagland comprobó a través de experimentos algo atroces realizados con grupos de sus estudiantes que, en general, el aumento de la temperatura corporal provoca una percepción más larga de la duración, con valores que se incrementan hasta un 20%, en relación con un sujeto a temperatura corporal normal.

Distorsión extrema de la percepción temporal

En determinados casos de infarto cerebral, cuando quedan seriamente dañadas estructuras neuronales importantes, se han registrado casos sorprendentes cuyo testimonio ha podido ser recogido después de la recuperación del paciente y que nos informan sobre sensaciones temporales que nos dejan descolocados. Tal es el caso de la ceguera temporal al movimiento que documentó Josef Zihl en 1983 en una paciente que tras un infarto cerebral que dañó ciertas zonas de su corteza visual, solo percibía instantáneas de la realidad que permanecían congeladas en su retina durante unos seis segundos, mientras el flujo de sus pensamientos y el resto de los estímulos: auditivos, olfativos, etc., se percibían con normalidad. Síntomas parecidos, que han llegado hasta la congelación total de la imagen por largos periodos, se han descrito también en la fase de post-tratamiento de pacientes con encefalitis letárgica. Estos pacientes quedan atrapados en un presente eterno, incapaces de recordar nada del pasado, ni de vislumbrar nada del futuro[171].

La experiencia de Jill Bolte Taylor

Asombroso es también el relato que la neurocientífica Jill Bolte Taylor hace de su infarto cerebral. En su presentación

---

[171] Muy bien contado en la película Awakenings, de 1990, con guión del propio Oliver Sacks, basado en casos reales de encefalitis letárgica.

sobre el tema, que se puede ver en internet[172], Bolte Taylor habla del funcionamiento diferenciado de los dos hemisferios cerebrales: el derecho, encargado del momento presente y con un modo de funcionamiento paralelo u holístico, que está en armonía e integración indiferenciada con el total de la energía a su alrededor, y el izquierdo, que calcula y procesa de forma lineal los datos del presente y accede a la información sobre el pasado para elaborar estrategias de actuación y aporta a la persona su sentido de individualidad separada del resto.

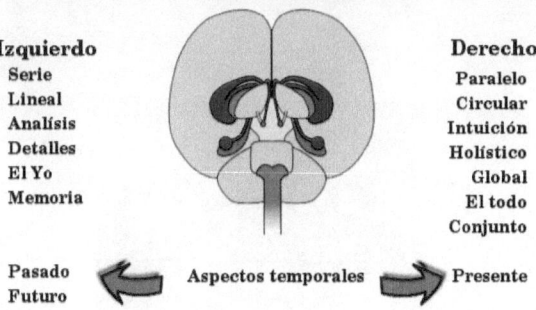

Vista frontal del cerebro

Izquierdo
Serie
Lineal
Análisis
Detalles
El Yo
Memoria

Derecho
Paralelo
Circular
Intuición
Holístico
Global
El todo
Conjunto

Pasado
Futuro
⬅ Aspectos temporales ➡
Presente

No existe un criterio científico unificado al atribuir las diferentes funciones a cada hemisferio cerebral. De hecho, este intento a veces se cataloga como pseudo ciencia. Pero la experiencia de Bolte Taylor parece confirmar que el criterio del gráfico puede ser correcto.

El día de su infarto cerebral, Bolte Taylor* perdió el funcionamiento de la parte izquierda o analítica, pero no perdió completamente la conciencia, pues el hemisferio derecho de su cerebro no resultó dañado. Su experiencia de conciencia exclusivamente referida al hemisferio cerebral derecho u holístico no puede ser más curiosa. En primer lugar

---

172 http://www.ted.com/talks/jill_bolte_taylor_s_powerful_stroke_of_insight

notó la disolución de su sentimiento de individualidad, hasta el punto de que dejó de verse a sí misma como ente separado del resto de objetos del mundo, y pasó a sentir casi una fusión energética con su entorno. Bolte Taylor lo explica perfectamente al decir que le costaba distinguir los límites de su propio brazo de los de la pared sobre la que se apoyaba para no caerse y le parecía que los átomos de ambos se confundían. En sus propias palabras:

El diálogo interno de mi cabeza cesó completamente y el silencio interior junto con la falta de sensación de los límites de mi cuerpo me hizo sentirme enorme y en expansión. Era una con toda la energía y me sentía feliz.

De acuerdo a la experiencia de Bolte Taylor, el hemisferio cerebral derecho no distingue los límites del propio cuerpo de los del entorno. Todo parece ser la misma energía.

Bolte Taylor se refiere a ese estado de conciencia como *Lalaland*. Pero su hemisferio cerebral izquierdo tenía ventanas de conciencia que le avisaban de que estaba en peligro y debía actuar para salvarse. Entonces fue cuando su brazo derecho quedó paralizado y ella se dio cuenta de que estaba sufriendo un infarto cerebral. Del testimonio de esta científica sabemos que en los momentos *Lalaland*, es decir cuando el hemisferio izquierdo está completamente desconectado, no existe memoria, no existe proceso lineal alguno, por lo que el concepto normal de tiempo se desmorona, hasta el punto de que no se entienden actividades seriadas, como el lenguaje hablado, pues implica duración. El hemisferio derecho lo percibe todo como una única energía en expansión, energía en la que también está fundido el individuo, que ya no se ve como separado del resto del mundo. La sensación de felicidad en esos instantes era tal, que Bolte Taylor asegura haber identificado el nirvana.

Inconsciente, sueños y densidad temporal

También el mundo onírico se presta a la distorsión de la perspectiva temporal. El pensamiento se libera del condicionamiento a la realidad al que lo somete la consciencia de la vigilia, y la sensación temporal, tanto del transcurso como de la ubicación (sueños sobre el pasado, o quizás sueños sobre el futuro, llamados habitualmente premoniciones), puede desviarse apreciablemente de la realidad. Conceptos débiles como el de la linealidad del transcurso, y hasta otros tan fuertes como el del principio de causa y efecto, se derrumban fácilmente en la dimensión del sueño. En un episodio de la famosísima serie de televisión *Star Trek*, concretamente en uno que pertenece a la entrega New Generation[173] y que se titula *The Inner Light*, vemos como el *capitán Picard* sufre un desmayo a bordo de la nave Enterprise. El desmayo no dura más de veinte minutos, según el reloj de la nave, pero durante ese tiempo de inconsciencia, *Picard* vive una existencia completa en la que se casa, cría a sus hijos y tiene una larga vida como artesano metalúrgico. Cuando despierta, todo ha podido ser un sueño, o quizás un mensaje de una civilización ya extinguida. Y también es esta misma serie, *Star Trek*, la que en un episodio

---
173 Episodio 25, quinta temporada.

de la entrega original, analiza otro tipo de distorsión temporal[174]. El café que toma el *capitán Kirk* contiene una droga parecida a la de *El acelerador* de H.G Wells, que incrementa su resolución temporal hasta el extremo de que, desde su perspectiva, el tiempo en la nave queda congelado. Esa es la única manera que tiene de conocer a unos curiosos seres alienígenas híper acelerados que experimentan la dimensión temporal con una densidad que debe acercarse al tiempo de Planck y que se han adueñado del *Enterprise*, causando una serie de fenómenos que se materializan de pronto ante los ojos de los tripulantes, como apareciendo de la nada. Las vertiginosas actividades de esos alienígenas no pueden ser observadas por ningún humano, ni siquiera por un vulcaniano como Spock, cuya percepción se supone algo más aguda que la del homo sapiens.

En efecto, si todo lo que está dotado de movimiento a nuestro alrededor, incrementara progresivamente su velocidad, notaríamos al principio ese aumento de celeridad, veríamos luego volverse borrosas algunas siluetas y finalmente llegaría un punto en el que toda esa ocupación apresurada desaparecería de nuestros ojos por simple incapacidad de nuestros órganos perceptivos. Eso es, en términos generales, lo que le ocurrió al inventor de la técnica fotográfica conocida como daguerrotipo, el francés Louis Daguerre*.

En 1838, Daguerre porfiaba por hacer la primera fotografía de personas vivas en actividad. Al enfocar su artefacto al Boulevard du Temple parisino, y mantener el objetivo abierto durante los más de quince minutos que la técnica requería, se encontró con la sorpresa de que en la placa revelada no aparecía

---

174 Episodio 11, tercera temporada. Wink of an Eye.

ningún resto de la vibrante actividad de la calle: personas paseando, entrando y saliendo de las tiendas, coches de caballos transitando: nada de nada. Lo único que se veía era la imagen fantasmal de los objetos estáticos: edificios, aceras, farolas, bancos, árboles. La velocidad con la que se desarrollaban esas actividades era tan alta, comparada con la capacidad de percepción de la daguerro-cámara, que el artefacto simplemente no podía registrarlos. Daguerre salió del paso contratando a dos actores que permanecieron estáticos durante un buen rato, representando el papel de un limpiabotas y su cliente, y consiguió, por fin, lo que buscaba: la primera fotografía de la historia que refleja personas vivas en actividad.

El Boulevard du Temple de París en el famoso daguerrotipo de 1838. Nada de la vibrante actividad de la calle quedó registrado en la imagen, salvo el limpiabotas y su cliente, en la esquina inferior izquierda, que fueron contratados por Daguerre al efecto. Crédito: Wikipedia. Dominio público.

La reflexión sobre el mundo onírico sirve de introducción a una reflexión general sobre la perspectiva temporal vista desde la parte de los procesos inconscientes, es decir, todos esos procesos neuronales que se realizan por debajo del nivel de la alerta despierta. Es evidente que el lenguaje no nos va a facilitar las cosas, pues la consciencia, entendida en sentido amplio incluye todos los procesos que contribuyen al conocimiento, los conscientes y los inconscientes. Pero para entendernos, y aunque seguramente nos estemos desviando mucho del lenguaje de la neurociencia, hablaremos de procesos conscientes como los que ocurren mientras nos damos cuenta y procesos inconscientes de los que ocurren sin darnos cuenta.

Debe quedar claro en primer lugar que la comprensión sobre el funcionamiento de la conciencia es escasa y aunque actualmente es un campo muy cultivado por los neurólogos, estamos todavía en las primeras etapas de su entendimiento, maravillándonos ante el hecho de que eso a lo que llamamos conciencia pueda residir en un determinado volumen de tejido neuronal. Incluso aparentes consensos como el de la existencia de una parte consciente y otra inconsciente en nuestra mente no gozan de un acuerdo generalizado y, como ocurre con la relatividad, no es difícil encontrar científicos que desaprueban la división de la conciencia en esta forma. No debemos esperar, pues, en este apartado, fórmulas matemáticas que nos ofrezcan datos exactos sobre el grado de contracción del continuo espacio-temporal, sino más bien descripciones aproximadas basadas en pocos experimentos y mucha intuición.

Ya hemos visto muchos ejemplos que documentan claramente que nuestra percepción consciente de la realidad no es una representación completa del mundo auténtico, sino que es reinterpretada por el cerebro en términos evolutivos, de forma que se traduce en información útil para la supervivencia. Algunos modelos informáticos[175] han demostrado que el consumo de energía que supondría estar equipado con sentidos que nos transmitieran una imagen detallada de la realidad sería tan grande, que las especies que tienen sistemas de detección más modestos pero más efectivos, siempre tienen ventaja evolutiva. Vemos una mesa sólida, no los átomos que hoy

---

175 http://scienceandnonduality.com/time-and-the-unconscious-mind-a-brief-commentary/

sabemos que la constituyen y no sentimos las fuerzas nucleares y eléctricas que los sujetan, sino unas propiedades emergentes a nuestra escala a las que llamamos dureza, densidad, color, volumen...etc. La representación consciente del mundo no es, desde esta óptica, una imagen adecuada de la realidad física espacial. ¿Puede ocurrir algo parecido con la temporal? ¿Es posible que nuestra experiencia habitual de ir de evento en evento sea solo una forma en la que nuestra percepción recibe esa información sobre un mundo cuya realidad temporal es, por ejemplo, la de un universo-bloque relativista en el que pasado, presente y futuro están siempre ahí?

La investigadora Julia Mossbridge* propone que, de acuerdo a ciertos experimentos[176], los procesos inconscientes son los que, a la hora de tomar decisiones, usan correctamente la información sobre el pasado que está almacenada en nuestra memoria. Pero lo sorprendente es que otros experimentos parecen apuntar a que, según muestran algunas reacciones fisiológicas, este mismo fenómeno ocurre también hacia el futuro, si bien no un futuro indefinidamente distante, sino solo algunos segundos adelante. De esta manera, los procesos inconscientes son los que pueden lidiar con éxito en la toma de decisiones complejas, usando información sobre el pasado, sobre el presente, y quizás también sobre el futuro inmediatamente posterior. Es una forma de proceso en paralelo, holística y de alta capacidad[177]. Mientras tanto, la parte consciente solo es capaz de procesar información en serie, de forma lineal, poco fiable cuando hay que filtrar grandes cantidades de datos, y apropiada solo para decisiones simples.

---

[176] https://youtu.be/-y5MFbDcDA8

[177] http://www.harvard-deusto.com/articulo/Pensamiento-Inconsciente-y-toma-de-decisiones

No es extraño, si tenemos en cuenta todo esto, que desde tiempo inmemorial uno de los mejores consejos que nos pueden dar cuando nos enfrentamos a un problema complejo es: *consúltalo con la almohada*, o quizás, *piénsalo mientras te das un paseo*. En ambos casos se trata de evitar una decisión inmediata basada en el proceso lineal de la parte consciente y se busca dejar que el inconsciente, liberado a través del sueño o del ejercicio físico, haga su trabajo recurriendo a todos los bancos de información accesibles desde la memoria y la intuición, y nos ofrezca, quizás, la solución óptima. Si intentamos buscar la solución desde la vigilia consciente, simplemente no podremos hacerlo con toda la información disponible porque el proceso consciente no es fiable a la hora de acceder a los bancos del pasado, ya que ve solo una realidad interpretada evolutivamente (supervivencia y reproducción) sobre el momento presente, y no tiene acceso a esos segundos premonitorios del futuro. Por tanto, pasado, presente y quizás cierta parte del futuro inminente parecen existir a la vez en el inconsciente, lo que ofrece una sospechosa similitud con ese universo-bloque relativista en el que los tres tiempos están también ahí y el cono de luz del evento marca los límites de influencia causal.

Teniendo todo esto en cuenta: ¿es posible que los eventos que habitualmente experimentamos de forma lineal con la parte consciente, sean en realidad una interpretación de otra realidad temporal subyacente, una realidad que la parte inconsciente procesa en su totalidad temporal y luego devuelve al consciente con esta apariencia de linealidad y sucesión porque así es más útil desde el punto de vista evolutivo? Así lo expresa Julia Mossbrige en su propuesta de nuevo modelo de conciencia:

> *El tiempo lineal y el concepto de un ahora privilegiado, que separa el pasado del futuro, es una construcción que se materializa solo a nivel consciente. Los procesos inconscientes pasan esta versión de la realidad física, con pasado y futuro bien diferenciados, porque es útil (se entiende evolutivamente) al consciente, pero ellos no la*

necesitan cuando operan. Los procesos conscientes por sí mismos, nos ofrecen una narrativa simple e incompleta de la realidad que, aunque fracasa a la hora de reflejar fielmente el mundo físico, nos permite funcionar en él (se entiende de forma energéticamente óptima).

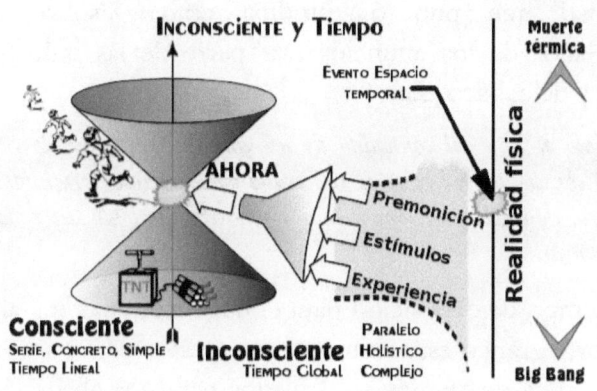

¿Es posible que el inconsciente perciba aspectos de la realidad física de forma atemporal, de modo que incluso alguna información sobre el futuro cercano esté a su alcance sin que nos apercibamos?.

El inconsciente, según apuntan todos estos escasos pero prometedores experimentos, trabaja de forma cuasi atemporal y quizás los creativos publicitarios ya saben esto desde hace mucho y por eso dirigen sus insistentes mensajes subliminales, sobre todo, al inconsciente. A estos efectos me parece oportuno traer a colación una cita que Daniel Goleman* hace en su conocidísimo libro *Inteligencia Emocional*:

Las investigaciones muestran que solo unos milisegundos después de percibir un evento, no solo comprendemos lo que es a nivel subconsciente, sino que decidimos si nos gusta o no. El inconsciente cognitivo pasa al consciente la identidad de lo que percibimos y una opinión o juicio sobre él. Nuestras emociones tienen su propia mente, una que es bastante independiente de la racional

Jean Kilbourne[178], la investigadora independiente sobre publicidad que publicó estudios críticos sobre el uso manipulador de los anuncios por parte de las industrias del alcohol y del tabaco, dice:

Solo el 8% del contenido de un anuncio es procesado por la parte consciente. El resto es procesado en los recesos profundos del cerebro, donde el posicionamiento y reposicionamiento del producto tiene lugar.

El tiempo de exposición para el que se diseñan los anuncios en soporte gráfico es, habitualmente, menos de un segundo, es decir, se trata de anuncios calculados para una absorción cuasi instantánea por el subconsciente[179]. La parte consciente apenas tiene tiempo de leer el título, pero esa falta de tiempo, como ya sospechábamos, no es ningún problema para el subconsciente. Cuando antes usaba el verbo *calcular*, no estaba exagerando, pues es precisamente la publicidad, ese campo que Heidegger tanto despreciaba porque volvía al hombre inauténtico, el que ahora se ha dotado de equipos cualificados de psicólogos y matemáticos y mira con más detenimiento los resultados de todas las investigaciones de la neurociencia sobre percepción inconsciente, pero no para usarlas en la mejora de la salud mental, sino para aprovecharlas en el manipulativo arte de vender con más eficacia. El mensaje implantado en el inconsciente y asumido por el portador como propio de su idiosincrasia es el más efectivo a la hora de convencerlo para comprar un producto, apoyar una idea o respaldar un candidato. Y su efectividad viene de que arraiga en un convencimiento interno y, según todo indica, atemporal.

---

178 http://www.jeankilbourne.com/

179 http://www.redicecreations.com/specialreports/brainwash.html

En la película *Inception*, del año 2010[180] un comando especialista en manipulación de sueños se interna en el mundo onírico de un sujeto al que quieren implantarle una idea mientras duerme. Si lo consiguen, quedará registrada en el inconsciente como suya propia, sin referencias temporales asociadas. Si la idea es lo suficientemente eficaz, podrá hacer variar el comportamiento del sujeto o incluso hacer que cambie una decisión de la máxima trascendencia que ya había tomado antes. Entre las características de los sueños que se describen en la película está la de que pueden ser recurrentes, es decir, puede haber sueños dentro del sueño. En esa cascada de dimensiones oníricas paralelas la distorsión de la escala temporal percibida se dilata exponencialmente con cada salto de nivel, de forma que una caída libre que dura solo dos segundos puede convertirse en dos días en un sueño recurrente separado dos niveles de aquel.

Percepción cultural del tiempo

Un aspecto curioso de la percepción temporal es el que se revela cuando contemplamos el enfoque común con el que, no ya un individuo, sino una cultura completa o una ciudad o un país, contemplan el tiempo. El psicólogo Robert Levine ha investigado durante años la relación que las diferentes culturas tienen con el tiempo, y ha documentado los resultados en su libro *La geografía del tiempo*. Levine ha encontrado, por ejemplo, que lo que resulta colectivamente aceptable en América del Sur, es inaceptable en América del Norte; ha encontrado diferencias radicales de enfoque temporal entre las culturas cristianas protestantes, que se orientan al futuro: trabajo dedicado, productividad y prisa, y las cristianas católicas, que se orientan al presente: hedonismo y sosiego. Investigar y documentar aspectos que pasan desapercibidos, como el ritmo

---

180 El título de esta película en español es *Origen*

al que un caminante recorre una distancia fija, o el retraso que se considera admisible en la hora de entrada al trabajo, o la puntualidad que se tolera al acudir a una cita, le ha servido a Levine para elaborar una geografía del tiempo.

Las culturas que se han lanzado al aprovechamiento productivo integral del tiempo suelen ser las más florecientes en términos económicos, pero no necesariamente las más felices, ni las más saludables, pues aunque sus sistemas sanitarios sean los más avanzados, el enfoque en la productividad hace que la maquinaria corporal y la higiene mental se descuiden tanto, que se generan daños personales profundos, tanto físicos como psicológicos, daños que no hay tecnología de intervención coronaria, ni droga psiquiátrica tipo prozac que puedan arreglar. El ritmo de vida en algunas de las ciudades más productivas de Estados Unidos es tan alto, que aspectos humanos como la solidaridad más elemental ya no se manifiestan en el barullo de la prisa y el ansia de la eficiencia.

Aparte del condicionamiento cultural que se hereda de la pertenencia al grupo, lo cierto es que cada individuo termina adoptando su orientación temporal particular, en la que interviene decisivamente su historia personal. La infancia suele ser un periodo dominado por la satisfacción de necesidades básicas: cuidados y cariño, y por tanto se orienta claramente al presente. La educación es un proceso que busca el cambio de orientación temporal hacia el futuro, pues se enseña al niño a planear y organizar el tránsito por la vida de forma autosuficiente. La edad adulta es aquella en la que el individuo está más plenamente incrustado en su ambiente cultural y por tanto se ve más influido por la orientación temporal colectiva. Las culturas protestantes suelen orientarse al futuro: trabajo duro y salvación. Los católicos y budistas se orientan al presente: disfrute y aceptación o resignación. La vejez es una época de orientación a los recuerdos y de predominio de la nostalgia, es decir, de orientación al pasado, como también lo pueden ser ciertas patologías mentales.

Es evidente también que en nuestras sociedades urbanizadas y tecnologizadas, donde el contacto con el medio natural y sus ciclos regulares estacionales o sidéreos, o incluso simplemente diarios, es cada vez menor, tanto por el confinamiento de cada vez más población en las ciudades, como por el arrinconamiento al que el hombre está sometiendo a la naturaleza virgen, el tiempo cíclico está desapareciendo progresivamente de nuestras vidas. Lo que nos queda es solo una versión uniformizada del tiempo; un tiempo en el que todos los momentos son lo mismo, segundos, que acumulan minutos, que suman horas y montan días en los que hacemos siempre lo mismo. La información sobre la hora y el tiempo atmosférico o el clima, ya no se consulta en el cielo y en el ambiente, cada vez menos accesibles en el marco de vida urbano, sino en la última *app* de nuestro *smartphone*. La conversación tranquila con el desconocido es mucho menos probable que el intercambio de fotos y mensajes desprovistos de sentido y propósito a través de las redes sociales. La interacción con el entorno natural está desapareciendo para convertirse en interacción con la pantalla de un dispositivo electrónico. Estamos perdiendo el *kairós*, o tiempo humano, subjetivo, cualitativo, con sus diferencias bien marcadas entre ciclos, con su sentido del estado de ánimo y de la oportunidad, y nos dirigimos a una versión totalizadora del tiempo por eliminación, que solo nos deja *kronos*, o tiempo fluyente, cuantitativo, e indistinguible en sus partes: despertador, atasco de tráfico, jornada laboral, muy productiva, eso sí, nuevo atasco, cena a base de comida preparada y varias horas de televisión antes del sueño[181]. Mañana, más de lo mismo.

---

[181] Aunque parezca increíble, entre 4 y 5 horas diarias en Occidente.

El viaje en el tiempo

Las leyes de la física conspiran para impedir que los objetos macroscópicos puedan viajar en el tiempo.

Conjetura de protección de la cronología

*Stephen Hawking**

No es necesario explicar por qué la idea de viaje es atractiva para el ser humano. Aventurarse en lo desconocido implica vivir nuevas experiencias y afrontarlas sin los recursos y la seguridad de nuestro medio habitual y, en definitiva, implica abrirse al conocimiento y al descubrimiento de lo nuevo; madurar y crecer. Por eso el concepto de viaje ilustra muy bien el  proceso cambiante que representa el tiempo, visto desde la óptica lineal y secuencial que es la que domina nuestra percepción consciente. El viaje en el espacio requiere tiempo, y hasta la misma luz, que es increíblemente rápida, se tiene que tomar su tiempo para desplazarse[182].

La propia teoría de la relatividad nos confirma que el viaje en el tiempo hacia el futuro es, hablando en términos algo inexactos, posible, y de hecho, es inevitable, pues cuanto mayor sea la velocidad con la que nos movamos respecto a otro observador mas lento, mayor será la coordenada temporal, la data, a la que nos desplacemos. Pero esto solo ocurre hacia el futuro, que científicamente es la única dirección posible de desplazamiento en la dimensión temporal: ¿o no?

---

[182] Visto desde nuestra perspectiva, claro, porque desde la suya propia, el tiempo no pasa y todo ocurre a la vez.

Entendemos por viaje en el tiempo, en sentido amplio, la capacidad de moverse por la dimensión temporal de una manera parecida a la que lo podemos hacer por la espacial, o dicho de otro modo, la capacidad de cambiar nuestra relación antes-después con un momento dado, igual que cambiamos nuestra relación delante-detrás con cualquier objeto, o lo que es lo mismo: ir al pasado o al futuro a voluntad y volver al *presente* cuando se desee, si bien el concepto de *presente*, cuando se habla de viajes en el tiempo, se enturbia todavía mucho más de lo que ya lo está en las condiciones normales en las que lo dejaron Agustín de Hipona y William James. Esta hipótesis del viaje en el tiempo, tan querida por la fantasía y tan cultivada a lo largo de la historia en todas las facetas narrativas de la ficción, empezó a considerarse seriamente cuando las consecuencias de la relatividad general alcanzaron cierta difusión y un nivel aceptable de comprensión. El razonamiento es que si, al fin y al cabo, la realidad que habitamos es un universo-bloque en el que todo está ahí, y su estructura es la de un continuo espacio-temporal que se aplasta ante la presencia de masa-energía, hasta el punto de que parece haber zonas llamadas agujeros negros en las que literalmente se desploma, quizás se pueda retorcer ese continuo de forma que se conecten zonas separadas temporalmente, para que así se pueda hacer el tránsito, no solo de la forma cotidiana y obligada que nos lleva en volandas desde el *ahora* hasta su *después*, sino también de forma voluntaria y caprichosa hasta su *antes*.

Retorcer y romper el continuo temporal

Es posible también que no sea necesario retorcer ese continuo, sino simplemente encontrar o construir curvas temporales que se den la vuelta sobre sí mismas y se cierren sobre el momento en el que empezaron, es decir las famosas

CTC que citábamos en las teorías especulativas o los famosos *fantasmas* de Itzhak Bars. Esto es problemático con una sola dimensión temporal. En términos geométricos unidimensionales sólo tenemos una forma de construir una curva cerrada a partir de una recta, y es romperla y retorcerla hasta cerrarla sobre sí misma[183]. Este razonamiento es, a falta de una mejor comprensión de la naturaleza real de la dimensión/es temporal/es, y de las limitaciones que puede imponer su anisotropía, trasladable a la dimensión temporal. Si queremos construir CTC's y el continuo espacio-temporal solo tiene una dimensión tipo tiempo, habría que romperla en un punto, desconectarla de su futuro, y retorcerla después sobre sí misma para unir el extremo roto con algún instante anterior. Si hubiera dos dimensiones temporales, entonces existiría la posibilidad teórica de construir CTC's sin descuajaringar el futuro.

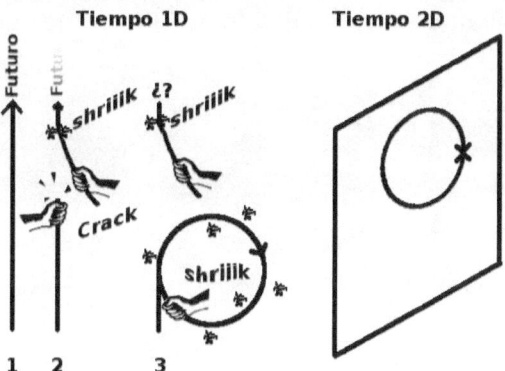

La construcción de CTC's en una línea temporal 1D exige la rotura del continuo, con consecuencias potencialmente devastadoras para toda la línea temporal futura. Pero si el tiempo tiene dos dimensiones, la geometría apunta a que la operación puede ser inocua.

---

183 Se podría pensar en que la totalidad de la curva es una estructura cerrada, pero eso, aparte de reflejar el universo de la cosmología cíclica, no nos sirve para nada a nivel práctico de viajes en el tiempo.

Causalidad y conjetura de Novikov

Antes de entrar en el detalle del improbable encaje de esta hipótesis dentro de las teorías científicas vigentes, conviene remarcar el primer inconveniente lógico que presenta el viaje al pasado, que es el de la violación del principio de causa y efecto, del que yo he dicho ya varias veces en este libro que es casi la única certeza a la que siempre podemos agarrarnos en medio del reino de confusión que a veces aparenta ser la realidad. Esto se suele ejemplificar en la paradoja del abuelo. Si puedes volver hacia atrás en el tiempo y matar a tu abuelo, aparte de ser un criminal malnacido, entonces se rompe la cadena causal que hizo que tú mismo vinieras al mundo y el resultado es que tú ya no deberías estar ahí.

Tatarabuelo: esta es la máquina con la que he venido a verte desde el futuro

¿Qué ocurrirá con el continuo espacio-temporal si el atildado joven que ha vuelto doscientos años atrás en el tiempo, finalmente se decide a comprobar la paradoja del abuelo? Si el resultado es que el petimetre se desintegra al matar al padre de su tatarabuelo, bien empleado le está. Crédito: OpenClipArt. Varios autores.

Las soluciones a la paradoja del abuelo pasan por ideas tales como que pueden existir varias líneas de tiempo diferentes, de modo que en el mismo momento en el que el viajero del tiempo perpetra alguna acción que rompe la cadena causal aparece una línea temporal completamente nueva: una especie de universo alternativo donde el viajero no existiría pero al que quizás tenga acceso con su máquina del tiempo y en el que podría seguir matando a los abuelos de otros para generar un número indefinido de universos paralelos. La película del año 1985, *Regreso al futuro* y sus dos leves secuelas, exploran este panorama de líneas temporales que van, vienen, aparecen y se desvanecen a golpe de viaje en el famoso vehículo *Delorean*, que el profesor chiflado ha convertido en máquina del tiempo. El respeto al principio de causalidad se traduce en que sus efectos se dejan notar primero en el desvanecimiento de los personajes de ciertas fotos comprometidas y terminan trayendo universos completamente distintos.

La máquina del tiempo de Marty McFly es un Delorean tuneado por un científico loco cuyo peinado recuerda mucho al de Einstein. Crédito: Openclipart. Autor: raulxav

Atravesando portales, abordando artefactos o, como el *Doctor Who*, entrando en una falsa cabina de comunicación para la policía, el fondo cultural universal sobre viajes en el tiempo ha ido agrandándose conforme los creadores se han esforzado por evitar este tipo de paradojas. Hay obras como la película del año 2007 *Los cronocrímenes*, o la de 2014

Interestelar, en las que se crean unas rocambolescas dinámicas temporalmente cerradas e interconectadas, de forma que la acción futura viene a coludir con la presente para crearse a sí misma y mantener, aunque sea sujeto con alfileres, el edificio de la causalidad. Esto evita complicaciones como las de la aparición de nuevos futuros o líneas temporales recién salidas del horno, que siempre dejan en el lector ávido de base científica una sensación de frío en los pies y calor en la cabeza. Un planteamiento similar se proponía en el episodio titulado *La flecha del tiempo,* perteneciente a la entrega *Nueva Generación* de la ya mencionada serie de televisión *Star Trek*, y también en la embrolladísima película del año 2004 *Primer*, que parece solo apta para los lectores que entiendan a Heidegger. Se trata, en todos estos casos de, en lenguaje popular, evitar la paradoja del abuelo, y en la jerga del adepto de cumplir el *principio de consistencia de Novikov*. ¿Y esto qué es? Pues en la década de 1980, vista la relevancia que estaba tomando el tema de los viajes en el tiempo, el científico ruso Igor Novikov se propuso poner en su sitio al principio de causalidad, dándole una formulación estadística, en lugar de determinista. Según Novikov:

> *Si se planteara la posibilidad de un evento determinado que provocase un conflicto causal hacia el pasado, su probabilidad de ocurrencia es cero.*

Esto deja campo abierto para todas aquellas posibles acciones ejecutadas por viajeros al pasado que no provoquen conflictos causales y para marañas como las dinámicas temporales cerradas antes citadas. El problema es que si uno acepta las teorías físicas vigentes, es inevitable concluir que hay una relación causal de todo con todo, aunque sea muy difusa, y que al final, un evento es el que es, no por una, o dos, o cien causas pretéritas, sino por todas las causas que lo preceden, y que remiten, en línea clara e ininterrumpida, a una causa común de tipo general, que es el *Big Bang*. Si quieres dar una explicación completa de un evento, una explicación verdaderamente total, no puedes evitar referirte a todas y cada una de las causas que lo han provocado, y a las causas de esas causas, y así hasta lo que hoy entendemos por el principio. Pero el caso es que desde Novikov, todas las artes narrativas han ido, poco a poco, aceptando el reto de elaborar guiones rebuscados que, aparentemente, respetaran las exigencias científicas, o sea que respetaran el principio de Novikov. Los guionistas han abandonado la antigua y romántica visión victoriana del viajero que se sube a la máquina y acciona una palanquita para ver el tapiz del mundo discurrir ante su ventana *a toda pastilla*, ya sea hacia adelante o hacia atrás, y nos han ido proporcionando sesudos ejemplos en los que se hacen viajes al pasado, pero respetando la conjetura de Novikov, la de Hawking, y todas las que se pongan por delante. Al final, si nos abstraemos del innecesario lenguaje matemático y lógico, la cosa se parece mucho al consejo que cualquier madre cariñosa le daría al hijo que se intenta abrir camino en la vida:

Hijo mío: si vas a viajar al pasado, procura no enredar mucho con él.

De lo contrario pueden pasar cosas como las que describe Ray Bradbury* en su cuento sobre dinosaurios *El ruido del trueno*, también trasladado al celuloide, en el que se mezclan los viajes en el tiempo y la teoría del caos, de forma que la actuación imprudente en el pasado remoto por parte de un turista del tiempo, abre la caja de Pandora del principio de causalidad,  que desemboca, a su regreso al futuro de partida, en un mundo diametralmente distinto al que dejó al salir. Se puede decir que, cuando escribió el cuento, Bradbury todavía no estaba informado del principio de Novikov. Estos son también los derroteros por los que transcurre la serie emitida en 2015 por Televisión Española *El ministerio del tiempo*. En ella vemos como un comando temporal compuesto por agentes de diversas épocas, tiene que viajar al pasado para recomponer los episodios históricos que va cambiando una célula de viajeros temporales traidores que manipula el pasado de acuerdo a sus intereses. En este caso los agujeros de gusano que permiten el traslado entre épocas son unas determinadas *puertas del tiempo*, que tienen una localización especial que cierto rabino judío sefardí del siglo XV dejó reflejada en un libro que entregó a los Reyes Católicos. El planteamiento promete, pero el desarrollo de los guiones no atiende a principios de consistencia de Novikov, ni a curvas temporales cerradas de la relatividad general. Para pesar de los aficionados al género, que gustan particularmente de la coherencia argumental, las consecuencias de las acciones de los viajeros, a veces se notan en el futuro, y a veces no.

Ya que el principio de consistencia de Novikov no está garantizado, o sea es solo una conjetura, el turista del tiempo hará bien en tener especial cuidado y no intervenir de forma significativa en el pasado. De lo contrario podrían desatarse consecuencias inesperadas que provocarían la alteración radical de su propio futuro.

Agujeros de gusano

Dejando aparte las elucubraciones de la narrativa fantástica, conviene ahora explorar la base (o ausencia de base) científica actual de esta sugerente posibilidad de viaje en el tiempo, base que se centra en los denominados *agujeros de gusano*[184], unas estructuras de tipo túnel espacio-temporal que, en definitiva, son las consabidas CTC que permite la teoría de la  relatividad general. Al menos, eso es lo que demostró en 1983 Kip Thorne*. Aunque nadie tiene ni la más remota idea de cómo se podría construir una de estas estructuras todo el mundo tiene la certeza de que involucraría la manipulación de energías negativas a escala galáctica, algo de lo que, evidentemente, estamos muy lejos. Los conceptos de *agujero de gusano* y de viaje en el tiempo, podrían, a fin de cuentas, tener el mismo sentido que la oscuridad luminosa, la solidez gaseosa o la muerte en vida: entes posibles en el dominio del lenguaje metafórico como asociaciones de un sustantivo y un adjetivo que concuerdan en género y número, pero sin conexión con el mundo material y, si me apuran, tampoco con el espiritual. Es lo que a veces se encuentra referido como *la falacia del mapa*, que consiste en considerar que al analizar un territorio mediante un mapa, la realidad última es el propio mapa y no el territorio, que queda así perdido de vista. Pero dicho esto, aclaremos que un agujero de gusano sería, en palabras de Stephen Hawking:

Un tubo que conecta diferentes regiones en la estructura del espacio-tiempo.

Hasta aquí no parece que estemos admitiendo ninguna nueva extravagancia, al menos no mayor de lo que ya lo es la

---

[184] También conocidos técnicamente como Puentes de Einstein y Rose.

propia teoría de la relatividad y también su continuo deformable en el que puede haber agujeros negros donde el tiempo y el espacio se hunden. El único añadido es que en lugar de tratarse de un agujero colapsado, o sea sin salida, estamos proponiendo una estructura en la que, de alguna manera, hemos evitado el colapso y por tanto tiene boca de entrada y boca de salida. Estamos, en definitiva, trabajando con agujeros, pero cambiando el adjetivo *negro* por el sintagma[185] *de gusano*. Estos agujeros podrían ser incluso, en palabras del propio Hawking, *poco profundos*, de forma que su salida se pueda colocar en el mismo punto, o evento, del espacio-tiempo que su entrada. Puede parecer una obviedad, pero Hawking dice que en el caso de estos agujeros poco profundos podríamos entrar por una boca, recorrer el agujero y salir por la otra boca en el mismo instante[186].

Una cosa que debe de quedar bien clara es la diferencia entre los dos tipos de agujeros. Mientras que el *agujero negro* es una derivación *natural* de la teoría general de la relatividad y describe estructuras que ya parecen haberse detectado en la realidad cósmica, si bien de forma indirecta, y que son debidas a procesos normales, como el colapso estelar, los agujeros de gusano y las CTC son entes matemáticos artificiales, cuya posible presencia en la realidad no es más que una hipótesis venturosa, pues su mantenimiento efectivo requeriría materia y energía de tipo negativo, cosas que parecen poco compatibles con la existencia tal y como la entendemos. Algunos han sugerido que el *efecto Casimir*[187], que se observa como una fuerza de repulsión de naturaleza desconocida entre dos placas metálicas muy juntas, podría deberse a una forma de energía negativa, pero nadie tiene idea sobre cómo se podría hacer un

---

185 Agujero gusanero no parece, al menos en castellano, sonar tan pomposo como sistema financiero, pero la construcción sintáctica es la misma.

186 Se podría defender que eso es lo que estamos haciendo todo el rato: ¿no?

187 https://es.wikipedia.org/wiki/Efecto_Casimir

aprovechamiento de este efecto a gran escala. Otra diferencia es que los agujeros negros no podrían atravesarse, puesto que tienen entrada, pero no salida, y por tanto no conectan regiones separadas de nuestro espacio-tiempo, mientras que los agujeros de gusano, en teoría, sí lo hacen, pues han sido definidos con esa condición.

Ingeniería de agujeros de gusano

La verdadera pirueta conceptual viene ahora, pues en lugar de pensar en conectar diferentes regiones del espacio-tiempo para, por ejemplo, ir a tomar café a Betelgeuse y volver a la Tierra para la cena, lo que vamos a exigir a este agujero de gusano es que sus bocanas sean, ¡agárrense!, transportables. Aprovechando esa portabilidad de bocanas, construiremos un agujero de gusano para viajar al pasado según estas instrucciones:

Construir un agujero de gusano en seis pasos

1. Construir, usando energía negativa o lo que se tenga más a mano, un agujero de gusano de las dimensiones adecuadas. El agujero podrá ser poco profundo, pero deberá ser lo suficientemente profundo para que las bocanas sean distinguibles y separables
2. Meter, no se sabe de qué manera, la bocana de salida en una nave espacial
3. Viajar por el universo con esa nave espacial, violando toda la física conocida y por conocer, a velocidad relativista, o sea, cercana a la de la luz
4. Durante el viaje, la bocana del agujero que ha quedado en la Tierra habrá sufrido un paso del tiempo de,

digamos 10 años, mientras que la de la nave, por el factor de Lorentz, solo ha sufrido un tiempo propio de 1 año.

5. Volver a la Tierra, sacar la bocana de salida de a bordo de la nave y situarla con mucho cuidado junto a la de entrada que se quedó aquí.

6. Ahora se dispone de una estructura tubular espacio-temporal deformada. Si todo ha ido bien, al acceder por la bocana de entrada se debería aparecer por la de salida unos 9 años antes de entrar, más o menos. Si esto no ocurre, inténtelo otra vez.

Los agujeros de gusano pueden conectar dos ubicaciones espacio-temporales (o eventos), por muy separadas que se encuentren. El problema es que hace falta energía negativa para mantenerlos abiertos y esta forma de energía no parece estar disponible en nuestro plano; al menos no en las cantidades necesarias.

La forma más común en la que estas estructuras tipo *agujero de gusano* aparecen descritas o sugeridas en las películas de ciencia ficción es el portal espacio-temporal. La serie de televisión *Stargate*, con sus correspondientes películas para cine, convierte el uso de estos portales casi en la rutina diaria de trabajo del equipo expedicionario.

En la película del año 1997 *Contact*, basada en una novela de Carl Sagan*, se construye un gigantesco artefacto: un portal dimensional tipo agujero de gusano, o algo parecido, que permite el viaje de la valiente exploradora a un planeta que orbita alrededor de la estrella Vega, a unos ocho años luz de nosotros. Su estancia allí dura casi un día, en tiempo propio, pero en  el tiempo terrestre solo pasa un imperceptible instante que hace que todos los testigos tengan la sensación de tongo y tomen a la viajera por una cuentista. Afortunadamente, la cinta de a bordo graba 18 horas de ruido estático.

Curvas temporales cerradas globales

Pese a que para hacer nuestra ingeniería de agujeros de gusano hemos retorcido la relatividad hasta sus límites, hay que decir que el tipo de estructuras al que nos hemos referido como curvas temporales cerradas, o CTC, tiene la legitimidad que les aporta su validez teórica en el marco relativista, son bucles temporales[188] a los que no se puede descartar así como así, de buenas a  primeras, pues constituyen soluciones matemáticas válidas para las ecuaciones de Einstein. Antes de los trabajos del citado Kip Thorne, fue el matemático Kurt Gödel*, el que descubrió que las ecuaciones de Einstein admitían soluciones con dos características muy peculiares. Primero, se podía interpretar que describían un universo en rotación, lo cual podía no estar mal, pues el viejo debate newtoniano sobre por qué la gravedad no

---

[188] Recordemos también que en el capítulo Física 2T veíamos que este tipo de curvas son conocidas en el argot como "fantasmas".

había hecho colapsar toda la materia hacía el centro de masas del universo, se había reavivado después de que Einstein postulara un universo estático[189]. Esa rotación, de existir, podría haber sido la responsable de que el universo infinito de Newton no colapsara. Segundo, las soluciones de Gödel contenían bucles temporales, o curvas temporales cerradas, en cada punto del universo, solo que su tamaño era también el del universo, es decir, toda la historia del cosmos, de principio a fin, está metida en una CTC, y arranca otra vez después de terminar sin solución de continuidad. Esto es, más o menos, equivalente a la hipótesis de la cosmología cíclica conforme de Penrose, o a la del bucle temporal global de los físicos Gott y Li-Xin Li. Einstein no sentía ningún entusiasmo por estas teóricas CTC. Las que eran tan largas como la historia del universo solo eran un problema desde el punto de vista cosmológico, pero las que potencialmente pudieran ser más pequeñas, solo traían quebraderos de cabeza para la teoría de la relatividad, ya que podían poner en entredicho al inamovible principio de causalidad. Sobre estas CTC más cortas que la historia del universo, Hawking dice:

> *El viaje en el tiempo sería posible en una región del espacio-tiempo en la que haya bucles temporales, caminos que corresponden a movimientos con velocidad menor que la de la luz, pero que sin embargo, debido a la deformación del espacio-tiempo, logran regresar al tiempo del que partieron.*

Por tanto, de acuerdo a Hawking, aunque se acepte la remota posibilidad de que algún día alguien sea capaz de generar y controlar la energía negativa suficiente para construir o dar forma a uno de estos bucles temporales, hay una triste realidad subyacente a las excursiones al pasado que se pudieran realizar de esa manera: existiría un límite inferior al momento

---

[189] Gödel mismo buscó, y otros astrónomos han buscado desde entonces, pruebas de una posible rotación del universo, pero hasta ahora no se ha encontrado nada.

pasado al que se podría retroceder, que sería el de la partida del viaje, o sea el de la construcción de ese bucle temporal, o lo que es lo mismo, de esa máquina del tiempo.

El presente, visto como coordenada temporal del evento en el que se situaría la construcción del bucle temporal, sería algo así como un muro tras el que no hay manera de penetrar. Cuando ese momento llegue, si es que ese futuro nos alcanza algún día, el viajero del tiempo tendrá que dejar una baliza como marca espacio-temporal y resignarse a admitir que su flamante máquina nunca podrá viajar a un momento anterior al de su construcción. En fin, que por mucha prisa que nos demos, parece que la verdad sobre el asesinato de JFK va a quedar, definitivamente, oculta en los anales del tiempo.

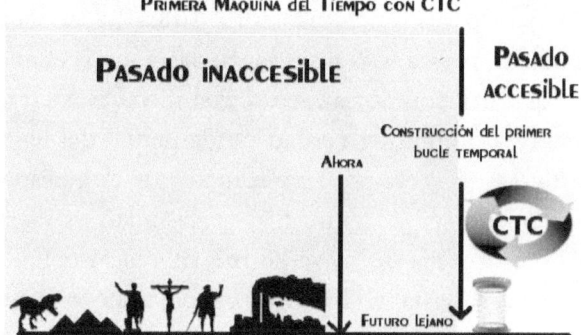

Si en algún momento del futuro lejanísimo se consigue manufacturar una CTC, todo el pasado anterior a esa fecha ya no será accesible al viajero del tiempo. Esto es algo que muy pocos cuentan sobre las potenciales máquinas del tiempo permitidas por la ciencia.

Pero mientras hay luz, hay esperanza, y quizás por eso, este resquicio teórico ha llevado a algunos expertos a afirmar que, aunque sea muy difícil, lo importante es que las leyes de la física, tal y como las conocemos hoy, permiten, o al menos no prohíben los viajes al pasado.

Parece que, al fin y al cabo, la física deja una ventana abierta a la posibilidad científica de los viajes al pasado. Pese a esto, en su libro *Physics of The Impossible*, el físico y autor superventas Michio Kaku*, echa un jarro de agua fría sobre estas ilusiones, al clasificar el viaje en el tiempo como *imposibilidad de clase II*, que él define como:

Tecnologías que están en los límites de nuestra comprensión. Si son posibles en absoluto, llegarán en miles o millones de años en el futuro.

En fin, querido lector, el viaje en el tiempo al pasado tiene todas las papeletas para ser algo irrealizable, pues hay que insistir en que lo que ninguna teoría física ha encontrado la forma de violar, pese a esas extravagancias aún no explicadas ni comprendidas del comportamiento cuántico, es lo que una y otra vez se revela como la verdad fundamental del universo: el principio de causa y efecto. La realidad nos demuestra que el pasado no puede ser alterado. Si la causalidad es cierta, cada partícula de este universo traza su origen con una línea causal directa que llega hasta el *Big Bang* y que tiene ramificaciones causales potenciales con todo el resto de partículas del universo. La construcción de una máquina del tiempo que nos lleve al pasado requeriría reponer toda esa línea para todas las partículas de toda la zona que queramos visitar, que en buena lógica parece que nos llevaría a tener que recrear todo el cosmos. Pero no debemos desilusionarnos porque siempre nos quedarán los viajes al futuro, campo en el que sí podemos cambiar las cosas, empezando desde el momento presente, sin determinismos, pero sabiendo que, al menos en apariencia, podemos valernos de la otra gran verdad subyacente en la dimensión del tiempo humano: el libre albedrío.

Viajar al pasado superando a la luz

Un lugar común entre los escépticos de la teoría de la relatividad es que el principio de la constancia e *insuperabilidad* de la velocidad de la luz es falso; algo destinado a que nunca nos lo planteemos, porque si lo hiciéramos descubriríamos que se puede superar ese límite, y que al superarlo se viaja al pasado. ¿Qué hay de verdad en esto?

Imaginemos que solo durante el tiempo que dura este experimento mental, la velocidad de la luz se rebaja a un valor muy modesto, por ejemplo *10m/s*. Tú estás situado en un punto de espera con un cronómetro y desde una distancia de *100m* un vehículo capaz de alcanzar los *100m/s* va a acercarse, pasar justo a tu lado, casi rozándote, y va a continuar su trayectoria durante otros *100m* más. ¿Qué es lo que verás desde tu posición estática?

El vehículo arranca y recorre los *100m* que lo separan de ti justo en 1 segundo, mucho más rápido que su imagen, por lo que al cabo de un segundo lo verás aparecer de la nada junto a ti, como si se hubiera materializado desde otra dimensión. Un segundo más tarde alcanzarán tus pupilas los rayos de luz provenientes de la posición que ocupaba el vehículo cuando le faltaban *10m* para alcanzarte, pero también le llegarán los que vienen de la posición que ocupa cuando te ha rebasado una distancia de 10*m*. Al cabo de dos segundos te llegará la imagen del vehículo cuando le faltaban *20m* para alcanzarte, pero también le llegarán las imágenes de la posición que ocupa cuando te ha rebasado en una distancia de *20m*. Si continuamos este razonamiento segundo a segundo, veremos que al cabo de diez segundos de la aparición del vehículo de la nada justo a tu lado, verás como te llega la imagen de la posición que ocupaba el vehículo cuando empezó el experimento y como se queda ahí parado, pero también te llegará la imagen de la posición que ocupa cuando te ha rebasado en una distancia de *100m* y verás como se queda parado ahí, porque le hemos dicho que se pare al final del experimento.

Parece sorprendente, pero teóricamente es así. Lo que veremos serán dos vehículos recorriendo trayectorias totalmente opuestas: una parecerá dirigirse hacia atrás en el tiempo, y la otra hacia adelante. Si además tenemos en cuenta el efecto doppler lumínico, resultará que la imagen que nos llega desde la fuente que se aleja de nosotros llegará desplazada al rojo, mientras que la que nos llega, aunque sea con retardo, de la fuente que se estaba acercando a nosotros la recibiremos desplazada al azul. El efecto completo será el de la aparición de la doble imagen de ambas ráfagas desde una *onda de choque* que corresponde al fenómeno denominado radiación de Cherenkov.

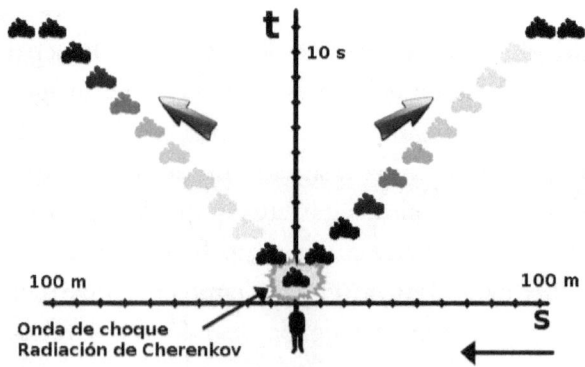

Movimiento súper lumínico: lo que ve el observador estático lo deja perplejo: el coche ya apareció a su lado de la nada, pero ahora contempla su trayectoria hacia el futuro, alejándose de él con desplazamiento al rojo, y también lo ve moverse hacia el pasado, alejándose "marcha atrás", con desplazamiento al azul y aparentando estar en ubicaciones por las que ya pasó hace mucho tiempo.

Simetría temporal y soluciones atrasadas

En las teorías atómicas se trabaja con la hipótesis de unas partículas llamadas *taquiones*, cuyo comportamiento sería súper lumínico[190] y exhibiría, entre otras, todas estas particularidades. Está claro, entonces, que el observador estático tiene una impresión sumamente extraña del fenómeno, una aparición de la nada que se desdobla en dos haces divergentes que muestran movimientos temporales contrapuestos y que terminan divergiendo en el origen y el final del movimiento. Este ejemplo, *mutatis mutandi*, o sea, tomando los valores apropiados para la velocidad de la luz y de los objetos, podría convertirse en el de un observador estático que contempla toda la historia del universo respecto a su punto de estacionamiento, como una serie de dos experiencias divergentes que se materializan instantáneamente en su ubicación y se despliegan como estelas contra-temporales hasta que alcanzan respectivamente su propio principio y su propio fin. En este marco de cosas, el problema de la realidad parece, como en el caso de la simetría temporal de Wheeler-Feynman para las ondas electromagnéticas, tener, en teoría, una solución adelantada y otra atrasada, ambas totalmente válidas. Pero cuando la velocidad de la luz supera con creces a la velocidad del movimiento de los objetos, como ocurre en nuestro universo, la realidad se muestra tal y como la vemos y la solución atrasada, bien desaparece, o bien es imperceptible.

Pero ¿Qué ocurre con el ocupante del vehículo súper lumínico? ¿Qué es lo que aprecia él en este experimento? ¿Viaja al pasado o no? Si se prepara el experimento de forma que todo se coloque en sus posiciones en el instante inicial, y que no haya nada más a la vista, el ocupante del vehículo pasará junto al

---

[190] Sobre las partículas hipotéticas que superarían la velocidad de la luz y tendrían masa imaginaria: los taquiones.

https://es.wikipedia.org/wiki/Taquion

observador estático tras 1 segundo y entonces lo verá también aparecer de la nada en un destello, y desaparecer a renglón seguido, pues se está alejando de él más rápido que la velocidad de la luz. El ocupante del vehículo ya no verá nada de lo que va dejando atrás, cuya luz no lo puede alcanzar, mientras que lo que va encontrando delante se le materializa delante de sus ojos y se desvanece *ipso facto*. Eso es lo que ve un viajero que ha superado la velocidad de la luz: un mundo lineal que aparece concentrado en la parte frontal del foco de su vista, sin dimensiones, y que se desvanece inmediatamente para dejar paso a lo que está delante en la dirección del movimiento. Si intenta desviar la mirada hacia los lados, no verá nada, puesto que la luz que reflejen o emitan esos objetos llegará a su posición cuando el vehículo ya esté muy lejos. Se puede decir que para el vehículo, solo existe lo que ya estaba en la dimensión de su avance y sólo en una forma de existencia instantánea, sin tiempo: aparece fugazmente y desaparece para siempre irremisiblemente. Nada de lo que haga el mundo de los observadores estáticos podrá afectarlo, salvo que un objeto o quizás un observador, esté colocado de antemano en medio de su trayectoria, bloqueándola, caso en el que chocará con él. Aproximadamente así es como debemos aparecer nosotros a los rayos de luz.

El análisis de lo que ve el ocupante del vehículo, puede volverse más interesante si pensamos que ha comenzado su trayectoria mucho antes y a velocidad menor que la de la luz. Cuando el vehículo está parado, el conductor es un observador estático. Si arranca y empieza a moverse a una velocidad de 1m/s, la luz de los objetos que antes estaban situados a una distancia de 10m, que él recibía sin problemas cuando estaba estático, esa luz ya no lo puede alcanzar, pues cuando le llegue, él se ha desplazado 1m. Ahora solo podrá percibir la luz de los objetos que se encuentren a la distancia d que nos muestra el siguiente gráfico:

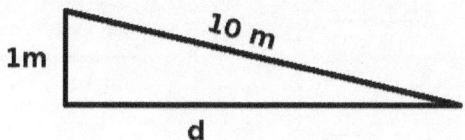

Aplicando el teorema de Pitágoras, es evidente que:

$$d=\sqrt{10^2-1^2}=\sqrt{99}=9{,}95\,m$$

Este será ahora el radio de su esfera de existencia visible y por tanto, de su esfera de causalidad, puesto que estamos suponiendo que nada, salvo él mismo, puede superar a la velocidad de la luz. Nada de lo que ocurra fuera de estos límites le podrá afectar, es decir, podrá estar en relación causal con él. No nos cuesta mucho seguir el razonamiento con saltos consecutivos de velocidad para ver como, conforme el vehículo gana rapidez, el tamaño de su esfera de causalidad se va reduciendo. Al mismo tiempo, si suponemos que llevamos a bordo un reloj de luz y espejos y aplicamos la teoría de la relatividad especial, podremos calcular el transcurso a bordo, tomando como referencia el transcurso del estado estático, al que consideraremos el estándar del nido de águilas, es decir un segundo por segundo. La fórmula será la del factor de curvatura γ , que ya tantas veces hemos usado.

$$\gamma=\frac{1}{\sqrt{1-\frac{v^2}{c^2}}}$$

Teniendo en cuenta que ahora *c=10m/s*. Podemos tabular los resultados y nos quedaría algo así:

La historia oculta del tiempo

Velocidad m/s	Radio de la esfera causal	Transcurso a bordo
0	$\sqrt{(10^2-0^2)}=10{,}00$	$\dfrac{1}{\sqrt{1-0^2/10^2}}=1{,}000$
1	$\sqrt{(10^2-1^2)}=9{,}95$	$\dfrac{1}{\sqrt{1-1^2/10^2}}=1{,}005$
2	$\sqrt{(10^2-2^2)}=9{,}78$	$\dfrac{1}{\sqrt{1-2^2/10^2}}=1{,}020$
3	$\sqrt{(10^2-3^2)}=9{,}54$	$\dfrac{1}{\sqrt{1-3^2/10^2}}=1{,}048$
4	$\sqrt{(10^2-4^2)}=9{,}16$	$\dfrac{1}{\sqrt{1-4^2/10^2}}=1{,}091$
5	$\sqrt{(10^2-5^2)}=8{,}66$	$\dfrac{1}{\sqrt{1-5^2/10^2}}=1{,}155$
6	$\sqrt{(10^2-6^2)}=8{,}00$	$\dfrac{1}{\sqrt{1-6^2/10^2}}=1{,}250$
7	$\sqrt{(10^2-7^2)}=7{,}14$	$\dfrac{1}{\sqrt{1-7^2/10^2}}=1{,}400$
8	$\sqrt{(10^2-8^2)}=6{,}0$	$\dfrac{1}{\sqrt{1-8^2/10^2}}=1{,}667$
9	$\sqrt{(10^2-9^2)}=4{,}35$	$\dfrac{1}{\sqrt{1-9^2/10^2}}=2{,}294$
10	$\sqrt{(10^2-10^2)}=0{,}00$	$\dfrac{1}{\sqrt{1-10^2/10^2}}=\infty$

Velocidad m/s	Radio de la esfera causal	Transcurso a bordo
11	$\sqrt{(10^2-11^2)}=4{,}58\,i$	$\dfrac{1}{\sqrt{1-11^2/10^2}}=0{,}458\,i$

En definitiva: el conductor del vehículo verá como el tamaño de su universo observable y causal se contrae al aumentar de velocidad, hasta que cuando iguala a la de la luz, se hace virtualmente cero. A partir de ahí, si la velocidad sigue creciendo, el cálculo del radio de la esfera de causalidad no tiene solución real, aunque si la tiene dentro del conjunto de los números complejos y, como se puede ver para el caso de velocidad igual a 11m/s, se trata de números que tienen solo parte imaginaria: *4,58i*. Lo mismo pasa con el *transcurso propio*. Vemos como el aumento de velocidad va provocando la reducción progresiva del *transcurso* temporal dentro del vehículo respecto a un observador exterior, hasta que al alcanzar la velocidad de la luz, el transcurso se hace cero, es decir, el tiempo deja de correr. Si se supera la velocidad de la luz, el cálculo del transcurso deja de ofrecer soluciones reales pero, al igual que ocurre con el radio de la esfera de causalidad, tiene soluciones complejas compuestas solo de parte imaginaria. ¿Se puede dar alguna interpretación sensata a la existencia de estas soluciones imaginarias?

Los números complejos están dotados de parte real y parte imaginaria. Su utilidad en el estudio de materias como el electromagnetismo es grandísima, pues permite representar muy bien las magnitudes y los desfases de las diferentes ondas. También en mecánica cuántica tienen amplio uso. En el aspecto temporal de nuestro ejemplo, suponiendo que lo representamos en un plano complejo, el paso desde un resultado real puro a un resultado complejo puro, es decir, que solo tiene parte imaginaria, se interpretaría geométricamente como un cambio de fase completo en la orientación temporal, un giro de 90 grados. Si bien eso parece imposible en un ente unidimensional, es decir, lineal.

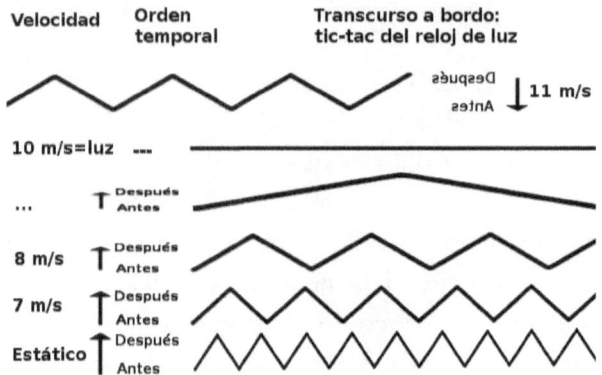

El transcurso dentro del vehículo que se aproxima a la velocidad de la luz se va reduciendo hasta que se hace cero y el tiempo se para. Si aumentamos aún más la velocidad, el reloj de luz registrará el tac antes que el tic y el tiempo habrá cambiado de orientación o de fase.

El tiempo reaparece más allá de la velocidad de la luz, pero lo hace montado sobre el eje complejo o imaginario. Se trata de un tiempo que ha cambiado totalmente de fase, pero como el tiempo es unidimensional y anisótropo, el desfase dado por el número imaginario no se traduce en una perpendicularidad, sino en un cambio completo de orientación del transcurso, o mejor dicho, del orden normal de las relaciones antes-después. Efectivamente, el tiempo en el vehículo discurriría hacia el pasado, pero no en términos absolutos, ni en tiempo propio del ocupante del vehículo, sino respecto a un observador estático exterior, que vería como los rayos llegan al espejo receptor antes de salir del emisor. Desde fuera percibiríamos su historia vital como una carpeta archivadora ordenada por fechas desde lo más moderno hasta lo más antiguo. Percibiríamos primero lo más reciente que él le ha pasado, o sea, percibiríamos antes las cosas que a él le han pasado después.

Por otro lado, la existencia de soluciones imaginarias para el radio de la esfera de casualidad sigue teniendo sentido; esa sería la zona desde la cual podríamos interactuar de forma causal con el vehículo desde el mundo exterior, pero deberíamos hacerlo con la antelación que nos marca la magnitud del cambio de fase temporal. Por tanto, el radio imaginario nos informa de que para ejercer alguna influencia causal sobre ese vehículo, por ejemplo, enviarle una señal luminosa que lo alcance, no basta con estar dentro del valor dado ese radio, como pasaría en el caso de las soluciones reales, sino que además tenemos que estar allí y haber emitido esa señal con la antelación que nos marca el valor imaginario del desfase temporal.

La historia oculta del tiempo

Epílogo:

Y así, querido lector, hemos llegado al final de nuestro viaje por la historia oculta del tiempo. Te imagino ahora casi tan perplejo como yo, preguntándote si conoces al tiempo un poco mejor o si por el contrario te has hecho más consciente de tu desconocimiento.

La filosofía siempre tiene la dificultad de que sus propuestas no se pueden ensayar en laboratorio. Pero al menos, habrás entendido que, gracias a las contribuciones de la física, la dicotomía histórica que los filósofos han mantenido sobre las dos grandes concepciones temporales se resuelve, por el momento, a favor del tiempo relativo de Parménides, Aristóteles, Leibniz y Einstein. La teoría de la relatividad postula que el tiempo es la cuarta dimensión de un continuo llamado espacio-tiempo, que forma la base de la realidad. En esa cuarta dimensión se pueden establecer relaciones antes-después entre eventos, igual que en las dimensiones espaciales se establecen relaciones encima-debajo, izquierda-derecha o delante-detrás entre objetos, pero no hay un flujo continuo del tiempo desde el pasado hacia el futuro. La relatividad postula que no existe un tic-tac universal sino que espacio y tiempo son realidades locales y deformables en función de la masa-energía presente en la zona. Esta deformación puede llegar al desplome en el caso de ciertas estructuras que parecen haberse observado de forma indirecta, a las que se llama agujeros negros.

Pero este tiempo relativista, esta dimensión temporal tan sospechosamente espacializada, conserva sin embargo un matiz que la hace peculiar. Ese matiz es la anisotropía, que da lugar a lo que conocemos coloquialmente como la flecha del tiempo, y que hace que, para todo evento, las causas siempre precedan a los efectos. La relatividad, en fin, nos dice que vivimos en un universo-bloque con realismo local fuerte, donde parece ser que todo está ahí, y que es solo la combinación de la antes mencionada anisotropía de la dimensión temporal, con los límites de nuestra percepción, muy condicionada por aspectos evolutivos, lo que hace que tengamos la impresión del flujo del tiempo al experimentar la realidad. Si las dimensiones espaciales están ahí siempre por entero, aunque la perspectiva no nos deje verlo todo a la vez, la dimensión temporal también es algo que está ahí por entero y *siempre*, aunque la anisotropía nos haga percibirlo como algo que fluye. La realidad no es un E^3 que evoluciona a lo largo del T^1, sino un ET^{3+1} que "es" causalmente. El espacio-tiempo es un continuo que forma una totalidad causal y sus puntos son eventos que solo pueden ser reales si corresponden a relaciones geométricas válidas en ese ET^{3+1}, es decir, relaciones que obedecen al principio de causa y efecto. En definitiva, parece que el flujo del tiempo en nuestro universo no es real, pero la causalidad lo es con total certeza.

La perspectiva temporal que nos aporta la religión puede ser, sin duda, una fuente de consuelo para muchos. Pero su aceptación requiere un ejercicio de abandono del sano escepticismo científico. Solo así se puede dar por bueno el supuesto origen divino de unos textos sagrados en los que el Creador ya puso de forma cifrada todos los eventos, o al menos los más importantes, que se van a producir en el universo. Para muchos creyentes de fe sincera, los descubrimientos científicos no contradicen a las Sagradas Escrituras, sino que confirman su fiabilidad como texto predictivo. Lo cierto es que tanto el universo-bloque relativista, como la existencia de leyes matemáticas que regulan todos los fenómenos físicos, no tienen mal encaje en la hipótesis de un mundo creado para el hombre, de un universo robustamente antrópico en el que todo lo que va a pasar está ahí siempre, y por eso Dios, que contempla al tiempo desde la eternidad, ya lo sabe, razón por la cual lo pudo dejar por escrito hace milenios. El problema es que el libre albedrío sale muy mal parado, y que la verdad, si existe, debería ser única, no diferente para cada religión. Y dado el variopinto panorama de planes divinos y las enormes divergencias entre los criterios de salvación de los diferentes credos mayoritarios, solo cabe concluir que, al igual que el tiempo, la verdad religiosa es, para el que lo mira desde un punto de vista neutro, relativa.

Y sin embargo, yo creo que la última página del libro del tiempo todavía no ha sido escrita. Mecánica cuántica, relatividad y cosmología son las tres teorías reinas de la física actual, pero son reinas de dominios aislados e independientes. La mecánica cuántica es precisa hasta el nivel del átomo, pero aunque usa el tiempo absoluto de Newton, admite fenómenos como el entrelazamiento, o la pérdida de identidad. En ambos casos se viene abajo el concepto clásico y relativista del realismo local y cada partícula de un sistema deja de ser una entidad determinada y de estar en un sitio concreto, para pasar, por explicarlo forma inexacta, por ignorancia, a ser todas y estar en todas partes y en todos los instantes a la vez. La relatividad también parece intocable en su reino, si bien surge una duda que no ha sido adecuadamente contestada: si realmente no hay flujo del tiempo, ¿cómo puede haber procesos dinámicos en los que las masas cambian la cantidad y la dirección de su movimiento?

La compatibilidad entre relatividad y cosmología es, en apariencia, algo mayor, pero el encaje de un proceso esencialmente dinámico en el que el universo se está agrandando aceleradamente, como es la expansión cósmica que describe la ley de Hubble, en una entidad como el universo-bloque es complicado. La cosmología, por su parte, ha ido ganando importancia hasta convertirse en una de las ramas más importantes de la física. Pero lo ha hecho construyéndose como un agregado de subteorías aisladas, de reinos de taifas sin conexiones comunes: Big Bang, inflación cósmica, expansión acelerada, agujeros negros, materia oscura y energía oscura: todo son artefactos propuestos como explicaciones ad hoc para los problemas que han ido surgiendo al ir avanzando.

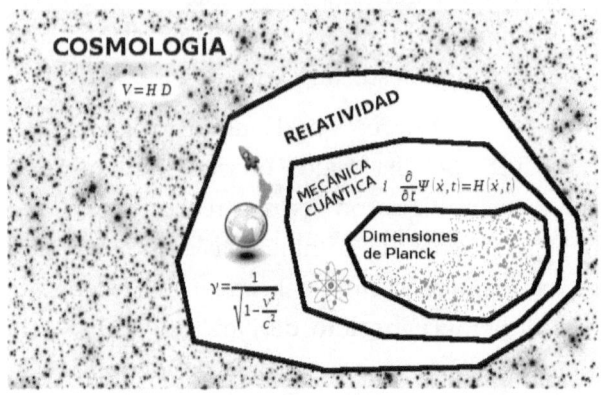

Mecánica cuántica, relatividad y cosmología parecen describir el mundo con precisión a sus respectivas escalas, pero son teorías independientes en cuyas fronteras se dan incompatibilidades demasiado graves. ¿Conseguirá la física derribar estas fronteras a través de una teoría del todo?

A la luz de las analogías que nos permite establecer el vertiginoso desarrollo de la informática, es muy posible que el papel de las matemáticas, que hasta ahora se han venido considerando como mera herramienta auxiliar desarrollada por el hombre para el estudio del mundo natural, deba empezar a contemplarse desde una perspectiva nueva y mucho más relevante en el análisis de la base de la realidad. No en vano, el rasgo fundamental de las dos ramas de la física que parecen tener más recorrido potencial: la mecánica cuántica y la teoría de cuerdas, es el nivel de complejidad y abstracción de sus matemáticas.

La mecánica cuántica tiene ya muchos éxitos experimentales en su haber y promete seguir sorprendiéndonos en los años venideros con desarrollos como la criptografía y la computación cuánticas, que cambiarán para siempre nuestros conceptos sobre seguridad digital, potencia de cálculo y procesado de datos. La teoría de súper cuerdas es aún solo una hipótesis sin contrastar con evidencias experimentales, pero postula un universo espacio-temporal con diez dimensiones. Los teóricos de cuerdas afirman que algunas de esas dimensiones no se han detectado por que pueden estar "enrolladas" en tamaños menores que el hodón, pero en el estado actual de cosas, ninguna suposición podría tacharse de descabellada. ¿Quién se atrevería a asegurar que una o varias de esas dimensiones extra no son tan cabales como las nuestras, ya sea de tipo espacio, o como dice Itzahk Bars, de tipo tiempo, que quizás moran en los insondables vacíos ínter atómicos?

Todo esto apunta, en mi opinión, a que todavía queda mucho camino por recorrer en nuestro esfuerzo por desentrañar el misterio del tiempo.

La historia oculta del tiempo

Adivinanza

This thing all things devours:
Birds, beasts, trees, flowers;
Molds iron, bites steel;
Grinds hard stones to meal;
Slays king, ruins town,
And beats the highest mountain down
****

Esta es la cosa que a todas devora:
Tierra, fauna y flora.
Al acero muerde, al hierro funde;
A las duras rocas desmigaja y hunde.
Reinos socava, imperios arrasa;
Y derriba montañas cuando pasa.
(The Hobbit. J.R.R. Tolkien) Traducción libre
Ilustración: OpenClipArt: j4p4n4. Old Father Time

La historia oculta del tiempo

La historia oculta del tiempo

Índice completo de contenidos

La historia oculta del tiempo

Índice completo de contenidos

PREFACIO...1
    El autor:...9
ACLARACIONES SOBRE LA NOTACIÓN...................11
ÉPOCA 1: FILOSOFÍA, TEOLOGÍA Y TIEMPO..........13
    LOS MITOS DEL TIEMPO...15
        Egipto: neheh y djet...*17*
        Grecia: Cronos, Eón y Kairós...........................*20*
        Roma: Jano, dios de las puertas y los cambios.............*24*
    FILOSOFÍA Y TIEMPO..27
        Los presocráticos y la naturaleza del tiempo..................*27*
            Todo cambia, nada permanece, nada sale de la nada..........27
            Aquiles, la tortuga y la divisibilidad del tiempo.....................29
            Aritmética, no física...31
        El tiempo para Platón y Aristóteles.............................*33*
            Platón: El tiempo tuvo un principio........................33
            Dios ordena el tiempo mediante ciclos..................34
            El tiempo es una parodia de la eternidad..............35
            ¿Tendrá el tiempo un final?................................35
            Aristóteles: ni principio ni fin para el tiempo.........35
            La medida del movimiento.................................39
        Reduccionismo y sustantivismo temporal.....................*41*
            Sustantivismo temporal.....................................41
            Reduccionismo temporal...................................42
            ¿Hay un principio del tiempo?.............................43
            Estructura lineal del tiempo................................44
            Aristóteles contra Platón....................................45
        Epicúreos, estoicos y el tiempo como accidente............*45*
            Atomismo, epicureísmo y tiempo.........................45
            El universo es infinito y eterno, el mundo actual no............48
            El tiempo para los estoicos................................48
        San Agustín, el tiempo y las huellas del alma................*51*
            No hubo un tiempo en el que no había tiempo...................51
            Adiós al presente..52
            Hipótesis del flujo del tiempo..............................53
            El tiempo deja huellas en el alma........................55
            Agustín y el presente sospechoso.......................56
        Joaquín de Fiore y los ciclos cósmicos........................*57*
        Tomás de Aquino y el tiempo divino...........................*61*

La historia oculta del tiempo
- La experiencia del tiempo para Dios.......................61
- Dios es eternidad..62
- ¿Es la eternidad un agregado de los tiempos?......64
- ¿Es la temporalidad aplicable a Dios?...................67

El tiempo cartesiano...*69*
La controversia Newton-Leibniz....................................*72*
Las antinomias espacio temporales de Kant.................*75*
Concepciones espacio-temporales de Hegel.................*79*
- El espacio para Hegel..79
- El tiempo para Hegel: negativo, continuo y eterno...........81
- Sobre la eternidad ideal..82
- Las dimensiones del tiempo..................................82
- ¿Fragmentos del espacio-tiempo?.........................84

McTaggart contra la realidad del tiempo.......................*84*
- Las teorías mctaggartistas sobre el tiempo...........88
  - Teoría B: tiempo relativo o eternalismo..........88
  - Teoría A: tiempo absoluto o presentismo........89
- En contra del flujo del tiempo...............................90
- Presentismo y eternalismo: las guerras del tiempo.........91
  - Presentismo..91
  - Eternalismo...92
  - Interpretación estática del tiempo.................93
- La perspectiva temporal del eternalismo..............95
- Presentismo, experiencia y sensatez....................97
- Fatalismo temporal o inevitabilidad del futuro.....98
- Futuro abierto y lógica temporal...........................99

Henri Bergson y el tiempo espacializado.....................*103*
Heidegger: Ser y tiempo..*106*
- La existencia inauténtica está fuera del tiempo..109

Concepción vulgar del tiempo.....................................*112*

ÉPOCA 2: CALENDARIO, FÍSICA Y TIEMPO...........................**115**

Cronologías: medición y referencias del tiempo................117
Relojes y calendarios..*118*
- Derivas de reloj y ajustes astronómicos..............120
- La pequeña cuenta: el día, el mes, el año...........122
  - El segundo intercalar..................................124
- La gran cuenta: principio y fin de los tiempos....125
- Ciclos galácticos..130
- Días de descanso..131

Datación geológica...*133*
- El tiempo profundo..134

Datación radiométrica..*136*
Datación cosmológica...*141*
La memoria de los árboles..*143*

La historia oculta del tiempo

FÍSICA NEWTONIANA Y TIEMPO..147
   Marco de referencia absoluto...147
   Segunda ley de Newton..149
RELATIVIDAD Y TIEMPO..153
   Relatividad especial...155
   Transformación de Lorentz..158
   Ralentización del transcurso temporal para los objetos en movimiento..163
   Contracción espacial de los objetos en movimiento.......166
      Factor de curvatura espacio-temporal................................169
      La paradoja de los gemelos...171
   Relatividad de la simultaneidad......................................172
   Conservación de la energía en física relativista.............175
      Distancia clásica e intervalo espacio-temporal...................177
      Cantidad de movimiento relativista....................................179
      Relación masa energía...186
   Relatividad general..187
      Idea 1: principio de Equivalencia.......................................187
      Idea 2: la luz se curva en presencia de gravedad................189
      El espacio-tiempo es curvo..192
   Escepticismo anti-relativista...195
   Decepción relativista..199
   El universo-bloque...200
   Agujeros negros: el fin del tiempo..................................201
   Geometría de los conos de luz.......................................206
      Un problema completo de relatividad................................212
   Un asunto de masas, no de velocidades........................217
COSMOLOGÍA: LAS EDADES DEL UNIVERSO...................................219
   Universo en expansión: la ley de Hubble.......................219
      Deducción matemática de la ley de Hubble........................222
      Consecuencias de la ley de Hubble....................................224
      Espacios de más de una dimensión....................................225
         Ejercicio de aplicación de la ley de Hubble.................227
      Geometría y métrica del espacio-tiempo...........................229
      Espacio-tiempo y tiempo propio..230
      Métrica del espacio-tiempo..231
      Universo cerrado y limitado..232
      Universo limitado: problemas en los bordes......................233
      El principio cosmológico..234
      Métrica de un universo cerrado e ilimitado........................234
      Universo en expansión, cerrado e ilimitado.......................238
      Curvatura del espacio-tiempo..240
   Ecuaciones FRW...243
      Cosmología newtoniana...243

La historia oculta del tiempo

- El teorema de Birkhoff..248
- *Universo dominado por la materia*................................*254*
- *Universo dominado por la radiación*..............................*258*
  - Fotones y energía de radiación...................................258
- *Superficie de la última dispersión*.................................*263*
- *Tamaño del universo observable*..................................*266*
- *Universo sin origen temporal: paradoja de Olbers*........*272*
- *Componentes desconocidos del universo*......................*274*
  - Materia oscura...275
  - Energía oscura...279
- *Destino cosmológico del universo*.................................*282*
- *Sin masa no hay tiempo*..*283*
- TERMODINÁMICA Y TIEMPO...285
  - *Entropía y flecha del tiempo*.....................................*286*
  - *Destino termodinámico del universo*........................*290*
  - *Las cinco eras del universo*.......................................*291*
- MECÁNICA CUÁNTICA Y TIEMPO...293
  - *La energía se transmite por paquetes*......................*295*
  - *Ecuación de Schrödinger*..*296*
  - *Ecuación Wheeler-DeWitt: el problema del tiempo*....*297*
  - *El principio de incertidumbre: ¿el presente oculto?*...*299*
  - *Experimento de la doble rendija: ¿bilocación?*..........*301*
  - *Entrelazamiento cuántico: ¿acción fuera del tiempo?*...*302*
  - *Números de Planck: ¿tiempo continuo o discreto?*....*305*
  - *Contradicciones temporales*.....................................*308*
  - *La crisis de identidad cuántica*.................................*308*
  - *Eternidad y ubicuidad relativas*................................*309*

ÉPOCA 3: FANTASÍA, PSICOLOGÍA Y TIEMPO.......................311

- TEORÍAS ESPECULATIVAS SOBRE EL TIEMPO....................313
  - *Lo poco que sabemos del tiempo*............................*313*
  - *¿Por qué c es un valor constante y finito?*...............*319*
    - La ilusión del reposo: movimientos peculiares..........322
  - *Punto de fuga temporal*..*324*
  - *Los vórtices del tiempo*..*324*
  - *Cosmología cíclica conforme*...................................*327*
    - El universo como bucle temporal cerrado...............333
    - Señales del eón previo...333
  - *La luz cansada de Fritz Zwicky*.................................*334*
  - *La simetría temporal de Wheeler-Feynmann*............*337*
  - *Varias dimensiones temporales*................................*338*
    - Física 2T..340
    - Dimensiones extra de tipo tiempo puro..................344

Dimensiones pseudo temporales... 347
Presente amplio y pretérito evanescente............................ 348
Tres dimensiones temporales.. 349
El tiempo como propiedad emergente............................**353**
El argumento de Julian Barbour contra el tiempo............... 356
Los problemas del argumento de Barbour.......................... 361
Discontinuidad y finitud del tiempo..................................**363**
Mecanismos del tiempo... 367
Espuma cuántica y pre-realidad..**368**
El mundo como estructura matemática pura.................**370**
Dios y el símil del programador... 375
El tiempo de la realidad virtual... 382
Mundo Matrix: realidad digital.. 387
PERCEPCIÓN DEL TIEMPO Y FLECHA PSICOLÓGICA.......................**389**
Transcurso del tiempo..**392**
William James y la percepción temporal..........................**392**
Percepción y experiencia para James.................................... 394
Simultaneidad y sucesión temporales.................................... 394
Edad y percepción temporal.. 395
Ventanas de sincronización cerebral................................**396**
Violación ilusoria del principio de causalidad..................**401**
Patologías del tiempo...**404**
Cronobiología: sistema circadiano....................................**406**
Cronostasia y respuesta neuronal.....................................**407**
Dilatación temporal por novedad.. 409
Drogas, enfermedad y percepción temporal....................**410**
Distorsión extrema de la percepción temporal................**414**
La experiencia de Jill Bolte Taylor... 414
Inconsciente, sueños y densidad temporal......................**417**
Percepción cultural del tiempo..**425**
EL VIAJE EN EL TIEMPO..**429**
Retorcer y romper el continuo temporal............................... 430
Causalidad y conjetura de Novikov...................................**432**
Agujeros de gusano..**437**
Ingeniería de agujeros de gusano.....................................**439**
Construir un agujero de gusano en seis pasos..................... 439
Curvas temporales cerradas globales...............................**441**
Viajar al pasado superando a la luz..................................**445**
Simetría temporal y soluciones atrasadas............................ 447

EPÍLOGO:..**455**

La historia oculta del tiempo

Bibliografía

La historia oculta del tiempo

- 1996. Weinberg, Steven. Los tres primeros minutos del universo. Alianza editorial. Madrid.
- Classics in the History of Psychology -- James (1890) Chapter 15. Sobre William James.

  http://psychclassics.yorku.ca/James/Principles/prin15.htm
- Black Holes Do Not Exist, claims Mersini-Houghton. Una explicación alternativa a los agujeros negros.

  http://fqxi.org/community/forum/topic/2268
- 2014. Smolin, Lee. Time Reborn: From the Crisis in Physics to the Future of the Universe. 978-0-544-24559-4. Y dos presentaciones sobre el libro del propio Lee Smolin:

  https://youtu.be/6Hi4VbERDyI

  https://youtu.be/ATxi0_-7HqQ
- Exploring Time: Una web interesante para explorar las diferentes escalas del tiempo.

  http://exploringtime.org/?page=segments
- 2002. Lindberg, David C. Los inicios de la ciencia occidental: La tradición científica europea. 978-84-493-1293-9.
- 2015. PBS Space Time. How Do You Measure the Size of the Universe? | Space Time | PBS Digital Studios. Un video sobre el tamaño real del universo observable.

  https://www.youtube.com/watch?v=QXfhGxZFcVE
- WMAP- Content of the Universe. Materia y energía oscuras, fondo de microondas y muchas cosas más.

  http://map.gsfc.nasa.gov/universe/uni_matter.html

- 2015. Carrol, Sean. Desde la Eternidad hasta hoy. Ed Debate. Y una presentación del autor sobre la flecha del tiempo:

    https://youtu.be/rEr-t17m2Fo

- 2015. Las fechas del creacionismo bíblico en Wikipedia.

    https://es.wikipedia.org/wiki/Creacionismo

- 2012. Levine, Robert. Una geografía del tiempo. Ed. Siglo XXI. Colección Ciencia que ladra. ISBN 978-987-629-258-0

- Teorías estoicas sobre el tiempo. Autor Georgios Patios:

    https://www.academia.edu/2196593/
    The Stoic theory of Time.

- Itzhak Bars. El investigador que trabaja en el desarrollo de la Física 2T, con dos dimensiones temporales.

    http://physics.usc.edu/~bars/

- ANCIENT EGYPT : The Book of the Heavenly Cow. Conceptos temporales en el antiguo Egipto.

    http://www.maat.sofiatopia.org/heavenly_cow.htm

- 2013. Russell, Bertrand. ABC De La Relatividad. 978-84-376-3206-3.

- 2015. Diodorus Cronus. Wikipedia, the free encyclopedia.

    https://en.wikipedia.org/w/index.php?title=Diodorus_Cronus&oldid=673157627

- 2013. Moreva, Ekaterina; Brida, Giorgio; Gramegna, Marco; Giovannetti, Vittorio; Maccone, Lorenzo; Genovese, Marco. Time from quantum entanglement: an experimental illustration 10.1103/PhysRevA.89.052122
    http://arxiv.org/abs/1310.4691

- Subliminal Advertising and Modern Day Brainwashing. Efectos de la publicidad subliminal en el inconsciente.

  http://www.redicecreations.com/specialreports/brainwash.html

- Musser, George.The Complete Idiot's Guide to String Theory (Complete Idiot's Guides (Lifestyle Paperback)) by Musser, George (2008) Paperback

- 2015. Rice, Hugh. Fatalism. The Stanford Encyclopedia of Philosophy. Sobre fatalismo temporal.

  http://plato.stanford.edu/archives/sum2015/entries/fatalism/

- 2011. Einstein, Albert. Mis ideas y opiniones. 978-84-95348-59-3.

- 2015. Cohn, Norman. En pos del milenio. Editorial Pepitas de Calabaza. Logroño. España.

- 2007. Tegmark, Max. The Mathematical Universe. 10.1007/s10701-007-9186. La teoría del mundo como estructura matemática pura.

  http://arxiv.org/abs/0704.0646v2

- 2014. Hawking, Stephen. El Universo En Una Cáscara De Nuez. 978-84-08-13128-1.

- 1999. Goranko, Valentin; Galton, Antony. Temporal Logic.

  http://plato.stanford.edu/entries/logic-temporal/

- Lucrecio. De rerum natura. De la naturaleza - Acantilado Editorial.

  http://www.acantilado.es/catalogo/de-rerum-natura-de-la-naturaleza-619.htm

- 2015. Mosterín, Jesús. El pensamiento arcaico. Historia del pensamiento - 9788420658339 - ATRIL - La Central – Barcelona.

- Web de la profesora Renate Loll, que investiga sobre gravedad cuántica, y una presentación sobre espacio y tiempo en mecánica cuántica:

  http://www.hef.ru.nl/~rloll/Web/title/title.html

  https://youtu.be/rEr-t17m2Fo

- Center for History and New Media   Guía rápida. Calendar Converter.

  http://www.fourmilab.ch/documents/calendar/

- Information, National Center for Biotechnology; Pike, U. S. National Library of Medicine 8600 Rockville; MD, Bethesda; Usa, 20894.Intense and recurrent déjà vu experiences related to amantadine and phenylpropanolamine in a healthy male. - PubMed – NCBI.

  http://www.ncbi.nlm.nih.gov/pubmed/11535020

- 2011. Penrose, Roger. Ciclos del tiempo: Una extraordinaria nueva visión del universo. 978-84-9989-199-6. Y dos geniales (de verdad) presentaciones del propio Penrose sobre los eones del tiempo:

  https://youtu.be/4YYWUIxGdl4

  https://youtu.be/npmDbbGbSoE

- Relativity Demystified by David McMahon, Paul M. Alsing (2005) Paperback

- 2014. Heidegger, Martin. Ser y tiempo. Editorial Trotta. Madrid. Traducción de Jorge Eduardo Rivera C. ISBN: 978-84-9879-047-4.

- Relativity; the special and general theory. La obra de Albert Einstein se puede consultar aquí en original, en inglés:

  http://www.archive.org/stream/cu31924011804774#page/n167/mode/2up

- 2010. Hawking, Stephen. Dios creó los números: Los descubrimientos matemáticos que cambiaron la historia. 978-84-9892-095-6 .
- 2015. Segundo intercalar. Wikipedia, la enciclopedia libre.

  https://es.wikipedia.org/w/index.php?title=Segundo_intercalar&oldid=86114331
- What is time to the brain ? Perception of time delation. YouTube.

  https://www.youtube.com/watch?v=oA8R3WT6HOc
- The Eternal Present and Stump-Kretzmann Eternity.

  http://www.reasonablefaith.org/the-eternal-present-and-stump-kretzmann-eternity
- 1985. Einstein, Albert. El significado de la relatividad. 978-84-395-0002-5
- Una presentación sobre la génesis de la relatividad general y los trabajos de Einstein. Aquí se ve que el alemán no era, ni mucho menos, un sabio trabajando en solitario:

  https://youtu.be/bj8rZnOUjWU
- 2009. Janiak, Andrew. Kant's Views on Space and Time.

  http://plato.stanford.edu/entries/kant-spacetime/#LeiNew
- Can the Universe Create Itself. J. Richard Gott, III, Li-Xin Li. 30 Dec 1997.

  http://arxiv.org/abs/astro-ph/9712344
- In the River of Consciousness by Oliver Sacks.

  http://www.nybooks.com/articles/archives/2004/jan/15/in-the-river-of-consciousness/
- My stroke of insight. La experiencia de Jill Bolte-Taylor.

http://www.ted.com/talks/jill_bolte_taylor_s_powerful_stroke_of_insight

- What Is Time to the Unconscious Mind? - Julia Mossbridge, M.A., Ph.D. YouTube. https://www.youtube.com/watch?v=-y5MFbDcDA8
- John Ellis McTaggart The Unreality of Time.

  http://www.ditext.com/mctaggart/time.html
- 2011. Hawking, Stephen W. Historia del tiempo: Del big bang a los agujeros negros. 978-84-206-5199-6.
- 2010. Hawking, Stephen. La teoría del todo: El origen y el destino del universo. Ed. Debolsillo.
- Black Hole Has Major Flare.

  http://www.jpl.nasa.gov/news/news.php?feature=4753
- 2015. Phantom time hypothesis. Wikipedia, the free encyclopedia.

  https://en.wikipedia.org/w/index.phptitle=Phantom_time_hypothesis&oldid=685690025
- Henri Bergson. Duración y simultaneidad. https://books.google.es/books/about/Duraci%C3%B3n_y_simultaneidad.html?hl=es&id=fTdtVHgwR8MC
- La Teoría de la Relatividad.

  http://teoria-de-la-relatividad.blogspot.com.es/
- NeoFronteras » ¿Y si no hay aceleración cosmológica?

  http://neofronteras.com/?p=4698#more-4698
- Time and the Unconscious Mind: A Brief Commentary. Science and Nonduality.

  http://scienceandnonduality.com/time-and-the-unconscious-mind-a-brief-commentary/
- Jean Kilbourne. Investigación sobre publicidad.

http://www.jeankilbourne.com/

- 2013. Sacks, Oliver. Alucinaciones. 978-84-339-6360-4.

- Charla del psicólogo Philip Zimbardo sobre perspectivas individuales y geografía del tiempo.

    https://youtu.be/A3oIiH7BLmg

- Why Does Time Seem to Pass at Different Speeds? Psychology Today.

    http://www.psychologytoday.com/blog/out-the-darkness/201107/why-does-time-seem-pass-different-speeds

- WMAP Site Help Page Error.

    http://map.gsfc.nasa.gov/site/faq.html.

- Do we see reality as it is?

    http://www.ted.com/talks/donald_hoffman_do_we_see_reality_as_it_is

- 2000. Barbour, Dr Julian. The End Of Time: The Next Revolution in Our Understanding of the Universe. 978-0-7538-1020-0. Y dos impactantes presentaciones de Barbour sobre causalidad y tiempo:

    https://youtu.be/1ogiQ2E6n0U

    https://youtu.be/KkjXuS_Z1ds

- Can Quantum-Mechanical Description of Physical Reality Be Considered Complete? APS Journals.

    http://journals.aps.org/pr/abstract/10.1103/PhysRev.47.777

- 2013. Santa Fe Institute. Why is Time a One-Way Street?

    https://www.youtube.com/watch?v=jhnKBKZvb_U

- 2008. La Naturaleza Del Tiempo Usos Y Representaciones Del Tiempo en la Historia. 978-950-786-689-0.
- Cosmology Lecture 1 – YouTube.

  https://www.youtube.com/watch?v=P-medYaqVak
- 2011. Greene, Brian. El universo elegante: Supercuerdas, dimensiones ocultas y la búsqueda de una teoría definitiva.
- Leap Seconds. Keeping our clocks in time with the sun.

  http://leapseconds.co.uk/
- Mechanics and theory of relativity de Matveev, A. N: Mir Publishers. 9785030002675 Rev. from the 1986 Russian ed. - Better World Books.
- Sobre el efecto Casimir, del que quizás un día se pueda extraer energía negativa para mantener un agujero de gusano:

  https://es.wikipedia.org/wiki/Efecto_Casimir
- Jan Assman. Las dos caras del tiempo. Investigación y Ciencia.

  http://www.investigacionyciencia.es/revistas/investigacion-y-ciencia/numero/415/las-dos-caras-del-tiempo-488
- 2015. Penrose, Roger. La nueva mente del emperador. 978-84-8346-117-4   . Ed. Grijalbo Mondadori.
- The Matrix is Real - Philiph K. Dick at Metz France 1977. YouTube.

  https://www.youtube.com/watch?v=uuj6F8L9GOE
- 2013. Cox, Brian. ¿Por qué E=mc2?: ¿y por qué debería importarnos?. Ed. Debate.
- Bruno, Giordano. Sobre el infinito universo y otros mundos. Ed. Orbis. 1981.

- Una serie interesante de artículos sobre el tiempo: Eso que llamamos "Tiempo" | El Cedazo

  http://eltamiz.com/elcedazo/eso-que-llamamos-tiempo/

- 2014. Markosian, Ned. Time   The Stanford Encyclopedia of Philosophy

  http://plato.stanford.edu/archives/spr2014/entriestime/

- 2015. Philosophy of space and time. Wikipedia, the free encyclopedia

  https://en.wikipedia.org/w/index.phptitle=Philosophy_of_space_and_time&oldid=685328898

- El tiempo y el calendario litúrgico.

  http://www.congregacionesmarianas.org/tiempo.htm

- 2006. Penrose, Roger. El camino a la realidad: Una guía completa de las Leyes del Universo. Ed. Debate. Madrid. ISBN: 978-84-8306-681-2

- Hechos poco conocidos acerca de la datación radio-métrica | Creacionismo.net

  http://www.creacionismo.net/

- 2010. Greene, Brian. El Tejido del Cosmos: Espacio, tiempo, y la textura de la realidad. Ed. Crítica. Drakontos. Madrid. ISBN:978-84-9892-085-7

- 1996. Davies, Paul. About Time: Einstein's Unfinished Revolution. 978-0-14-017461-8

- 2013. New Scientist. Why space and time have a secret connection.

  https://www.youtube.com/watch?v=umfjGNlxWcw

- A Matter of Time. YouTube.

  https://www.youtube.com/watch?v=G8FnFjqiAWs

- Cienciaes.com: ¿A qué velocidad nos movemos por el Universo? | Podcasts de Ciencia.

  http://cienciaes.com/ciencianuestra/2011/01/16/-a-que-velocidad-nos-movemos-por-el-universo/

- 2013. Barrow, John D. Teorías Del Todo. 978-84-08-04134-4.

- 2008. Overview of Being and Time. Sobre Martin Heidegger y Ser y Tiempo.

  http://web.archive.org/web/20080705032430/http://caae.phil.cmu.edu/Cavalier/80254/Heidegger/introductions/Overview.html

- 2009. Weinberg, Steven. Los tres primeros minutos del universo. 978-84-206-8394-2

- 2010. Kaku, Michio. Física de lo imposible: ¿Podremos ser invisibles, viajar en el tiempo y teletransportarnos? 978-84-9908-506-7.

- La constante cosmológica. Investigación y Ciencia.

  http://www.investigacionyciencia.es/revistas/investigacion-y-ciencia/numero/338/la-constante-cosmolgica-1765

- 2015. Chronology of the universe. Wikipedia, the free encyclopedia

  https://en.wikipedia.org/w/index.phptitle=Chronology_of_the_universe&oldid=689300476

- Pensamiento Inconsciente y toma de decisiones.

  http://www.harvard-deusto.com/articulo/Pensamiento-Inconsciente-y-toma-de-decisiones

- H. Chris Ranford. The Far Horizons of Time. E-libro descargable.

  http://www.degruyter.com/view/product/460116

- Revista Investigación y Ciencia. Especial 100 años de relatividad general. Noviembre de 2015.

- Revista Investigación y Ciencia. Número monográfico: Lo que debemos a Einstein. Noviembre de 2004.

- Revista Investigación y Ciencia. Artículo: El fin de la cosmología. Autores: Lawrence Krauss y Robert J. Scherrer. Mayo de 2008.

- Revista Investigación y Ciencia. Temas 33. Presente y futuro del Cosmos. 3 Trimestre de 2003.

- Revista National Geographic. Edición especial. Einstein y la teoría de la relatividad.

- Revista National Geographic. Edición especial. Física cuántica. El principio de incertidumbre.

- 1985. Hoffman, Banesh. La relatividad y sus orígenes. Ed. Labor SA.

- 1988. Historia general de las ciencias. Ed Orbis. Barcelona.

- Guía de la Roma antigua. Georges Hacquard. 2003. Ed. Atenea.

- 1996. Kaku, Michio. Hiperespacio. Ed. Crítica. Barcelona.

- Las confesiones de San Agustin (en español)

    http://www.augustinus.it/spagnolo/confessioni/index.htm

- Presentación de Leonard Susskind sobre la flecha del tiempo. Why is time a one-way street?

    https://youtu.be/jhnKBKZvb_U

- Presentación de David Eagleman sobre percepción temporal:

    https://youtu.be/oA8R3WT6HOc

Presentación sobre simultaneidad en el marco relativista:

https://youtu.be/ruRrVWHcgws

- Un documental divulgativo muy interesante de la BBC, presentado por Michio Kaku, sobre la "verdadera naturaleza" del tiempo:

https://youtu.be/G24QE_PJ4Go

- Sobre las eras del universo cosmológico: el libro es: 1999. The Five Ages of The Universe, Adams, Fred & Laughlin, Greg. Free Press. Y una crítica, seguida de la Wiki:

http://www.nytimes.com/books/first/a/adams-universe.html

https://en.wikipedia.org/wiki/The_Five_Ages_of_the_Universe

- 2003. Viajes en el tiempo. Gott, J. Richard. Ed. Tsquets.
- Para leer las confesiones de Agustín y compartir su angustia por el tiempo:

http://www.augustinus.it/spagnolo/confessioni/index.htm

- Y ya puestos, también podemos repasar el corpus tomista y disfrutar con sus reflexiones temporales:

http://www.tomasdeaquino.es/corpus/

- Para echar un vistazo a los trabajos de Hegel sobre el tiempo:

https://www.marxists.org/reference/archive/hegel/li_hegel.htm

-

La historia oculta del tiempo

La historia oculta del tiempo

www.ingramcontent.com/pod-product-compliance
Lightning Source LLC
Chambersburg PA
CBHW031602210526
45464CB00004B/1398